国家科学技术学术著作出版基金
工业和信息产业科技与教育专著出版资金 资助出版

风云三号气象卫星
地面应用系统工程技术和实践

杨忠东　张　鹏　谷松岩　朱爱军　胡秀清　等 **编著**

电子工业出版社

Publishing House of Electronics Industry

北京·BEIJING

内 容 简 介

本书介绍了风云三号气象卫星地面应用系统总体情况，以及与相关系统接口关系、各阶段研制工作和流程等有关情况。本书主要内容包括：风云三号气象卫星地面应用系统工程背景、任务来源、水平与作用、建设概况和应用成效等；风云三号气象卫星地面应用系统任务和目标、技术指标、总体技术方案；风云三号气象卫星地面应用系统 10 个技术分系统的主要任务和功能、技术指标、技术方案等；新型遥感仪器航空校飞试验、星地对接试验、在轨测试试验和外场辐射定标试验等；风云三号气象卫星地面应用系统工程研制工作及技术流程。

本书可为负责大型综合信息系统工程组织管理、指挥协调的各级领导提供参考，也可供相关工程技术和科研人员参考。

图书在版编目（CIP）数据

风云三号气象卫星地面应用系统工程技术和实践 / 杨忠东等编著. —北京：电子工业出版社，2020.8
ISBN 978-7-121-37541-5

Ⅰ. ①风… Ⅱ. ①杨… Ⅲ. ①气象卫星－卫星通信地面站－研究 Ⅳ. ①TN927

中国版本图书馆 CIP 数据核字（2019）第 214384 号

责任编辑：李　敏
印　　刷：天津画中画印刷有限公司
装　　订：天津画中画印刷有限公司
出版发行：电子工业出版社
　　　　　北京市海淀区万寿路 173 信箱　邮编 100036
开　　本：787×1 092　1/16　印张：12.75　字数：368 千字　彩插：52
版　　次：2020 年 8 月第 1 版
印　　次：2020 年 8 月第 1 次印刷
定　　价：169.00 元

凡所购买电子工业出版社图书有缺损问题，请向购买书店调换。若书店售缺，请与本社发行部联系，联系及邮购电话：（010）88254888，88258888。

质量投诉请发邮件至 zlts@phei.com.cn，盗版侵权举报请发邮件至 dbqq@phei.com.cn。

本书咨询联系方式：limin@phei.com.cn 或（010）88254753。

作者团队

主要作者：杨忠东　张　鹏　谷松岩　朱爱军　胡秀清

作　　者（按姓氏笔画排序）：

卫　兰　马　刚　毕研盟　刘　健　孙　凌　李贵才

陆其峰　闵　敏　杨　磊　张兴赢　张晔萍　张　勇

郎宏山　程朝晖　贾树泽　唐世浩　邱　红　林曼筠

赵现纲　咸　迪　徐　喆　郑照军　韩秀珍

序 一

随着国民经济的快速发展、人民生活水平的日益提高，社会各方面对天气预报、气候预测提出了更高的要求。风云三号（FY-3）气象卫星就是为了进一步改进天气预报、气候预测对观测资料提出的更精确、更高时效和观测多种气象要素的要求而发展的，它是我国自主研发的第二代军民两用极轨气象卫星。目前，我国已经发射了 4 颗第二代极轨气象卫星——风云三号气象卫星，其地面应用系统于 2008 年建成并投入运行。

风云三号气象卫星及其地面应用系统有效载荷多、研制起点高、技术难度大等特点给研制工作带来了许多意想不到的困难。在时间紧、任务重、要求高的条件下，经过顽强拼搏，科技人员攻克了许多技术难题，取得了多项自主知识产权。风云三号气象卫星工程的成功实施，使我国的极轨气象卫星业务得到了跨越式发展，实现了从单一遥感成像到地球环境综合探测、从光学遥感到微波遥感、从千米级分辨率到百米级分辨率、从国内接收到极地接收、从单星观测到双星组网观测的五大技术新突破，为中国气象业务发展，特别是数值预报业务发展提供了重要的探测手段和科学数据。

《风云三号气象卫星地面应用系统工程技术和实践》全面地反映了风云三号气象卫星地面应用系统工程的研发和建设成果，摸索出了一套比较完整的研发建设规律，总结了许多研发建设经验，总体上应属于国内先进水平，个别方面达到了国际先进水平，对于广大气象卫星观测数据用户具有很好的参考价值，对于同类对地观测卫星地面应用系统工程建设具有良好的参考借鉴价值。

本书作者长期从事风云三号气象卫星地面应用系统研发和建设工作，以及遥感科学应用研究，在这一领域具有较高的业务水平和写作能力。希望本书能早日出版、发行，早日和读者见面。

中国工程院院士

序 二

20 世纪 70 年代起，我国开始独立发展自己的极轨和静止两个系列的气象卫星。经过 40 多年的艰苦努力，成功实现了风云气象卫星由试验应用型向业务服务型的根本转变。目前，风云气象卫星资料已广泛应用于天气预报、气候预测、自然灾害监测和科学研究等多个重要领域，在气象防灾减灾、应对气候变化中发挥了重要作用。风云气象卫星已被世界气象组织纳入全球业务应用气象卫星序列，成为全球综合对地观测系统的重要成员。

风云三号气象卫星是继风云一号气象卫星之后我国新一代极轨气象卫星。风云三号气象卫星地面应用系统可以及时向各类用户提供多层次、多级别、高时效、高精度的业务（图像和定量）产品，用于数值天气预报和气候预测模式，改善预报精度。风云三号气象卫星数据产品还广泛应用于自然灾害和环境监测、军事气象和专业气象服务等各个方面，为我国气象事业发展和科学研究提供支撑和服务。风云三号气象卫星地面应用系统的高可靠性、高灵活性和先进的科学技术水平，保证了数据获取的完整性、安全性、便捷性，实现了卫星数据共享，正在发挥良好的社会效益和经济效益。

本书具备国内先进水平，可以帮助广大用户比较全面地了解和理解我国风云气象卫星及其地面应用系统，更好、更有效地使用气象卫星数据和信息产品，使风云三号气象卫星在我国防灾减灾、环境保护及经济社会建设过程中发挥更大效益。我国第二代极轨气象卫星风云三号气象卫星及其地面应用系统工程 10 余年建设应用经验的总结，对于风云三号气象卫星下一阶段的发展，以及未来我国第三代极轨气象卫星风云五号气象卫星的发展具有良好的参考借鉴作用，对我国其他对地观测卫星及其地面应用系统的建设也具有一定的借鉴意义。

中国工程院院士

序 三

　　气象卫星作为天基探测的主要手段，在气象观测中发挥着越来越突出的、不可替代的作用。世界各国，尤其是欧、美发达国家都将发展气象卫星放在国家航天发展的头等重要的地位。我国气象卫星与卫星气象事业经过 40 多年发展已经初具规模，是世界上拥有极轨和静止两个完整系列气象卫星及其地面应用系统的 3 个国家（或地区）之一。

　　气象灾害给社会、经济都造成了重大损失，而且随着全球气候变暖加快，具有不断加剧的趋势。天气预报、气候预测、自然灾害和环境监测在国家和公众安全、社会经济可持续发展中的作用越来越重要，已是世界热点问题。风云三号气象卫星就是为了进一步改进天气预报、气候预测对资料观测提出的更精确、更高时效和观测多种气象要素的要求而发展的我国第二代极轨气象卫星。

　　通过发展风云三号气象卫星及其地面应用系统工程，获取了大量遥感数据，并已经广泛应用于天气预报、环境和灾害监测、气候预测等国民经济相关领域。例如，为天气预报，特别是中期数值天气预报提供全球温度、湿度廓线，以及云、辐射等气象参数；为气候诊断和预测提供地球物理参数；监测大范围自然灾害和生态环境；为军事气象和航空、航海等专业气象服务，提供全球及地区的气象信息；获取空间环境监测数据，为提高国家空间天气监测预警业务能力提供服务。风云三号气象卫星地面应用系统具备高可靠性和灵活性，能够保证信息获取的完整性和安全性；具备先进的科学技术水平，正在发挥良好的投资效益。

　　本书是风云三号气象卫星地面应用系统工程建设过程中的技术实践和经验总结，通过本书，读者可以比较全面地了解和理解我国风云气象卫星及其地面应用系统，更好、更有效地使用气象卫星数据和信息产品，使得风云气象卫星在我国防灾减灾、环境保护及经济社会建设过程中发挥更大效益。

中国工程院院士

前 言

　　自 20 世纪 60 年代第一颗气象卫星在美国成功发射至今，卫星遥感探测技术得到了迅速发展，尤其是进入 21 世纪以来，种类繁多的空间对地观测卫星数量呈现前所未有的增长态势，观测数据质量也在不断提高。其中，气象卫星的发展一枝独秀，构建了全球气象卫星综合观测体系，极大地丰富了气象观测的内容和范围，使大气探测技术和气象观测迈入崭新时代，突破了人类只能在地球表面观测底层大气的局限。大洋远处，沙漠腹地，现在都可以通过气象卫星实现高频次、空间均一的观测。气象卫星的出现极大地促进了大气科学的发展，在探测理论和技术、灾害性天气监测、临近天气分析和全球数值天气预报等方面发挥了巨大作用。目前，先进数值预报模式使用气象卫星观测资料的占比已经达到 90%以上。

　　我国的气象卫星发展历史相较欧、美等发达国家要短，第一颗风云气象卫星：风云一号气象卫星 A 星于 1988 年 9 月 7 日成功发射，比发达国家晚了近 20 年。但是，风云一号气象卫星 A 星是我国第一颗民用对地观测卫星。

　　风云三号气象卫星是我国第二代极轨气象卫星。风云三号气象卫星工程由卫星、运载火箭、发射场、测控和地面应用五大系统组成。其中，卫星和运载火箭系统由中国航天科技集团公司八院负责研制生产，发射场和测控系统由总装备部直属部队负责建设和组织实施，地面应用系统由国家卫星气象中心负责研制建设和组织实施。

　　2008 年 5 月 27 日，风云三号气象卫星 A 星在太原卫星发射中心成功发射，于2009 年 1 月 12 日投入使用。截至 2017 年年底，我们已经成功发射了风云三号气象卫星 A 星、B 星、C 星、D 星共 4 颗卫星，在全球资料获取、天气监测分析、数值天气预报、大气环境监测、地表环境监测、地球射出辐射监测、空间天气监测等方面发挥了重要作用。风云三号气象卫星首次实现了我国极轨气象卫星上午星和下午星的双星组网观测，双星互为备份，保障了全球气象卫星数据的连续、可靠，全球数据的获取时效和气象灾害监测时效有明显提高。双星在轨长期、稳定运行，在天气预报、农林水利、航空、海洋、环境保护等方面提供了广泛的服务，在政府决策、防灾减灾、社会经济发展等方面发挥了显著作用。世界气象组织已将风云三号极轨气象卫星纳入世界气象卫星全球观测业务序列。

气象卫星地面应用系统是卫星工程五大系统之一，是其重要的组成部分，是连接卫星到最后数据产品用户之间的不可或缺的桥梁，是发挥气象卫星应用效益至关重要的核心。建设内容包括：星地链路，卫星地面站全球布局及其数据传输链路，卫星业务运行调度控制，数据地理定位、光谱定标、辐射定标预处理，观测物理变量信息产品生成及其质量检验，数据和信息产品用户服务等。

风云三号极轨气象卫星及其地面应用系统工程研制起点高、技术难度大等特点给研制工作带来了许多意想不到的困难。在时间紧、任务重、要求高的条件下，经过顽强拼搏，科技人员攻克了许多技术难题，取得了多项自主知识产权。工程的成功实施，使我国的极轨气象卫星业务得到了跨越式发展，实现了从单一遥感成像到地球环境综合探测、从光学遥感到微波遥感、从千米级分辨率到百米级分辨率、从国内接收到极地接收、从单星观测到双星组网观测的五大技术新突破，为中国气象业务发展，特别是数值预报业务发展提供了重要的探测手段和科学数据。

本书主要介绍了风云三号气象卫星地面应用系统概况、系统总体、分系统、与其他系统接口关系、大型试验，以及各阶段研制工作与流程等有关情况。

第 1 章 工程简介：介绍了地面应用系统的工程背景、任务来源、水平与作用、建设概况和应用成效等情况。

第2章 总体方案设计：介绍了地面应用系统的任务和目标，以及主要技术指标、组成、总体技术方案和工作流程等情况。

第 3 章 分系统设计：介绍了地面应用系统 10 个分系统的基本情况、主要任务和功能、主要技术指标、组成和技术方案等。

第 4 章 地面应用系统的外部接口：介绍了地面应用系统与卫星、测控系统的接口关系。

第 5 章 大型试验：简要介绍了地面应用系统的新型遥感仪器航空校飞试验、星地对接试验、在轨测试试验、外场辐射定标试验等。

第6章 研制工作及技术流程：介绍了地面应用系统各阶段工作和流程，以及算法研制和原型软件开发阶段、软件工程化研发阶段、分系统集成和测试阶段、全系统联调联试阶段、全系统长期运行管理阶段的情况。

第 7 章 结束语：总结了风云三号气象卫星地面应用系统的特点。

　　本书是风云三号气象卫星地面应用系统众多建设者集体成果的总结，参与撰写人员参加了整个工程不同阶段的建设工作。编写工作力求体现综合性、系统性和实用性的特点，集中反映风云三号气象卫星地面应用系统工程研制过程的全貌，努力做到内容完整、结构合理、重点突出、简明扼要。本书可为负责工程组织管理、指挥协调的各级领导、机关提供参考，也可供相关工程技术和科研人员参考使用。由于涉及范围广、内容多，加之编者水平有限，书中难免有不妥之处，敬请广大读者批评、指正。

作 者

2020 年 6 月

目 录

第 1 章
工程简介

1.1 绪言

气象卫星作为大气科学天基探测的主要手段，在气象观测中发挥着越来越突出的、不可替代的作用。世界各国，尤其是欧、美发达国家都将发展气象卫星放在国家航天发展战略的头等重要地位。我国气象卫星与卫星气象事业经过 40 多年发展已经初具规模，是世界上拥有极轨和静止两个完整系列气象卫星及其地面应用系统的 3 个国家（或地区）之一。

我国地处欧亚大陆东部，国土面积大，人口又众多，每年的气象灾害给社会、经济都造成了重大损失，而且随着全球气候变暖加快有不断加剧的趋势。天气预报、气候预测、自然灾害和环境监测在国家和公众安全、社会经济可持续发展中的作用更加重要，已是世界上的热点问题。极轨气象卫星可获取全球观测数据，并可装载多种遥感仪器，获取多种高精度、较高空间分辨率的数据，应用于中长期天气预报、气候预测和环境监测。

随着经济、社会的快速发展，人民生活水平的日益提高，社会各方面对天气预报、气候预测提出了更高的要求。风云三号（FY-3）气象卫星就是为了进一步满足天气预报、气候预测对数据观测提出的更精确、更高时效和观测多种气象要素的要求而发展的我国第二代极轨气象卫星。

风云三号气象卫星运行在近极地太阳同步轨道，轨道标称高度为 831km，轨道倾角为 98.81°，标称轨道回归周期为 5.3 天，轨道偏心率≤0.00012，轨道周期为 101.6 分钟，每天运转圈数为14.17圈。风云三号气象卫星总质量近3吨，装载的11台（套）遥感仪器，分为5个仪器组。①成像仪器组：可见光红外扫描辐射计、中分辨率光谱成像仪、微波成像仪；②大气探测仪器组：红外分光计、微波温度计、微波湿度计；③大气成分监测仪器组：紫外臭氧垂直探测仪、紫外臭氧总量探测仪；④辐射收支探测仪器组：地球辐射探测仪、太阳辐射监测仪；⑤空间环境监测仪器组。

可见光红外扫描辐射计、中分辨率光谱成像仪、红外分光计、微波温度计、微波湿度计、紫外臭氧垂直探测仪、紫外臭氧总量探测仪、地球辐射探测仪等遥感仪器安装在卫星的对地面，微波成像仪安装在卫星的顶部，太阳辐射监测仪和空间环境监测仪器安装在卫星的侧面。

卫星星地链路数据传输由基带信号处理器和射频传输链路两部分组成。基带信号处理器包括信息处理器和固态记录器。射频传输链路共3条，1条L波段传输链路和2条X波段传输链路。L波段传输链路在全球范围内实时向地面传送除中分辨率光谱成像仪之外的所有遥感仪器的探测数据，根据英文首字母缩写简称为HRPT广播。一条X波段传输链路实时向地面传送中分辨率光谱成像仪探测数据，根据英文首字母缩写简称为MPT广播；另一条X波段延时传输链路对指定的卫星地面接收站回放卫星上记录的遥感仪器全球观测数据，根据英文首字母缩写简称为DPT。

1.2 工程概况

风云三号气象卫星地面应用系统是国家级大型对地观测卫星地面应用系统，涉及的技术面广，关键技术多且复杂、难度大。风云三号气象卫星地面应用系统工程共建设10个技术分系统，同时还完成了3个新型遥感仪器的航空校飞、星地对接、地面联调联试、在轨测试和外场辐射校正等一系列大型试验工作。

风云三号气象卫星地面应用系统业务运行部分由数据处理和服务中心、运行控制中心、卫星地面站和数据存档中心等组成。10个技术分系统分别是数据接收分系统、运行控制分系统、数据预处理分系统、产品生成分系统、监测分析服务分系统、应用示范分系统、产品质量检验分系统、仿真与技术支持分系统、数据存档与服务分系统、计算机与网络分系统。

风云三号气象卫星地面应用系统工程任务是建设北京、广州、乌鲁木齐、佳木斯、基律纳（瑞典）5个地面站，以及若干区域和数据产品广播利用站，完成卫星基本产品处理，开展卫星监测服务和应用示范等。地面应用系统是24小时连续运行、自动化和稳定性较高的业务系统。

基础设施建设内容主要包括4个国内地面站、1个国外地面站、1个数据处理和服务中心的基础设施和设备，具体包括：国家卫星气象中心数据处理和服务中心改造；北京地面站征地扩建与原站区基础设施改造；广州地面站征地新建与原站区基础设施改造；乌鲁木齐地面站黑山头站区扩建与原站区基础设施改造；佳木斯地面站征地新建、设备安装和运行；瑞典基律纳地面站建设；广州、乌鲁木齐、佳木斯3个地面站网络系统及其与国外地面站、北京数据处理和服务中心相连的传输系统。

1.3　水平与作用

风云三号气象卫星地面应用系统可以及时向各类用户提供多层次、多级别、高时效、高精度的业务图像和定量产品，用于数值天气预报和气候预测模式，以改善预报精度。卫星数据产品广泛应用于自然灾害和环境监测、军事气象、专业气象服务等各方面，并发挥了重要作用，为我国气象事业发展和科学研究提供支撑和服务。风云三号气象卫星地面应用系统具备较高的可靠性和灵活性，能够保证信息获取的完整性和安全性，实现了卫星数据共享，并能方便用户获取数据。风云三号气象卫星地面应用系统具备先进的科学技术水平，正在发挥良好的投资效益。

通过发展风云三号气象卫星工程，我们获取了全球、全天候、多光谱、三维、定量遥感数据，并通过对观测数据的科学加工处理、运算得到对地观测遥感探测信息产品。相关产品已经广泛地应用于天气预报、环境和自然灾害监测、气候预测等国民经济相关领域。风云三号气象卫星为数值天气预报，特别是中期数值天气预报提供了全球的温度、湿度廓线，以及云、辐射等气象参数；为气候诊断和预测提供了地球物理参数；监测了大范围自然灾害和生态环境；为军事气象和航空、航海等专业气象服务，提供了全球及地区的气象信息。风云三号气象卫星获取的空间环境监测数据，为提高我国空间天气监测预警业务能力发挥了作用。

风云三号气象卫星地面应用系统已经成为世界气象组织在亚洲的重要业务卫星运行中心、数据处理和服务中心，已经开始向中国、欧洲和美国的数值天气预报模式提供遥感探测数据，已经成为全球天基气象观测系统的重要组成部分。世界气象组织已经将风云三号气象卫星及其地面应用系统纳入世界气象卫星全球观测业务系统。

1.4　应用成效

风云三号气象卫星是实现全球、全天候、多光谱、三维、定量遥感的我国第二代极轨气象卫星系列。风云三号气象卫星已成为世界气象组织在亚洲的重要业务卫星，为提高我国气象卫星在世界气象组织卫星全球观测业务系统中的地位奠定了重要的基础。

2008 年和 2010 年，风云三号气象卫星系列的 A 星、B 星先后在轨运行，基于星上装载的 11 台有效载荷探测生成的卫星产品，在数值天气预报、天气分析、大气参数遥感、环境监测等方面取得了非常有价值的应用。

气象卫星数据在数值天气预报中的同化应用能极大地改进天气预报的准确度。在中国气象局和欧洲中期天气预报中心（ECMWF）双边合作协议框架下，基于 ECMWF 数值天气预报平台，首次评价了风云三号气象卫星 A 星大气垂直探测（IRAS/MWTS/MWHS）和微波成像仪（MWRI）的数据质量及应用潜力，也第一次对我国该类遥感仪器的制造工艺水平进行了国际检验，引起了国内外同行的广泛关注。研究结果表明，风云三号气象卫星 A 星 4 个遥感仪器的数据质量达到了数值天气预报同化应用的要求，可以改进预报准确度，在同化风云三号气象卫星 A 星大气探测仪器探测数据后，预报精度有一定改善。风云三号气象卫星 A 星数据于 2011 年夏季在 ECMWF 系统中进行业务同化应用，在我国 GRAPES 预报系统中的应用及转化工作正在进行中。欧美专家对风云三号气象卫星的数据质量和应用潜力给予了广泛认可，许多国家的数值天气预报模式已经开始同化输入风云三号气象卫星的探测数据。

星载微波探测可以穿透大气云雨，得到大气中云、雨的信息及云、雨之下的土壤、冰雪、温度分布。台风是对我国东部沿海夏季影响最大的天气过程，其产生的强降水和风暴给当地人民带来巨大的财产与生命损失。2011 年汛期第一个强台风"桑达"于 5 月 21 日在西北太平洋生成,基于风云三号气象卫星 B 星微波成像仪(MWRI)观测,我们成功反演了台风系统的降水结构分布,为台风降水反演、强度估计、路径预测及灾害影响预报等提供了重要的支撑。中国广大地区在 2010—2011 年春季发生了非常严重的干旱,利用 MWRI 土壤湿度产品有效地监测到了全国干旱区域的分布,以及随着 2011 年 6 月以来降水增加,大部分区域土壤旱情显著缓解的过程。目前 MWRI 土壤湿度产品已应用于数值天气预报模式,为干旱预报提供支撑。积雪分布是环境灾害监测和气候变化中的重要参数,基于 MWRI 观测,我们不仅生成了积雪分布产品,还得到了积雪深度信息,这些信息在雪灾影响评估、中长期气候预测业务和研究中发挥了重要作用。

风云三号气象卫星大气垂直综合探测系统由红外分光计、微波温度计和微波湿度计组成,结合风云三号气象卫星装载的其他光学和微波载荷,我们实现了全球大气温度、湿度的垂直探测,极大地弥补了地面常规探空观测在荒漠、海洋区域的不足。目前,利用风云三号气象卫星 B 星红外分光计(IRAS)、微波温度计(MWTS)和微波湿度计(MWHS)通过统计反演方法得到的大气温度垂直分布的平均偏差在 1K 之内,均方根误差为 2~3K;大气湿度的平均偏差在 ±8% 之内,均方根误差为 20%~30%,与国际同类仪器产品精度相当。我国已成为继美国和欧洲之后第 3 个拥有星载大气探测系统的国家。

2011 年春季,北极地区出现非常强的臭氧低值事件,风云三号气象卫星 A 星的紫外臭氧总量探测仪(TOU)和风云三号气象卫星 B 星的紫外臭氧垂直探测仪(SBUS)生成的臭氧总量和臭氧垂直廓线产品清楚地揭示,2011 年 3 月中旬北极地区对流层上层到平流层的臭氧含量相对同期臭氧正常值及高值下降 100DU 和 193DU,变化幅度分别为 83% 和 77%;低值区中心臭氧总量日平均值约为同期的一半,部分地区臭氧总量接近臭氧洞(220DU)标准。这是我国首次利用自主研发的星载探测器的探测数据成功监测分析北极臭氧洞事件从发生、发展到消亡的全过程,为我国在极地气候变化臭氧研究领域提供了观测数据支撑。

第 2 章

总体方案设计

2.1 任务和目标

　　坚持需求牵引、天地统筹、资源共享、开放合作、综合应用的方针，发展风云三号气象卫星地面应用系统，实现业务化、系列化。需求牵引：从满足气象事业发展、满足国家经济社会发展和国家安全的总体需求出发，开展了风云三号气象卫星地面应用系统总体规划研究，建立了空间布局合理、资源配置优良的地面站网系统，建立与完善了功能丰富、能力强大的地面应用系统，推动了气象卫星数据在气象业务及相关领域的应用。天地统筹：从发挥风云三号气象卫星总体效益的角度出发，协调卫星平台、遥感仪器、地面应用系统的发展，优先开展遥感产品应用科学算法研究，确保卫星综合效益的发挥。资源共享：充分利用风云三号气象卫星的资源能力，建立国家级的气象卫星数据获取、处理和共享服务体系，面向广大用户提供数据和信息服务，为国民经济发展和各部门开展卫星遥感应用提供基础数据支撑。开放合作：充分利用国内外资源，建立开放式的风云三号气象卫星及其地面应用系统技术合作研发机制。综合应用：发展风云三号气象卫星的出发点和最终目标是发挥其应用效益，首先，必须将卫星数据进一步深入应用到以数值天气预报为主的气象业务的各方面；其次，要大力拓展卫星数据在其他相关领域的应用。基于此，未来应加强风云三号气象卫星数据的定量处理方法和定量应用研究，开展卫星遥感信息产品的真实性检验和试验验证。

　　数据接收分系统及时获取风云三号气象卫星全球观测数据。风云三号气象卫星地面应用系统数据接收分系统通过国内外 5 个卫星地面站接收卫星广播的实时过境局地观测数据和全球观测延时数据。全球任意地区数据获取时效小于 2 小时。

运行控制分系统对北京地面站、佳木斯地面站、广州地面站、乌鲁木齐地面站、基律纳（瑞典）地面站和北京运行控制中心（五站一中心）实施高效的一级任务调度和二级作业控制，对风云三号气象卫星及国外同类卫星数据的接收、传输、处理、产品分发及数据存档等实施有效的任务调度；根据业务需要，与卫星测控系统共同实施对风云三号气象卫星的业务测控；与卫星总体和测控部门相配合，共同进行卫星的长期管理。

数据预处理分系统对风云三号气象卫星及国外同类卫星遥感仪器探测的原始数据进行质量检验、地理定位、辐射和光谱定标，以提供合格的预处理产品；开展外场定标和产品真实性检验工作，定期更新仪器定标参数。

产品生成分系统在数据预处理的基础上，研究先进的科学算法，开发工程化业务运行软件，计算生成能够反映大气、陆地、海洋和空间天气变化特征的各种地球物理参数，也就是人们常说的图像、图形和定量遥感信息产品。

监测分析服务分系统建立交互式和自动相结合的卫星数据综合分析和应用服务平台。使用风云三号气象卫星区域和全球数据及国外同类卫星的观测信息与产品，结合其他数据，利用地理信息系统广泛开展多遥感仪器数据对天气、气候、自然灾害和环境变化的综合应用分析，为天气预报、气候预测、防灾减灾、农业、林业、牧业、水利、海洋和空间环境监测及时提供监测分析、诊断评估和预警信息。

应用示范分系统建立各相关领域的卫星遥感应用示范系统，推动风云三号气象卫星遥感数据及其产品在数值天气预报、天气和气候监测分析、自然灾害和生态环境监测、军事气象、空间天气等全国各行业相关领域的应用，通过示范促进卫星数据应用技术在全国的推广应用。

产品质量检验分系统对风云三号气象卫星和国外同类卫星一级、二级产品的质量和精度进行准实时或定期检查，检验手段与方法独立、公正、可信。

仿真与技术支持分系统模拟近似实际应用的 IT 环境，测试和检验风云三号气象卫星地面应用系统运行控制、系统集成中关键业务流程的正确性，测试主要技术系统的软硬件设备的动态协调性及完成预定任务的能力。

数据存档与服务分系统的任务是存储卫星全部观测数据及其衍生信息产品，建成的国家级气象和环境卫星数据存储和服务中心，能够提供卫星遥感产品的在线服务、灾情信息的动态发布、卫星数据的存档与检索、数据的定制处理等一系列服务，以方便、快捷的手段满足国内外各类用户对气象卫星遥感信息的应用需求。

计算机与网络分系统建设风云三号气象卫星地面应用系统所需的信息技术基础，主要内容包括技术先进、成熟的计算机、存储设备、网络设备及系统软件，为风云三号气象卫星地面应用系统运行控制精准、业务运行稳定、数据传输快捷、数据处理正确、数据存档完整、信息服务周到提供稳定、功能完备的业务运行 IT 平台。全面规范不同技术分系统间的数据传输规程、数据格式、信息流程等；设计稳定、可靠的数据传输软件，以多种先进技术手段完成各种数据的实时传输和产品分发服务；优化作业调度流程，充分利用系统资源建立科学、高效的作业调度系统。

2.2　主要技术指标

根据系统总体方案设计的任务和目标，风云三号气象卫星 A 星和风云三号气象卫星 B 星地面应用系统的总体指标通过各分系统的运行成功率来度量，建成后地面应用系统运行成功率优于 97.5%，各分系统根据地面应用系统数据流程的逻辑关系要求达到如下成功率。

（1）数据接收分系统在卫星正常运行过境时（实时数据和遥测数据：仰角≥5°；延时数据：仰角≥7°）接收成功率优于 99.5%（其中接收成功率的标准是误码率小于 $1×10^{-6}$）。

（2）计算机与网络分系统的成功率优于 99.7%。

（3）运行控制分系统的成功率优于 99.7%。

（4）数据预处理分系统的运行成功率优于 99.6%。

上述 4 个分系统在数据流程逻辑上是串联关系，其成功率相乘后可以得到地面应用系统的成功率优于 98.5%。另外，以下数据流程的逻辑关系为并联关系。

（1）产品生成分系统的运行成功率优于 99.0%。

（2）数据存档与服务分系统的运行成功率优于 99.0%。

（3）产品分发服务的运行成功率优于 99.0%。

在上述各项成功率指标的约束下，各分系统设计的具体技术指标如下。

（1）地面站对于星地链路中的 HRPT/MPT 信道接收仰角为-5°～5°，DPT 信道接收仰角为-7°～7°，数据接收误码率优于 1×10⁻⁶。

（2）地面站数据接收分系统设备设计寿命为 15 年，MTBF 为 3000 小时。

（3）地面站具备滚动存储风云三号气象卫星观测数据 7 天以上、其他卫星观测数据 3 天以上的能力。

（4）运行控制分系统根据卫星轨道参数，编制日和周的滚动卫星轨道报告，并发送给卫星地面站、数据处理和服务中心等，实现对地面应用系统任务的调度。

（5）运行控制分系统能快速收集、监视、分析和存储运行状态信息，对系统潜在隐患有预测能力；在隐患发生时，能在一级调度层面快速协调、排障，并恢复系统正常运行状态；实时处理、监视分析、存储卫星遥测信息。

（6）运行控制分系统建立地面应用系统时间统一勤务，时间精度优于 100ms。

（7）运行控制分系统业务测控指令数据正确率 100%，调整载荷运行参数正确率优于 99%。

（8）运行控制分系统每日检查轨道预报质量，发现问题立即请求卫星测控中心处理并更新相关信息。

（9）数据预处理分系统各遥感仪器数据地理定位精度达到星下点 1～2 像素，其中，中分辨率光谱成像仪以 1km 空间分辨率为考核指标，以 250m 定位精度为期望指标。

（10）数据预处理分系统各遥感仪器数据辐射定标精度达到风云三号气象卫星探测仪器技术指标要求。

（11）数据预处理分系统区域实时数据进入数据处理和服务中心计算机后 5 分钟内完成预处理，单轨延时数据进入数据处理和服务中心计算机后 10 分钟内完成预处理。

（12）数据预处理分系统定期进行外定标和真实性检验工作，定期检查更新仪器定标数据。

（13）产品生成分系统依据风云三号气象卫星产品研制任务书要求，生成规定的产品。中国及周边地区的灾情监测产品，要求在数据预处理后 10～15 分钟内完成；区域大气探测产品应在数据预处理后 15 分钟内完成；其他局地产品，要求在数据预处理后 40 分钟内完成；全球产品在数据预处理后 40 分钟内完成。产品生成分系统应在有特殊需求时具备产品应急处理能力。

（14）产品生成分系统的业务产品精度满足风云三号气象卫星产品研制任务书的

要求。

（15）产品质量检验分系统形成产品质量检验标准数据源，并给出标准数据源的可信度指标；建立了仪器常态工作范围数据集。

（16）产品质量检验分系统对风云三号气象卫星业务运行一级、二级数据产品进行连续自动检验，并定期提供分析意见；对产品精度给出月度、季度分析报告。

（17）产品质量检验分系统对质量有问题的产品给出告警信息，并及时报告业务管理部门和产品制作者。业务管理部门和产品制作者应及时回应（上网会签）、解决问题。

（18）监测分析服务分系统按工程任务要求，生成规定的监测服务产品。自然灾害监测产品，如森林草场火情、洪涝、雪、沙尘暴等，要求在数据预处理后10～15分钟内完成。

（19）监测分析服务分系统提供监测服务业务产品分析应用日报告和自然灾害监测分析报告。对重大灾情监测做到不漏报、不错报，并在数据预处理后30分钟内提供。对重大灾情，应提供服务评估报告，并提供重大灾情监测服务的快速响应对策。

（20）建立稳定、可靠的卫星数据同化支撑平台，生成同化后的气象要素场，为数值天气预报提供服务，并提供数值天气预报模式应用效果评价报告。

（21）建立若干不同应用领域的应用示范项目。

（22）建成数据处理和服务中心，具有在线、近线和离线数据存储能力。

（23）零级（L0）数据在线存储7天，一级（L1）数据在线存储1个月，二级（L2）图像产品和数值定量产品在线存储2个月。

（24）数据的近线存储能力为1年。

（25）具有50个用户同时联机检索、实时使用数据的快捷功能。

（26）北京地面站存储系统应具有保存10天风云三号气象卫星原始数据和3天其他卫星原始数据能力；广州地面站和乌鲁木齐地面站应具有保存30天风云三号气象卫星原始数据，以及为当地进行卫星气象服务的能力。

（27）作为地面应用系统的支撑和运行平台，应满足数据传输、产品生成与服务的时效要求，满足数据存储和检索服务要求等。

（28）具有科学、高效的系统作业运行调度能力（考虑资源共享和任务优先级）。业务作业调度耗时不应超过被调度作业用时的10%；计算机系统在满负载时，CPU利用率应超过80%；国内地面站接收数据向数据处理和服务中心传输的重复数据量不超过 30s。

（29）网络传输效率不低于 65%。国内地面站 HRPT、MPT 数据在接收结束后的 5 分钟内全部传到数据处理和服务中心，DPT 数据在接收结束后的 30 分钟内全部传到数据处理和服务中心；国外地面站数据在接收进机后 1 小时内传到北京地面站。

（30）基本系统的 MTBF 时间为 365/2×24=4380 小时。

（31）要求建立各业务产品的运行故障对策预案，地面应用系统应能在 10 分钟内恢复运行状态。

（32）能够为用户提供完成地面应用系统实时业务信息环境仿真任务所需的计算环境和计算能力。

（33）能够为用户提供完成有效载荷探测数据模拟任务所需的计算环境和计算能力。

（34）提供软件测试模拟环境与工具，为用户提供完成应用软件单元、集成与确认测试环境模拟任务所需的计算环境和计算能力。

（35）能够有效地为用户提供地面应用系统故障纠正、可靠性增长、维护性保持、新系统改进等方面的信息服务与计算机辅助决策能力，在系统故障纠正、可靠性增长、维护性保持方面发挥积极作用。

2.3　地面应用系统组成

风云三号气象卫星工程是由卫星系统、运载火箭系统、发射场系统、测控系统、地面应用系统五大系统构成的大型系统工程。作为整个系统工程重要组成部分的地面应用系统是充分发挥风云三号气象卫星应用效益的关键所在。在卫星发射前完成地面应用系统的建设，就能够确保在卫星发射后立即发挥效益。本节包括地面应用系统组成、卫星地面站空间布局和系统建设工程组成等内容。

2.3.1　技术系统

风云三号气象卫星地面应用系统按核心业务功能、数据与指令流程划分有运行控制中心、卫星地面站、数据处理和服务中心、数据存档服务中心 4 个组成部分。在全面、完整地研究分析了风云三号气象卫星地面应用系统工程整体任务构成及其科学技

术特点的基础上，我们设计了 10 个技术分系统，分别是数据接收分系统、运行控制分系统、数据预处理分系统、产品生成分系统、监测分析服务分系统、应用示范分系统、产品质量检验分系统、仿真与技术支持分系统、数据存档与服务分系统、计算机与网络分系统。数据接收分系统是星地链路中地面应用系统数据获取的关键前端组成部分，由 4 个国内地面站、1 个国外地面站及相应连接数据处理和服务中心的全球网络构成；应用示范分系统分布在全国；其余 8 个技术分系统全部配置在国家卫星气象中心。

2.3.2 卫星地面站网

风云三号气象卫星地面应用系统已经建成北京地面站、广州地面站、乌鲁木齐地面站、佳木斯地面站和基律纳地面站（瑞典）5 个气象卫星地面站。风云三号气象卫星地面站网布局及高时效接收卫星轨道数据示意如图 2-1 所示。图中，用圆圈表示各地面站的实时数据接收覆盖范围，用虚线表示卫星降轨（卫星由北向南跨越赤道）观测的轨道，用实线表示卫星升轨（卫星由南向北跨越赤道）观测的轨道。

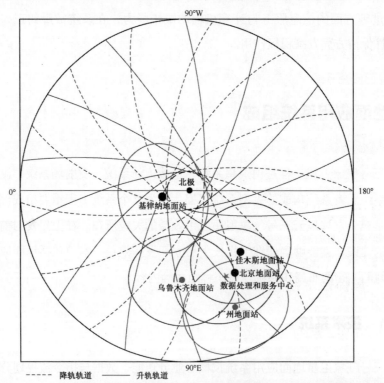

图 2-1　风云三号气象卫星地面站网布局及高时效接收卫星轨道数据示意

2.3.3 系统建设工程

风云三号气象卫星地面应用系统分两期建设完成。一期工程建设在第一颗卫星——风云三号气象卫星 A 星发射前基本完成，任务是完成风云三号气象卫星地面应用系统的主要技术分系统及配套基础设施建设工作，具体包括地面站基础设施建设和设备研制、一期业务和试验遥感信息产品科学算法研制与工程化软件开发、用于气象目的的一期业务监测产品软件和部分应用示范软件研制开发等。在风云三号气象卫星 A 星发射后，地面应用系统才可能获取遥感仪器的真实观测数据，因此一期工程的建成时间实际上是在卫星发射后的半年至一年。

风云三号气象卫星地面应用系统二期工程的建设任务在一期工程完成后至第二颗卫星——风云三号气象卫星 B 星发射前基本完成。二期工程的具体建设任务是：扩充卫星地面站能力，提高卫星全球观测数据的获取能力，缩短观测数据的汇集时效；增建适当备份设备，以提高系统的稳定性和可靠性；增强系统处理功能与能力，提高定量产品精度和监测服务水平；完成二期业务和试验产品的开发；加强应用示范，扩展应用与服务领域；建立分布式存档系统，丰富数据和信息服务手段；针对出现的风云三号气象卫星多星组网观测运行进行技术升级改造，最终完成国家批准的风云三号气象卫星地面应用系统工程建设任务，达到既定目标。

2.4 总体技术方案

本节包括风云三号气象卫星地面应用系统工程的总体技术目标、总体结构、总体布局、总体功能和总体信息流程等内容。

2.4.1 总体技术目标

风云三号气象卫星地面应用系统是我国新一代极轨气象卫星风云三号气象卫星系统工程的五大系统之一，用于接收、处理、分发气象卫星遥感信息产品，并兼容接收、处理国外同类卫星数据。风云三号气象卫星遥感信息产品广泛应于数值天气预报、气候研究、环境监测、防灾减灾等领域，服务于人民日常生活、国民经济和国防建设的各方面。

风云三号气象卫星地面应用系统工程的总体技术目标是发展卫星数据接收能力，提高定量产品和信息处理水平，提高数据产品和信息服务能力，扩展应用领域，加强定量产品应用深度，培养工程技术、科学研究和管理方面的高级人才。

2.4.2　总体结构

风云三号气象卫星地面应用系统建立了 5 个卫星地面站，配置了新型的服务器系统、网络系统、存储系统、空调制冷系统；实现了网格调度、广域网加速、服务器虚拟化、全系统高可用等先进技术。风云三号气象卫星地面应用系统配置了1280个CPU的 SGI 系统与 256 个 CPU 的 IBM System p595 UNIX 系统，具有总计超过峰值 10 万亿次的计算性能、裸容量 720TB 的在线存储能力、2.5PB 的近线存储能力。数据处理和服务中心与各地面站通信专线连接，其中，中心与北京地面站以万兆网络带宽连接，中心与广州、乌鲁木齐、佳木斯和基律纳地面站的专线带宽分别为 100Mbps、100Mbps、66Mbps 和 45Mbps。

风云三号气象卫星地面应用系统以高性能计算机为主要计算平台，以存储局域网为数据管理中心，服务器与存储设备之间通过光纤网络连接，服务器之间通过高速网络进行数据交换；基于数据库系统对数据进行管理，是分布式应用系统。风云三号气象卫星地面应用系统通过提高卫星观测数据的站网获取能力，缩短观测数据的汇集时效；通过强化备份设备，提高地面应用系统的稳定性和可靠性；通过增强系统处理功能与能力，提高定量产品精度和监测服务水平；通过加强应用示范，扩展应用与服务领域；通过建立分布式数据存档系统，丰富数据和信息服务手段；通过构建仿真系统，强化业务系统软件的仿真试验和可靠性测试。

风云三号气象卫星地面应用系统总体结构如图 2-2 所示，地面应用系统按功能划分为地面站接收系统、网络与传输、资料与产品处理、存档与服务共 4 层架构。

2.4.3　总体任务

风云三号气象卫星地面应用系统经过两期建设，形成了由北京数据处理和服务中心、4 个国家一级地面站、1 个北极高纬度国际一级地面站（基律纳地面站）、3 个区域二级地面站和分布在全国的 200 个广播产品接收三级用户应用站组成的体系结构。北京数据处理和服务中心负责地面应用系统业务运行任务计划生成、地面站网星地链

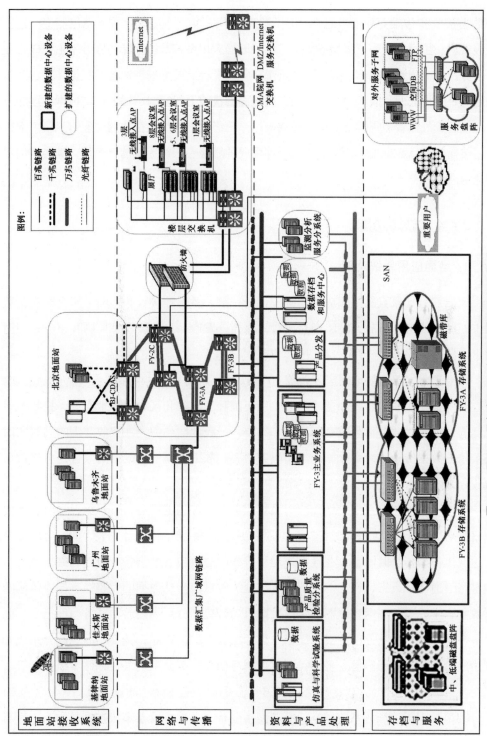

图 2-2　风云三号气象卫星地面应用系统总体结构

路数据接收和传输至中心的任务调度、全球数据汇集、预处理生成遥感仪器定位定标一级数据、生成二级和三级遥感信息产品、地面应用系统数据存储和服务等主线核心业务任务。5 个国家和国际一级地面站负责接收卫星存储的全球观测延时数据，并实时传输到北京数据处理和服务中心。区域二级地面站接收卫星实时广播的区域数据，以服务当地临近天气预警、灾害监测等高时效应用。三级用户应用站接收通过通信卫星广播或专网传输的北京数据处理和服务中心处理生成的二级、三级遥感信息产品，满足当地遥感应用需求。

2.4.4　总体功能

1．地面应用系统功能

风云三号气象卫星地面应用系统按计划完整、及时地接收和传输卫星全部观测数据，处理生成信息产品，检验产品质量，存档分发产品，开展遥感监测和服务，同时负责卫星长期业务运行管理。

风云三号气象卫星地面应用系统 10 个技术分系统及其功能如下。

（1）数据接收分系统部署于一级、二级国际、国家和区域卫星地面站，接收卫星观测的全球延时数据和区域实时数据。其中，一级地面站需要在接收数据的同时实时将接收的数据传输到北京数据处理和服务中心。数据完整性和数据时效性是考核数据接收分系统的两个关键技术性能指标。

（2）运行控制分系统是地面应用系统业务运行控制的中心，其根据卫星轨道参数每日滚动更新计算编制未来 3～7 天主线核心技术分系统的任务计划表，向一级地面站下达卫星数据接收时间表，在数据处理和服务中心解包、汇集各一级地面站接收的星地链路信道传输数据，检查、统计接收数据的质量、全球数据的完整性、接收传输的时效性，生成卫星各遥感仪器的零级数据。运行控制分系统还启动任务调度指令，调度数据预处理分系统处理生成一级定位定标预处理数据产品；调度产品生成分系统处理生成二级、三级遥感信息产品；调度数据存档与服务分系统编目存储零级、一级、二级、三级数据和产品，并统计汇总这 3 个分系统业务的运行质量。

（3）数据预处理分系统依据任务调度指令输入各遥感仪器零级数据及动态、静态辅助数据，处理生成一级定位定标预处理数据产品。

（4）产品生成分系统依据任务调度指令输入各遥感仪器一级数据产品和辅助数

据，处理生成二级、三级遥感信息产品。

（5）监测分析服务分系统负责临近天气预警、自然灾害实时监测分析和服务。

（6）应用示范分系统负责全国自然地理、气候特色的遥感应用和示范工作。

（7）产品质量检验分系统利用地基观测、同类卫星观测、模式计算数据抽样统计检验一级、二级、三级遥感信息产品的科学性、正确性，定期提交产品质量检验报告。

（8）仿真与技术支持分系统负责科学算法开发所需的计算模型／模式移植升发、模拟数据计算生成，以及业务运行系统关键部分的测试和控制仿真。

（9）数据存档与服务分系统依据任务调度指令，使用空间数据库技术编目存储零级、一级、二级、三级数据和产品，并向用户提供方便、及时的一级、二级、三级产品服务。

（10）计算机与网络分系统负责地面应用系统 IT 软硬件集成，以及数据处理、传输、存档、管理、服务所需的计算机、网络、存储软硬件平台建设和技术支撑。

另外，风云三号气象卫星地面应用系统还包括全系统联调试验、星地对接试验、卫星在轨测试、外场定标和真实性检验试验、新型遥感仪器航空飞行试验 5 项试验工作，以及相关基础设施和土木建设工作。

2. 分系统功能

风云三号气象卫星地面应用系统工程对 10 个技术分系统提出了明确的功能和性能要求，界定了各分系统之间的数据接口和控制接口，确定了各分系统的主要子系统组成。

1）数据接收分系统

数据接收分系统是风云三号气象卫星地面应用系统获取风云三号气象卫星在轨全球观测数据的最前端关键系统。为了完整、高时效地获取卫星全球观测数据，需要在全球范围内合理布局地面站，构建全球地面站网。风云三号气象卫星地面应用系统已经建立了中国北京、广州、乌鲁木齐、佳木斯，以及瑞典基律纳共 5 个一级地面站。各地面站依据运行控制分系统的任务时间表，接收风云三号气象卫星 HRPT、MPT、DPT 这 3 条链路的卫星观测数据，经译码、解包和质量检验后形成按虚拟通道分离的多路数据包文件，实时传输到国家卫星气象中心的数据处理和服务中心。地面站具有存储 1 周以上多颗卫星原始数据的能力，以防备由于地面数据传输链路故障导致数据丢失。地面站可以根据数据处理和服务中心的指令重新传输相关卫星数据。地面站同

时具备在通信中断无法获得任务时间表等异常情况下单站短期自主运行的功能。依据任务时间表接收数据的完整性、传输数据到数据处理和服务中心的时效性是评价数据接收分系统及地面站的两个关键性能指标。

数据接收分系统输入任务时间表，输出卫星下传信道数据。

2）运行控制分系统

运行控制分系统是风云三号气象卫星地面应用系统的指挥调度和控制中心。运行控制分系统履行地面应用系统"五站一中心"的任务计划编制、任务调度和完成情况统计管理功能；根据风云三号气象卫星的轨道参数计算编制地面应用系统运行任务时间表，作为各部分业务运行的依据；接收、处理卫星遥测参数，监测卫星运行状态，通过专用处理和显示软件以数值、曲线、图形等形式直观地显示卫星的工作状况，以便在发生异常时报警提示；通过实时滚动快视图监视地面站数据接收状态和业务运行状态；负责与卫星总体和测控中心的热线联系，根据业务需要提出卫星的业务测控需求，并提交卫星测控中心执行；负责地面应用系统时间统一勤务。

运行控制分系统主要由任务计划与调度子系统、卫星工况监视子系统、业务测控子系统、运行数据管理子系统、业务运行监视子系统、主控台运行控制子系统、运行信息服务子系统组成。

运行控制分系统输入卫星轨道参数，输出运行任务时间表。

3）数据预处理分系统

数据预处理分系统完成全部遥感仪器探测数据的预处理任务，包括数据质量检查、地理定位、辐射定标，以及卫星、太阳、月球的天顶角、方位角计算，并生成HDF5 格式的一级数据文件。另外，数据预处理分系统定时更新、发布各遥感仪器的定标系数。地理定位是根据遥感仪器原始数据的时间信息、卫星 GPS 数据或卫星轨道参数和姿态数据等，结合地理定位基础数据，计算获得仪器遥感像元地理经纬度的数据处理过程，主要包括卫星轨道和姿态计算、仪器遥感像元地理经纬度计算、辅助角度信息计算、通道配准和图像几何校正等。风云三号气象卫星的遥感数据地理定位以GPS 技术为主业务算法，以数值积分和轨道根数算法为备份算法。辐射定标是将遥感仪器在轨观测获取的电信号通过辐射定标数据计算获得辐射能量的数据处理过程。

数据预处理分系统主要由可见光红外扫描辐射计数据预处理子系统、红外分光计数据预处理子系统、微波温度计数据预处理子系统、微波湿度计数据预处理子系统、微波成像仪数据预处理子系统、中分辨率光谱成像仪数据预处理子系统、紫外臭氧探测仪数据预处理子系统、地球辐射探测仪数据预处理子系统、空间环境监测仪数据预处理子系统、定位公共处理子系统、准业务交叉定标子系统组成。

数据预处理分系统输入遥感仪器零级数据和有关辅助数据，输出定位定标的一级数据产品。

4）产品生成分系统

产品生成分系统在数据预处理生成的一级数据产品基础上，运用科学算法通过业务系统软件自动调度生成二级、三级数据产品。产品生成分系统将风云三号气象卫星遥感仪器探测数据进行加工处理，生成能反映大气、云、地表、海面和空间环境变化的各种地球和大气物理参数，以及各种图形、数字产品。

产品生成分系统主要由可见光红外扫描辐射计产品生成子系统、中分辨率光谱成像仪产品生成子系统、中分辨率光谱成像仪 250m 产品生成子系统、大气探测 VASS（红外分光计、微波温度计和微波湿度计组成的大气垂直探测综合仪器组）产品生成子系统、微波成像仪产品生成子系统、ESST（臭氧、辐射探测类仪器组）产品生成子系统、多遥感仪器产品合成子系统、产品生成公共处理子系统、产品生成辅助处理子系统组成。

产品生成分系统输入一级数据和相关辅助数据，输出反演计算的二级物理量参数信息产品，以及三级候、旬、月时空合成叠加处理的物理量参数信息产品。

5）监测分析服务分系统

监测分析服务分系统是风云三号气象卫星地面应用系统的遥感应用平台。监测分析服务分系统基于数据库、图像显示处理、专题图制作工具等形成业务监测分析服务平台，提供遥感信息提取、产品制作和分析等功能，通过自动或人机交互方式生成相应信息产品，承担面向全国的气象卫星遥感监测、评估、预警服务任务；充分发挥风云三号气象卫星各遥感仪器的特点，综合利用数据预处理分系统、产品生成分系统的数据和业务产品，结合其他卫星数据和地理信息系统，对天气系统、自然灾害、环境变化、气候事件等进行监测、评估和预警，并通过网络、电视、新闻载体等多种发布手段，向相关部门及各类用户提供信息服务和决策支持服务，充分发挥风云三号气象卫星数据的应用服务效益。

监测分析服务分系统主要由业务运行管理软件子系统、综合数据库管理软件子系统、综合监测分析软件子系统、诊断评估软件子系统、灾情与环境预警软件子系统、信息综合发布软件子系统组成。监测分析服务分系统可以配置供国家和省级部门使用

的不同版本。

6）应用示范分系统

应用示范分系统通过充分的资源共享与成果共享，推动卫星遥感在全国气象业务中的应用，为多种业务提供强有力的支撑，形成我国风云气象卫星遥感开发与应用的国家、区域、省三级体系，建立从产品算法研究与产品生成、应用方法研究与示范、应用效果验证，到应用推广的完整系统。应用示范主要包括天气分析和数值天气预报、气候变化研究和预测、环境监测、灾害监测、专业气象、空间天气六大应用方向。

应用示范分系统主要由卫星数据同化子系统、气候监测与诊断分析子系统、环境与灾害监测子系统、天气分析子系统、军事气象应用示范子系统组成。

7）产品质量检验分系统

产品质量检验分系统主要对一级数据产品及二级、三级定量产品进行物理精度检验，包括各仪器地理定位、辐射定标数据，以及大气温度廓线、大气湿度廓线、海面温度、射出长波辐射等。检验依据是地基常规观测数据、同类卫星遥感仪器信息产品和模式输出数据。产品质量检验分系统通常采用自动匹配处理和统计分析、定期检验分析等方式工作，并定期提交产品质量检验报告。

产品质量检验分系统主要由源数据自动获取与质量处理子系统、一级产品质量检验与评价子系统、二级定量产品质量检验与评价子系统、产品质量检验分系统支撑平台、用户评价产品质量检验发布平台组成。

8）仿真与技术支持分系统

仿真与技术支持分系统提供风云三号气象卫星业务仿真环境，使地面应用系统能够在近似实际应用的条件下进行各种仿真、检验、测试等，包括：系统内部软硬件设备接口的正确性、动态协调性及是否具备完成任务能力检验，数据处理软件分步测试、全系统压力测试与业务集成，数据预处理、产品处理、产品开发的科学仿真环境、运算平台、业务运行系统的故障现场分析、恢复和仿真测试。

仿真与技术支持分系统主要由实时业务、测控信息仿真子系统，数据模拟与工具软件子系统，测试模拟与工具软件子系统，故障报告、原因分析与辅助决策子系统组成。

9）数据存档与服务分系统

数据存档与服务分系统实现各级卫星数据编目存档、数据定制、数据检索、动态信息发布、运行监视与控制、用户管理、历史数据整编等功能。数据存档与服务分系统对在线存储设备和近线存储设备进行运行维护，负责对不同存储设备的数据管理；负责数据和产品数据质量控制、格式规范，以及编目存档管理；按照用户要求进行联机检索，提供联机下载及可视化发布；提供用户管理与在线帮助，并确保存储数据的安全。

数据存档与服务分系统主要包括：数据存档和管理子系统，运行监控和统计子系统，数据检索和订购子系统，空间数据库和 WebGIS 发布子系统，用户支持和服务子系统。

数据存档与服务分系统输入任务计划表，完成要求的数据编目存档任务；输入用户检索、获取要求，提供用户数据服务，满足用户需求。

10）计算机与网络分系统

计算机与网络分系统是风云三号气象卫星地面应用系统的基本 IT 支撑平台，为卫星数据接收、传输、预处理、产品生成、监测分析服务、产品分发等提供计算机资源，提供地面应用系统数据存储和快速传输路由。计算机与网络分系统为运行控制分系统提供技术支持，通过业务调度应用软件系统完成地面站接收数据的传输、去重复和汇集；按照卫星轨道参数及观测数据时间，组织数据预处理、产品处理等流程按照既定的顺序运行，形成一个高效、稳定的自动化业务系统；支撑数据存档与服务分系统，通过产品分发为广大用户提供数据与产品信息服务。合理设置系统软件配置参数、数据交换区域大小、网络虚网划分，可以优化系统运行性能。

计算机与网络分系统由基本支撑系统、应用软件系统两个部分组成。基本支撑系统主要由主机子系统、网络子系统、存储子系统这 3 个子系统组成。应用软件系统主要由调度和服务子系统、数据传输和管理子系统、产品分发和服务子系统这 3 个子系统组成。

2.4.5 总体信息流程

1. 信息流程

地面应用系统的信息流主要有两大类：一类是遥感数据与遥测数据，称为数据流；另一类是系统运行控制参数、命令、卫星业务测控命令等，称为命令流。

风云三号气象卫星地面应用系统的运行控制分系统每天定时生成运行作业任务时间表，自动发往 5 个一级地面站，同时发送到业务调度系统，各地面站依据运行作业任务时间表按质、按量接收卫星下传数据。国内地面站将接收到的 CCSDS

（Consultative Committee for Space Data Systems；一种由国际空间数据系统咨询委员会制定的空间数据传输协议）数据包按虚拟通道（VCID1～VCID5）分解，国外地面站将接收的数据按卫星信道（HRPT、DPT、MPT）分离，并在接收数据的同时通过广域网链路传输到数据处理和服务中心。数据处理和服务中心对各地面站接收的数据进行去重复处理和质量控制汇集后，再进行数据预处理和产品处理。

卫星、测控中心、数据处理和服务中心的结构关系如图 2-3 所示，北京、广州、乌鲁木齐、佳木斯、基律纳卫星地面站信息流程如图 2-4 所示，应用示范分系统信息流程如图 2-5 所示，数据处理和服务中心信息流程如图 2-6 所示。

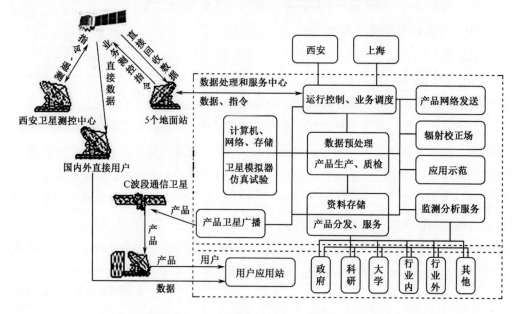

图 2-3　卫星、测控中心、数据处理和服务中心的结构关系

2. 处理流程

数据流的信息源头是卫星。卫星实时向地面发送遥感数据和遥测数据，由卫星地面站数据接收设备进行接收，并将获得的遥感数据和遥测数据，发送给数据处理和服务中心进行质量检验、解码、重复数据剔除、汇集等处理，生成零级数据；进行定位、定标等预处理，生成一级数据，并进行几何校正、地域分割、图像处理、科学计算、真实性验证等处理生成科学数据和产品，即二级、三级数据；然后通过网络和卫星广播将科学数据转发给各用户应用站、监测分析服务分系统、应用示范分系统，同时发送给数据存档与服务分系统进行长期存档管理与数据检索服务；监测分析服务分

系统在对科学数据与产品进行人工交互分析处理的基础上，形成决策支持信息和产品，通过专用产品广播系统与中国气象局宽带网络快速传送给气象预报部门、政府决策部门、企业、公共服务部门等。

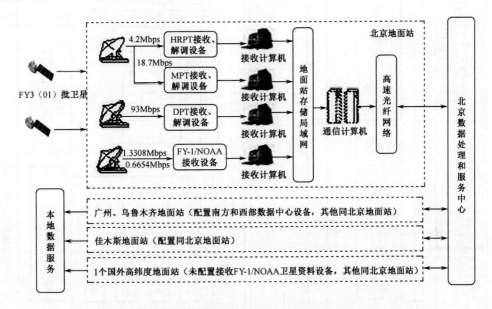

图 2-4 北京、广州、乌鲁木齐、佳木斯、基律纳卫星地面站信息流程

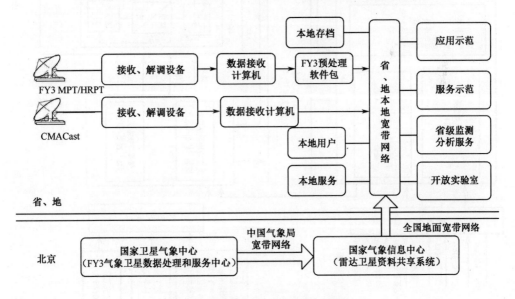

图 2-5 应用示范分系统信息流程

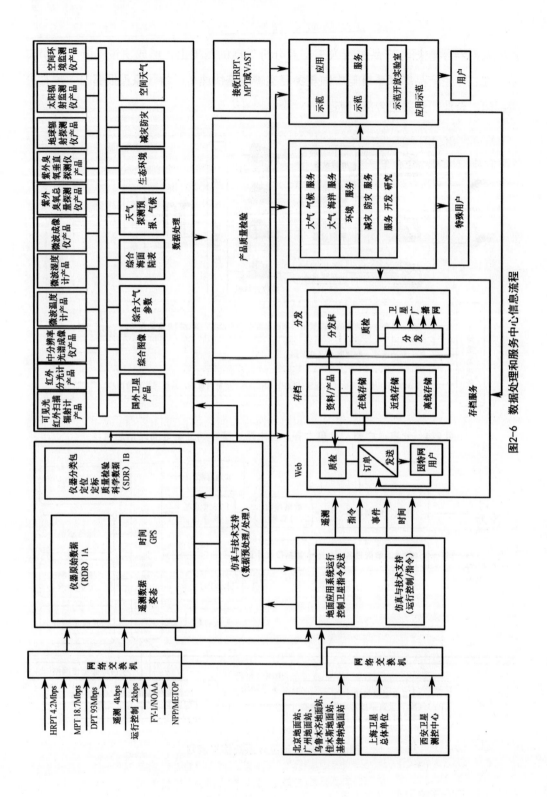

图2-6 数据处理和服务中心信息流程

3. 命令流

命令流分为两类，一类是系统业务运行控制命令流，另一类是卫星业务测控命令流。

系统业务运行控制命令流的信息源是运行控制分系统。运行控制分系统根据卫星轨道参数预报卫星运行轨道，制作地面应用系统业务运行作业任务时间表。该任务时间表每天定时分发给卫星地面站、辅助接收站及数据预处理分系统、产品生成分系统、监测分析服务分系统、数据存档与服务分系统这几个主线核心业务分系统。卫星地面站根据任务时间表启动卫星数据的接收与转发程序，并在每个程序运行结束后向运行控制中心报告；运行控制中心同时启动运行程序，进行数据预处理和产品处理；数据存档与服务分系统依据任务时间表编目存储和分发遥感信息产品。

卫星业务测控命令流的信息源来自运行控制分系统、产品质量检验分系统、监测分析服务分系统。监测分析服务分系统根据全球范围应急事件发生情况、环境变化情况、自然灾害发生和发展情况，提出卫星探测区域要求。运行控制分系统在对卫星、遥感仪器运行状态进行分析的基础上，做出仪器管理、探测数据观测区域调整等决定。产品质量检验分系统基于数据预处理分系统辐射定标一级数据异常检验分析，提出一级数据质量检验报告，给出遥感仪器增益调整和去污等建议。另外，在通过规定的业务技术审定程序后，由运行控制分系统提出卫星业务测控指令，发送给卫星测控中心，并通过遥控发射设备对卫星进行业务测控。

2.5 地面应用系统工作流程

2.5.1 概述

风云三号气象卫星地面应用系统的国内一级卫星地面站与北京数据处理和服务中心通过地面网络连接，建立数据实时传输机制；国外一级地面站通过广域网链路准实时传输数据。北京数据处理和服务中心处理生成的卫星数据和产品主要通过中国气象局分发网（9210）和风云卫星广播分发网（FENGYUNCast）向用户广播，用户也可以通过网络获取。

风云三号气象卫星地面应用系统的运行控制分系统每天定时生成运行作业任务时

间表，自动发往 5 个一级地面站，同时发送到运行控制中心的作业调度软件。各地面站按时间表接收卫星探测数据，国内地面站将接收到的 CCSDS 数据包按虚拟通道（VCID1～VCID5）分解，国外地面站按卫星信道（HRPT、DPT、MPT）分别通过广域网链路送到北京数据处理和服务中心。运行控制分系统自动启动作业调度流程，首先对各地面站数据进行去重复处理和质量控制，然后调度数据预处理分系统和产品生成分系统依次进行数据预处理、产品处理，并生成各类定量产品。

风云三号气象卫星地面应用系统实现了完全自动化运行调度。在数据处理与服务中心，作业调度软件根据接收时间表，每天确定产品处理的计划流程。一旦接收到各地面站的原始数据，作业调度软件就立即启动数据质量优选、解码处理和预处理流程，高时效地生产出带有定位定标信息的一级数据产品。在一级数据产品的基础上，作业调度软件根据计算机系统的负载情况和预定的处理控制关系，并行调度各仪器的各类二级数据产品的生产流程，定时调度日、候、旬、月数据产品的生产流程。通过上述各种流程，按时效要求自动处理得到多种遥感产品。

作业调度软件针对不同数据特点制定不同的数据处理流程和策略，调度数据预处理分系统和产品生成分系统。为了提高时效，将中分辨率光谱成像仪、可见光红外扫描辐射计的探测数据按卫星观测 5 分钟累计切割成时间数据段，再采用多个 5 分钟数据段并行处理的方式，使之在卫星过境 10 分钟内处理产生中国区域的一级中间产品，并在 15 分钟后生成相应的反演产品，经过质检后分发服务。对于全球范围 250m 分辨率的产品，将数据按经纬度切割成 10°×10° 的分区产品，这样可以降低单个数据文件的容量，为用户提供精细化的数据服务。

数据存档与服务分系统提供数据存档与检索服务，负责数据和产品处理过程中的监视、传输和分发工作。经过预处理后的高时效一级数据产品被及时传送到监测分析服务分系统，通过中国气象信息分发网（9210）、风云卫星广播分发网（FENGYUNCast）、FTP 实时数据区发布等手段向全国用户提供产品应用示范和服务。

产品质量检验分系统负责产品质量检验和参数优化；仿真与技术支持分系统用于各系统功能调整与扩充的仿真测试。

2.5.2　工作流程

风云三号（FY-3）气象卫星地面应用系统工作流程如图 2-7 所示。图中给出了主要的业务数据流和控制流程，还给出了地面应用系统 10 个技术分系统之间的数据接口关系。

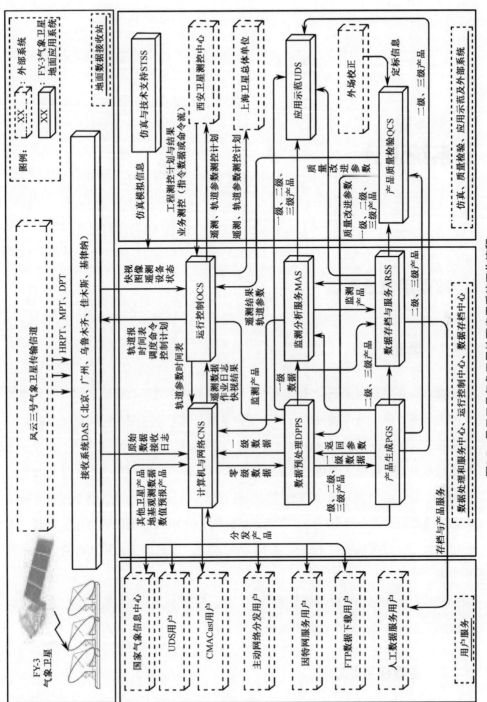

图2-7　风云三号气象卫星地面应用系统工作流程

第 3 章

分系统设计

3.1　数据接收分系统

3.1.1　概述

数据接收分系统在风云三号气象卫星地面应用系统中处于数据流最前端，其功能是建立星地数据传输链路，接收风云三号气象卫星全球对地观测数据和遥测数据，同时兼容接收国际同类卫星广播数据。

数据接收分系统包含 3 个信道子系统，可接收风云三号气象卫星 L 波段 HRPT 及 X 波段 MPT、DPT 共 3 条信道链路的卫星下传数据。数据接收分系统抗干扰能力强，具备高码速率数据解调、卷积译码、高速数据进机、CCSDS 标准编码解包、存储、快视及传输等能力。数据接收分系统可以 24 小时连续、自动运行，并具有相应的备份及维护手段。

数据接收分系统已经安装部署在北京、广州、乌鲁木齐、佳木斯和瑞典基律纳地面站，形成了全球分布的 5 个地面站网布局。

3.1.2　主要任务和功能

1. 主要任务

风云三号气象卫星数据接收分系统的主要任务是完成风云三号气象卫星全球遥

感、遥测数据的接收，同时兼容接收国内外其他遥感卫星的广播数据。具体任务如下：

（1）接收风云三号气象卫星在过境时发送的 L 波段实时遥感数据（HRPT）；

（2）接收风云三号气象卫星在过境时发送的 X 波段实时遥感数据（MPT）；

（3）接收风云三号气象卫星在过境时发送的 X 波段全球延时遥感数据（DPT）和遥测数据；

（4）接收 NOAA 卫星在过境时实时广播的 HRPT 数据；

（5）兼容接收国外同类气象卫星、海洋卫星、资源卫星、环境与减灾卫星等的数据。

数据接收分系统信道技术指标如表 3-1 所示。

表 3-1　数据接收分系统信道技术指标

卫　　星	数据信道类型	技术指标
风云三号气象卫星	HRPT	码速率：4.2Mbps；频率：1.7045GHz
	MPT	码速率：18.7Mbps；频率：7.775GHz
	DPT	码速率：93Mbps；频率：8.14595GHz
NOAA 卫星	HRPT	码速率：0.6654Mbps；频率：1.707GHz，1.698GHz，1.7025GHz

2. 功能

数据接收分系统具备以下功能。

（1）接收运行控制分系统的调度命令、作业运行时间表、轨道根数、轨道预报数据等。

（2）自动跟踪过境卫星，接收广播数据，将数据输入计算机，数据解包，图像数据快视显示；对非图像数据具有图形图表显示功能；将原始数据记盘，在解包数据记盘的同时，将数据传送到地面站存储系统。

（3）向运行控制分系统传送遥测数据（从 HRPT、DPT 中分包得到），监测设备状态和分系统运行状态。

（4）地面站和运行控制中心进行语音、视频、数据通信功能。

（5）接收数据在线自动滚动存储管理，滚动周期最短为 7 天。

（6）数据质量评估功能。

（7）站管子系统具有自主调度运行的能力。

（8）具有射频、中频和基带测试检测能力。

（9）站管子系统在发生故障时，数据接收分系统可以独立进行轨道数据的接收。

（10）设备巡检、状态收集、存储、发送，以及日志文件生成、故障报警等系统远程分析维护功能。

（11）MPT 数据解密。

3.1.3　主要技术指标

数据接收分系统主要技术指标如表 3-2 所示。

表 3-2　数据接收分系统主要技术指标

数据种类	风云三号气象卫星 HRPT	风云三号气象卫星 MPT	风云三号气象卫星 DPT	其他同类卫星数据
接收仰角	5°～5°	5°～5°	7°～7°	5°～5°
误码率	小于 1×10^{-6}	小于 1×10^{-6}	小于 1×10^{-6}	小于 1×10^{-6}
跟踪方式	程控、自动	程控、自动	程控、自动	程控、自动
传输	实时	实时	国内准实时（轨道后 30 分钟内传完）	实时（部分准实时）

数据接收分系统同时满足如下要求：系统的可用度≥99.7%；平均修复时间≤1.5 小时；系统设计寿命为 15 年；国内地面站的 HRPT、MPT、DPT 数据在接收结束后 5 分钟内传到北京数据处理和服务中心；瑞典基律纳地面站的 HRPT、MPT、DPT 数据在接收结束后 45 分钟内传到北京数据处理和服务中心，数据传输误码率小于 1×10^{-9}。

3.1.4　分系统组成

1. 分系统部署

为了提高风云三号气象卫星全球观测数据的高时效获取能力，风云三号气象卫星地面应用系统工程在国内部署建设了北京地面站、广州地面站、乌鲁木齐地面站、佳木斯地面站，在瑞典部署建设了基律纳地面站。

5 个一级地面站的地理位置如表 3-3 所示。

5 个一级地面站根据运行控制任务指令每天接收过境风云三号气象卫星的 HRPT、MPT、DPT 数据，并将接收到的数据通过地面光纤传送到位于北京的国家卫星气象中心。

表 3-3　5 个一级地面站的地理位置

站　　名	经　　度	纬　　度
北京	116° 16′ 36″ E	40° 03′ 06″ N
广州	113° 24′ 58″ E	23° 14′ 29″ N
乌鲁木齐	87° 34′ 08″ E	43° 52′ 17″ N
佳木斯	130° 22′ 48″ E	46° 45′ 20″ N
基律纳	15° 12′ E	68° 20′ 24″ N

2. 子系统及功能

数据接收分系统包括 HRPT/MPT 接收子系统、DPT 接收子系统、站管子系统、测试设备。

北京、广州、乌鲁木齐、佳木斯 4 个地面站各安装了 3 套 HRPT/MPT 接收子系统、2 套 DPT 接收子系统、1 套统一站管子系统及其计算机网络存储设备、测试设备等。另外，北京地面站还配备了 1 套卫星模拟器，其他国内 3 个地面站仅配备了信号源。

瑞典基律纳地面站安装了 2 套天线接收系统，各含 2 套 HRPT/MPT 接收子系统（1 主、1 备）、DPT 接收子系统、统一站管子系统。

子系统功能、任务分配如表 3-4 所示。

表 3-4　子系统功能、任务分配

子 系 统	子系统功能	子系统任务分配
HRPT/MPT 接收子系统	第 1 套接收子系统（主用），包括数据接收获取、快视、记录、前端监控等	风云三号气象卫星的 HRPT/ MPT 数据
	第 2 套接收子系统（主用），包括数据接收获取、快视、记录、前端监控等	国内外同类卫星数据
	第 3 套接收子系统（备用），包括数据接收获取、快视、记录、前端监控等	备用
DPT 接收子系统	第 1 套接收子系统（主用），包括数据接收获取、快视、记录、前端监控等	风云三号气象卫星的 DPT 数据
	第 2 套接收子系统（备用），包括数据接收获取、快视、记录、前端监控等	备用
测试设备	各种测试仪器，包括频谱分析仪、射频网络分析仪、示波器、频率计等；卫星模拟器接口件，包括转接、衰减、宽带放大等低损耗测试线	提供必要的运行测试手段
站管子系统	全站设备运行的调度、控制及状态监视等	监视、调度、控制

北京、广州、乌鲁木齐、佳木斯地面站数据接收分系统各子系统的任务分配说明如下：考虑到多颗卫星在过站时间上可能重叠，同时不同卫星在频率、码速率、编码方式等方面存在差异，在 3 套 HRPT/MPT 接收子系统中，第 1 套接收子系统以接收风云三号气象卫星的 HRPT、MPT 数据为主；第 2 套接收子系统以接收国内外同类卫星的低码速率（30Mbps 以下）的卫星数据为主，根据卫星过境时间接收风云三号气象卫星数据；第 3 套接收子系统作为前两套子系统的备份。DPT 接收子系统（1 主、1 备）以接收风云三号气象卫星的 DPT 数据为主，同时具有兼容接收国内外其他高码速率气象卫星及遥感卫星数据的能力。

3. 地面站配置

各地面站关键设备统一配置，以北京地面站为例予以说明，如图 3-1 所示。设备间通过千兆网连接，接收子系统接收到的数据在本子系统记盘的同时，将原始数据和解包数据写入地面站专用存储设备；存储设备通过专用网络将数据传送给运行控制分系统进行全球观测数据汇集编辑。地面站时间统一勤务由站上专用设备通过全系统时间服务器执行。站管子系统控制全站运行，对设备状态进行采集，显示运行过程中的参数和结果；站管服务器接收运行控制分系统下发的任务作业时间表和卫星轨道根数，向运行控制中心的运行控制服务器发送遥测数据、运行状态数据；地面站专用存储设备负责数据存储任务。卫星模拟器提供系统联调和维修所需的射频信号、中频信号、基带数据及卫星遥测信号等，用于在线测试设备完成系统运行过程中的信号测试。

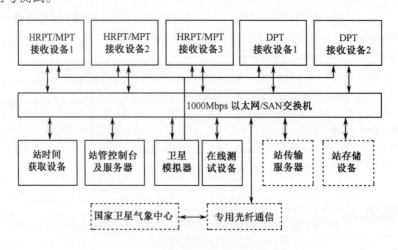

图 3-1　北京地面站关键设备配置

3.1.5 技术方案

1. HRPT/MPT 接收子系统技术方案

1）子系统主要任务

HRPT/MPT 接收子系统的主要任务是接收风云三号气象卫星的 HRPT、MPT 数据，以及 NOAA 系列卫星的 HRPT 数据等，同时兼容接收码速率在 30Mbps 以下的其他卫星数据。

2）子系统功能

HRPT/MPT 接收子系统的功能包括：跟踪接收卫星信号，对接收的卫星信号进行放大、下变频、解调、同步、卷积译码、数据进机、分包、快视、存储、传输，其中解调器的码速率可以通过软件设置；对接收的数据进行浏览；通过计算机通信网络系统向运行控制中心、数据处理和服务中心传送数据；对接收的风云三号气象卫星广播的 MPT 数据进行解密处理；将接收机的各种状态实时传送给站管子系统，并接收站管子系统的调度命令、任务作业时间表。HRPT/MPT 接收子系统具备程控跟踪、自动跟踪、手动跟踪功能。

3）子系统组成及工作原理

（1）子系统组成。

HRPT/MPT 接收子系统由以下 4 部分构成：天线、馈源、伺服，HRPT 数据接收设备，MPT 数据接收设备，软件部分。HRPT/MPT 接收子系统组成原理框架如图 3-2 所示。

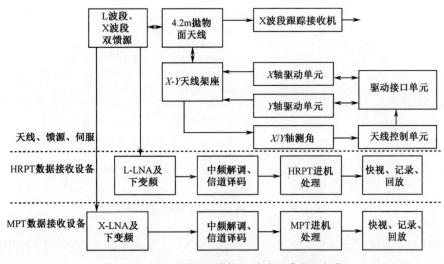

图 3-2　HRPT/MPT 接收子系统组成原理框架

同时，接收 L 波段的广播数据和低码速率（30Mbps 以下）X 波段的广播数据，采用 4.2m 抛物面天线、X-Y 天线架座方式，有 L 波段和 X 波段两个独立信道。

（2）天线、伺服、馈源组成。

天线、伺服、馈源由 4.2m 口径主焦式抛物面天线、X 波段和 L 波段双馈电网络、机械结构、天线监控与驱动等设备组成。馈电网络主要包括 X 波段馈源和 L 波段馈源，输出的 X 波段和 L 波段射频信号分别送到 X 波段的信道和 L 波段的信道。为保证接收天线的可靠运行并延长天线的使用寿命，为天线安装玻璃钢天线罩。

天线监控设备主要由天线监控单元（AMCU）、天线位置显示单元（PDU）、天线驱动单元（ADU）、驱动执行元件、天线控保装置等构成。该设备以 4.2m 抛物面天线、X-Y 天线架座为控制对象。AMCU 接收地面站监控台计算机产生的控制命令，与天线位置显示单元信息构成位置闭环系统，使天线指向随卫星轨道变化，实现实时跟踪。

工作方式包括指令位置、速度手控、待机、程序跟踪、自动跟踪、位置手控、收藏锁定等。

（3）HRPT 数据接收设备组成。

HRPT 数据接收设备包括 L 波段的低噪声放大器 LNA、下变频器、中频分路器、QPSK 解调器、维特比及差分译码器、解扰处理及 R-S 译码器、数据摄入卡（包括帧同步、数据缓冲、驱动软件）、处理计算机。HRPT 数据接收设备组成框架如图 3-3 所示。

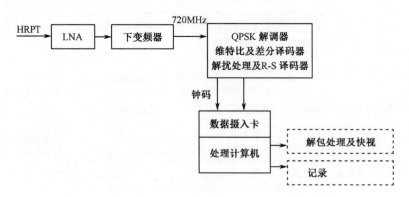

图 3-3　HRPT 数据接收设备组成框架

HRPT 数据接收设备的主要功能是：①接收风云三号气象卫星 L 波段的 HRPT 信号，对其进行放大、下变频、中频分路、QPSK 解调、比特同步、维特比及差分译码、解扰处理及 R-S 译码，并通过数据摄入卡（包括帧同步、数据缓冲）将数据输入处理计算机；②解调器可以根据不同的码速率，设置其工作码速率并显示工作状态；③显示其他非图像仪器的数据特征；④对信道数据的误码进行评估和显示；⑤R-S 译码输出的帧同步头既可进行设置，也可原码输出；⑥对输入计算机的解包后的各仪器数据分别存盘；⑦将解包后的数据向站存储服务器发送。

（4）MPT 数据接收设备组成。

MPT 数据接收设备包括 X 波段的低噪声放大器 LNA、下变频器、中频分路器、720MHz QPSK 解调器、维特比及差分译码器、解扰处理及 R-S 译码器、数据摄入卡（包括帧同步和数据缓冲）、计算机。

MPT 数据接收设备的主要功能是：①接收风云三号气象卫星 X 波段的 MPT 信号，对其进行放大、下变频、中频分路、QPSK 解调、比特同步、维特比及 R-S 译码，并通过数据摄入卡（包括帧同步和数据缓冲）将数据输入计算机；②对信道数据的误码进行评估和显示；③对源包数据进行存盘；④将解包后的数据向站传输服务器及站存储设备发送；⑤R-S 译码输出的帧同步头既可在面板进行设置并固定保存，也可原码输出；⑥对 MPT 数据进行解密。

（5）软件构成及功能。

风云三号气象卫星的 HRPT 数据接收软件包括实时接收模块、快视模块、数据传输和存储模块等，其功能如下。

实时接收模块：将解调器的输出数据通过数据摄入卡输入计算机；将接收的符合 CCSDS 标准格式的 HRPT 数据进行解包，并按照仪器和遥测分类，同时每类文件按照预定标准等长度切割生成若干小文件，以便提高传输效率；在接收过程中，对数据的接收质量进行判断，并进行丢包统计。

快视模块：在接收数据时，对 HRPT 数据中的可见光红外扫描辐射计的多个通道中的任何一个通道的数据具有多分辨率（包括 1:1、1:2）快视功能；同时，具有黑白图快视、伪彩色快视和多通道合成快视功能，并生成快视文件输出到站管子系统及运行控制分系统；具有显示其他非图像仪器的数据特征的功能。在接收轨道结束后，可选择仪器数据进行浏览显示。

数据传输和存储模块：在接收轨道的同时，将接收的数据分包并分别写入接收子系统硬盘、站数据存储设备，同时将遥测数据包传送到站管子系统及传输服务器；在

轨道接收结束后，可根据作业调度的指令向传输服务器和存储设备重传数据，接收子系统的计算机对数据有7天的存储能力。

风云三号气象卫星的 MPT 数据接收软件包括实时接收模块、快视模块、数据传输和存储模块等，其功能分别如下。

实时接收模块：将解调器的输出数据通过数据摄入卡输入计算机；将接收的符合 CCSDS 标准格式的 MPT 数据进行解包，形成中分辨率光谱成像仪的源包数据文件夹，同时按照预定标准等长度生成若干小文件，以便提高数据传输效率；在接收过程中，对数据的接收质量进行判断，并进行丢包统计。当风云三号气象卫星的 MPT 数据采用密传方式时，数据接收软件可根据运行控制中心发送的密钥对密文进行解密形成明文数据。

快视模块：在接收数据时，对 MPT 数据的中分辨率光谱成像仪多通道中的任何一个通道数据具有多分辨率（包括 1:2、1:4、1:8）快视功能；同时具有黑白图快视、伪彩色快视和多通道合成快视功能；具有显示其他非图像仪器的数据特征的功能。在接收轨道结束后，可选择中分辨率光谱成像仪 20 个通道数据中的任何一个通道数据进行浏览显示。

数据传输和存储模块：在接收轨道的同时，将接收的数据进行分包并分别写入接收子系统硬盘、站数据存储设备。在轨道接收结束后，可根据作业调度的指令向传输服务器和存储设备重传数据，接收子系统的计算机对数据有7天的存储能力。

4）子系统主要技术指标

天线、伺服和馈源：天线形式，4.2m 抛物面天线；馈源形式，L 波段、X 波段双馈源；极化方式，左 / 右旋圆极化可选；天线座架形式，X-Y 天线座架，满足过顶跟踪不丢失信号的要求；工作频率，X 波段分两段，即 7.750～7.850GHz、8025～8400GHz；L 波段工作频率为 1.698～1.710GHz；天线第一副旁瓣电平小于-15dB（相对于主瓣峰值）；X 波段系统品质因数（G/T）大于 22dB/K，L 波段系统品质因数（G/T）大于 9dB/K。天线运动范围：X 轴为±90°，Y 轴为±90°；最大角速度：X 轴为 5°/秒，Y 轴为 5°/秒；最大角加速度：X 轴为 5°/秒^2，Y 轴为 5°/秒^2；质量不大于 1 吨。

HRPT 数据接收：前置放大器输入工作频率带宽为 1698～1710MHz，增益平坦度为 ±0.5dB/12MHz，增益稳定度为 ±1dB/（-45～50）℃，输入驻波比<1，输出 1dB 压缩点≥15dBm；下变频器频率范围为 1698～1710MHz，中频抑制≥60dB，镜像抑制≥60dB，增益平坦度<0.5dB/12MHz，三阶交调≤-40dBc；输出中频带宽为 70MHz；

本振源频率稳定度为 1×10^{-6}/年；解调器输入中频带宽为 70MHz；输入中频带宽为 12MHz；解调器载波捕获范围为 ±120kHz；误码率小于 1×10^{-6}（Eb/N0=5.5）；动态范围为 40dB；维特比译码采用 3 比特软判决；码速率为 0.5～30Mbps 可调，最小步长为 0.1kbps；时钟捕获带宽为 ±码速率×0.2%。解码器要求能适应风云三号气象卫星的 HRPT 数据等的编码方式。数据摄入卡输入信号为数据及钟码；信号电平 TTL；阻抗 50 欧；信号格式符合风云三号气象卫星的 HRPT 数据格式。总线标准为 PCI、USB（2.0）、网络。计算机采用 Windows NT 操作系统，其他配置满足数据进机要求，留有 2 个与 SAN 光纤交换机连接的 2GB HBA 卡的 PCI 总线插口，硬盘满足 7 天存储容量，配置 19 英寸液晶显示器，有 100MB/1000MB 自适应网卡和高速图像显示卡，配光盘刻录机。

　　MPT 数据接收：前置放大器输入频率带宽如下。X 波段带宽有两段，分别为 7.750～7.850GHz 和 8025～8400GHz，增益平坦度为 ±0.5dB／工作带宽内，增益稳定度为 ±1dB/（-45～50）℃，输入驻波比<1.3，输出 1dB 压缩点≥15dBm；下变频器输入频率带宽为 7.750～7.850GHz 和 8025～8400GHz，中频抑制≥60dB，镜像抑制≥60dB，增益平坦度<1.5dB／工作带宽内，三阶交调≤-40dBc；本振频率稳定度为 1×10^{-6}／年；解调器输入中频带宽适应 MPT 信道要求，解调器载波捕获范围为 ±500kHz；误码率小于 1×10^{-6}（Eb/N0=4.3）；动态范围为 40dB；维特比译码采用 3 比特软判决；码速率为 1～30Mbps 可调，步长为 1kbps。数据格式为 CCSDS 标准。时钟捕获带宽为 ±码速率×0.2%。解码器要求能同时适应风云三号气象卫星的 MPT 数据等的编码方式。数据摄入卡输入信号为数据及钟码，信号电平 ECL，阻抗 50 欧，信号格式符合风云三号气象卫星 MPT 数据要求。总线标准为 PCI、USB（2.0）、网络。计算机采用 Windows NT 操作系统，其他配置满足数据进机要求，留有 2 个与 SAN 光纤交换机连接的 2GB HBA 卡的 PCI 总线插口，硬盘满足 7 天存诸容量，配置 19 英寸液晶显示器，有 100MB/1000MB 自适应网卡和高速图像显示卡。

　　数据进机及分包等软件的时间要求是数据进机处理等以 1 个数据传输帧为单位（8192 比特），T=数据进机的时间+数据分包时间+数据存储时间+数据传输时间+快视时间。HRPT：$T<8192$ 比特/4.2MB=1950μs（取 1950μs）。MPT：$T<8192$ 比特/18.7MB=438μs（取 440μs）。

2. DPT 接收子系统技术方案

1）子系统主要任务

DPT 接收子系统主要接收风云三号气象卫星全球观测延时回放数据，兼容接收其他高码速率对地观测卫星广播数据，系统天线、伺服、馈源及信道部分兼顾 HRPT/MPT 接收子系统功能，具备备份的作用。

2）子系统功能

跟踪过境卫星，接收卫星信号，对接收信号进行放大、下变频、解调、同步、信道译码、数据进机、分包、快视、存储、传输。解调器码速率可以通过软件设置；可对接收到的数据进行浏览；可通过计算机通信网络系统向运行控制中心、数据处理和服务中心传送数据；可将接收机的各种状态实时传送给站管子系统，接收执行站管子系统的作业调度指令、任务作业时间表；具备程控跟踪、自动跟踪、手动跟踪、收藏等功能；具备同时接收 1 路 L 波段信号和 2 路 X 波段信号的能力；可对接收的数据进行质量评估，生成轨道接收情况记录文件。

3）子系统组成及工作原理

DPT 接收子系统由天线、伺服、馈源、L 波段信道、X 波段信道、接收解调及信道译码、数据摄入卡及处理软件等部分构成。天线驱动电机、天线制动器等关键部分采用冗余设计方案，双机运行。微波接收机、下变频器、解调器等采用提供备件方式，保障系统功能及时恢复。DPT 子系统组成原理框架如图 3-4 所示。

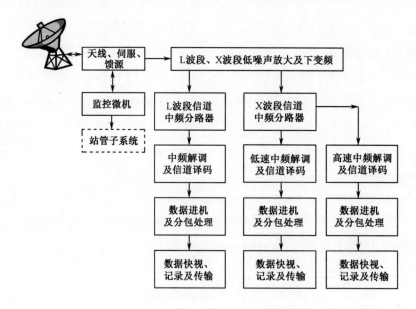

图 3-4　DPT 子系统组成原理框架

卫星在过境前，天线监控单元依据站管子系统下发的任务作业时间表、轨道预报参数，自动预置天线方位仰角指向卫星进站位置。卫星在进站时，跟踪系统在程序引导下，自动转入"自动跟踪"工作状态，跟踪卫星并接收卫星下传的信号，对其进行放大、下变频、QPSK 解调、信道译码、数据进机、数据解包、快视、记录和回放，并向地面站传输服务器、数据存储服务器传输数据。卫星在离站时，天线监控单元可自动或在人工干预下结束跟踪，将天线指向预定位置，以等待下次任务。天线监控单元可以将多批次任务列成菜单，并依次执行。在天线对目标跟踪过程中，天线轴角编码设备对天线轴的转角进行实时编码、显示。当卫星过顶时，通过机械倾斜机构使天线倾斜，从而达到全路目标跟踪和数据接收的目的。在跟踪过程中，若目标丢失，则跟踪方式转为程序跟踪。

程序跟踪是指系统依据事先预报的目标轨迹，控制天线沿该轨迹运动以跟踪目标。在程序跟踪时，系统可对轨迹进行时间、角度修正，以便更好地捕获目标。在手动跟踪时，操作人员操作按钮或用计算机控制天线方位和俯仰运动，以便捕获目标。

当天线接收到下行信号后，经馈源网络分成"和路信号"和"差路信号"，对差路信号进行处理后，与和路信号混合形成 X 波段跟踪信号，将单路单脉冲信号送入跟踪系统实现闭环自动跟踪。

DPT 接收子系统信息流程如图 3-5 所示。

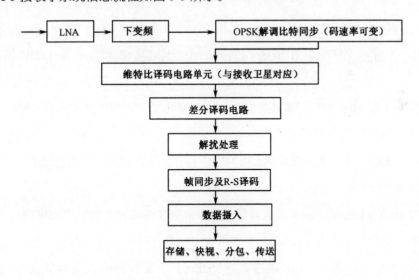

图 3-5　DPT 接收子系统信息流程

天线、伺服、馈源（简称天伺馈）：天线包括接收天线、架座、天线罩等；伺服包括驱动天线运动的电机及功放、各种传感器、控制器、方位控制单元、俯仰控制单元、保护单元、天线监控计算机等；馈源包括 L 波段和 X 波段馈电网络。

信道：包括 L 波段和 X 波段两个信道。L 波段前置放大器对 L 波段的射频信号进行放大；滤波器对有用信号以外的无线电信号进行抑制，满足系统接收抗干扰的需要。下变频器将 L 波段的射频信号变成中频信号，频率综合器根据不同的卫星接收任务改变本振频率，中频分路器将 1 路中频信号分成 4 路，满足运行和测试要求。X 波段前置放大器对射频信号进行放大，滤波器对有用信号带宽以外的无线电信号进行抑制。下变频器将 X 波段的射频信号变成中频信号，频率综合器根据接收不同的卫星数据改变本振频率，中频分路器将 1 路中频信号分成 4 路，满足运行和测试要求。

接收解调：由 QPSK 解调、译码、并-串转换、解扰等组成，其功能是接收数据。

数据摄入卡及处理软件：包括硬件及软件接口、数据存储和快视计算机、处理软件等，其功能是数据输入、数据分包、误码和丢包统计显示、快视、数据存储、设备控制和管理等。

4）子系统主要技术指标

天线、馈源、伺服技术指标：天线形式为卡塞格伦天线；馈源形式为 L 波段和 X 波段复合馈源；极化方式有左／右旋圆极化可选；天线架座方位为俯仰型+机械倾斜或 X-Y 形式，以满足过顶跟踪需求；X 波段工作频率为 7.750～7.850GHz 和 8025～8400GHz，L 波段工作频率为 1698～1710MHz。天线第一副瓣电平为-18dB（相对于主瓣峰值）；系统品质因数 $G/T \geqslant 32$dB/K，7.7～8.4GHz；环境条件，室外温度-40～60℃，室内温度 10～40℃，室外湿度 0～100%@40℃，室内湿度 80%@30℃。方位俯仰架座天线运动特性：天线运动范围 AZ 轴-380°～380°，EL 轴-1°～-181°；倾斜机构倾角为±2.5°；最大角速度 AZ 轴为 20°/s，EL 轴为 6°/s；最大角加速度 AZ 轴为 7°/s，EL 轴为 5°/s。

DPT 接收设备指标，前置放大器输入频率带宽 X 波段为 7.750～7.850GHz、8025～8400GHz，增益平坦度为±0.5dB／工作带宽内，增益稳定度为±1dB/（-45～50）℃，输入驻波比＜1.3，输出 1dB 压缩点≥15dBm。下变频器输入频率带宽 X 波段为 7.750～7850GHz、8025～8400GHz，中频抑制≥60dB，镜像抑制≥60dB，增益平坦度＜1.5dB／工作带宽内，三阶交调≤-40dBc。本振频率稳定度为 1×10^{-6}／年，解调器输入中频带宽（128MHz），解调器载波捕获范围为±550kHz，误码率＜1×10^{-6}（Eb/N0=5.5），动态范围为 40dB，维特比译码采用 3 比特软判决，码速率为 30～330Mbps

可调，最小步长为 1kbps，时钟捕获带宽为 ± 码速率×0.2%。解码器须适应风云三号气象卫星 DPT 等编码方式，数据摄入卡输入信号为数据及钟码，信号电平为 ECL，阻抗为 50 欧，信号格式同时符合风云三号气象卫星的 DPT 等格式，总线标准为 PCI、USB（2.0）、网络。计算机采用 Windows NT 操作系统，其他配置满足数据进机要求，留有 2 个与 SAN 光纤交换机连接的 2GB HBA 卡的 PCI 总线插口，硬盘满足 7 天存储需求，配置 19 英寸液晶显示器、100MB/1000MB 自适应网卡、高速图像显示卡。

数据进机处理以单个数据传输帧为单位（8192 比特），由于 DPT 在接收轨道结束后才进行处理、传输等操作，因此在接收过程中要求实时显示包计数值及数据实时进机情况。T_1 = 数据进机时间 + 数据存储时间，$T_1 < 88\mu s$，总时间 T_2 = 数据分包时间 + 分包后的数据存储时间 + 数据传输时间 + 快视时间，$T_2 < 45$ 分钟。

3. 站管子系统

1）子系统主要任务

站管子系统的任务是：接收运行控制分系统的任务作业时间表和作业调度指令，管理地面站运行设备，调度任务作业运行，监视地面站运行状态。站管子系统把从地面站各设备采集的设备状态、运行状态、设备配置等数据在地面站控制台上显示，同时上报给运行控制分系统；将运行控制分系统下发的轨道根数、调度指令等数据分发给各设备，负责地面站时间校准；站管子系统依据运行控制分系统分配给地面站的接收任务来调度地面站接收设备。

2）子系统功能

（1）任务调度。

站管子系统接收运行控制中心下达的轨道根数、任务作业时间表，进行安全性、数据正确性检验；具有备份功能，具有接收外网数据、进行安全性检验和格式转化、数据质量检验、生成本地任务作业时间表的能力；管理 DPT 密钥，进行异常情况告警。

（2）时间服务。

站管子系统为地面站提供时统勤务服务。

（3）通信。

通信网络（Web、网站）的通信内容包括调度指令、设备运行数据、数据质量等，以及相关语音、图表。

（4）状态收集。

采集接收系统状态及接收状况数据，统计接收数据的质量。

（5）设备管理。

采集设备运行状态，管理设备历史记录及日志文件，统计设备备件情况，管理电子图纸。

（6）运行管理。

运行管理包括：日报、周报、月报、年报统计，人员管理，历史数据管理（历史时间表、历史轨道根数、业务运行日志）。

3）组成及工作原理

站管子系统包括中频频谱监视、设备状态显示、运行状态显示、运行调度、时间校准设备、通信设备、运行管理设备、操作台几个部分。站管子系统组成如图3-6所示。

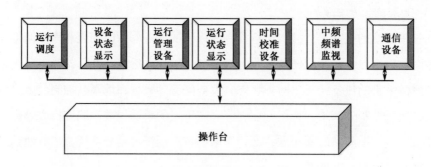

图 3-6　站管子系统组成

4. 测试设备

测试设备的任务是：在卫星发射前后，给风云三号气象卫星地面应用系统提供风云三号气象卫星的 HRPT、MPT、DPT 数传模拟数据，以实现地面应用系统的联调，在运行过程中对故障进行定位；为系统测试提供基带及射频的测试手段；为系统运行提供故障分析手段。

测试设备包括频谱分析仪、射频网络分析仪、示波器、频率计、卫星模拟器、卫星信号源、衰减器、宽带放大器等。

3.2　运行控制分系统

3.2.1　概述

风云三号气象卫星地面应用系统运行控制分系统对地面应用系统主线核心业务的运行实施多星任务调度与控制、业务运行和设备状态监视，并协调各系统之间的运行任务，参与风云三号气象卫星的业务测控工作。

运行控制分系统是 7×24 小时不间断运行的业务系统，系统部署安装于国家卫星气象中心，运行控制分系统的主机是 UNIX 服务器，采用双机主备结构，构成主动 / 被动式集群系统。运行控制分系统经高速网络与其他分系统紧密连接，经光纤通信线路与各地面站数据接收分系统建立高速远程通信网络，通过专用通信线路与卫星测控中心航天用户数据网连接，通过互联网与上海卫星总体单位、其他遥感仪器设备研制单位交换数据，形成以运行控制分系统为中心的地面应用系统运行监控网络。

3.2.2　主要任务和功能

风云三号气象卫星地面应用系统执行统一的任务调度，实现了地面应用系统"五站一中心"的协调运行。运行控制分系统的业务按照集中任务调度、两级分布控制的方式进行。一级控制为运行控制分系统实施的任务调度，根据应用需求和卫星运行状态，编制各分系统日常运行任务作业时间表，并进行运行监视；二级控制为各分系统内部根据运行任务要求而实施的作业调度。运行控制分系统的主要功能构成和信息指令流程如图 3-7 所示。运行控制分系统的主要任务和功能如下。

1）多星数据接收、传输任务调度与监视

根据多星组网轨道预报，制作多星业务运行任务作业时间表和运行计划，协调地面站接收资源，完成多星数据接收和传输；精确预报多星延时数据广播，监视卫星数据广播和接收情况，确保卫星数据完整；对多星数据接收、传输各环节展开实时监视。

2）多星数据处理任务调度与监视

根据多星业务运行任务作业时间表，协调数据汇集、数据处理、产品生成、产品分发、数据存档等业务运行；采集并监视多星业务系统作业运行状态、系统资源使用情况，根据设备状态调整运行模式与处理级别，实现对多星运行的支持；收集数据处理运行状态，监视数据处理结果，显示各级数据的快视图像。

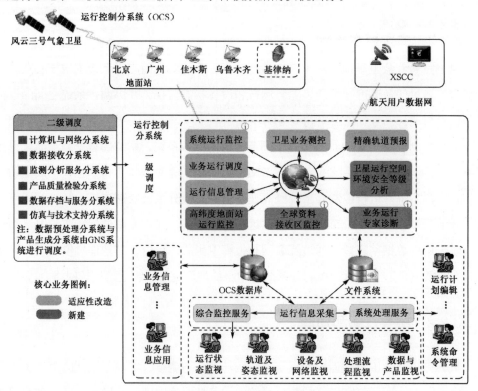

图 3-7 运行控制分系统的主要功能构成和信息指令流程

3）多星业务测控

实时接收西安卫星测控中心转发的多星轨道根数和遥测数据，作为地面站接收遥测数据的备份与补充；根据多星轨道预报参数，动态、立体显示卫星运行轨迹；实时接收地面站的多星遥测数据，建立存储多星遥测数据的数据库，记录卫星遥感仪器在轨性能变化数据，提供远程网络检索、查询功能；对卫星运行状态进行监视，分析多星有效载荷及其他仪器的工作情况，自动进行数据的滚动显示；根据应用需求与有效载荷运行状态，调整有效载荷运行参数；根据应用需求，调整卫星延时数据记录区域，以及数据转发开关机地区和时间；接收风云三号气象卫星获取的 GPS 定位信息，进行轨道参数修正。

4）运行控制信息的管理和应用

实时采集风云三号气象卫星地面应用系统设备运行状态、作业运行状态，建立运行状态数据库，对地面应用系统业务运行状态进行动态显示、统计和分析，辅助进行业务运行报表编辑；实现地面应用系统运行质量辅助分析，提供系统运行故障辅助排查、运行重要信息提示等功能，完善业务系统互联网数据获取和应用业务流程。

3.2.3 主要技术指标

（1）轨道根数精度、空间位置误差不大于 120m。

（2）运行控制分系统的卫星位置预报精度外推 3 天优于 1000m。

（3）星下点轨迹预报，3 天内位置偏差不大于 1000m。

（4）业务测控指令数据正确率为 100%，调整有效载荷运行参数正确率优于 99.99%。

（5）3 天内，业务运行任务作业时间表中接收时间的精度优于 0.5s。

（6）延时数据下传精确预报时间误差小于 10s。

（7）运行控制分系统业务软件的平均无故障时间为 5000 小时以上，软件运行成功率优于 99.7%，平均故障恢复时间在 30 分钟以下。

3.2.4 分系统组成

风云三号气象卫星地面应用系统运行控制分系统由运行控制分系统硬件设备与运行控制分系统软件两部分组成。运行控制分系统硬件设备的主机为两台 IBM595 服务器，采用双机主备结构，构成主动／被动式集群系统，保证运行控制分系统 7×24 小时不间断运行，客户端是由若干台 PC 组成的集中监控显示系统。运行控制分系统经网络与前端数据接收分系统、后端数据预处理分系统紧密连接在一起，通过专用通信线路与西安卫星测控中心连接，通过互联网与上海卫星总体单位、其他遥感仪器设备研制单位实现数据交换。

运行控制分系统软件由系统软件和应用软件组成。运行控制分系统的主要任务和功能由运行控制分系统应用软件实现，本文将运行控制分系统应用软件简称为运行控制软件。

运行控制分系统采用服务器+客户端的软件设计方案，其功能由主机上的服务器程序与客户端程序组成。服务器程序是提供数据通信、调度管理和流程控制等服务功能的软件，同时负责"监听"和管理客户端程序的启动及相互间的数据交换；客户端程序主要负责数据的监视、超限报警，以及图形化等多种方式的显示，并提供监控窗口的人工切换。

运行控制分系统软件系统由多星数据接收传输任务调度与监视子系统、多星数据处理任务调度与监视子系统、多星业务测控子系统、运控信息管理和应用子系统 4 个部分组成，如图 3-8 所示。

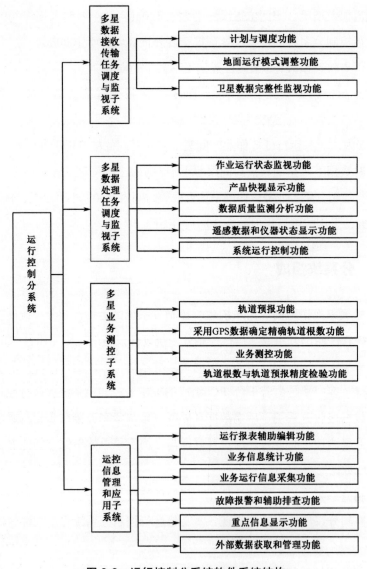

图 3-8　运行控制分系统软件系统结构

3.2.5　技术方案

1) 多星数据接收传输任务调度与监视子系统

多星数据接收传输任务调度与监视子系统具有计划与调度功能、地面运行模式调整功能、卫星数据完整性监视功能。

（1）计划与调度功能。实现运行控制分系统的软件运行管理、业务计划生成和业务运行调度等功能，为运行控制分系统各功能搭建一个稳定可靠的、连续运行的业务平台。运行控制分系统的业务调度按照"以自动调度为主，以命令干预为辅"的原则进行。业务计划生成功能预先编制地面应用系统统一的业务运行任务计划。风云三号气象卫星地面应用系统的业务运行任务计划按照其功能和用途由时间表及各分系统根据时间表确定的本系统业务运行日程表组成。业务运行调度功能实现了分布式业务运行调度。各实时业务分系统根据运行控制分系统业务运行任务作业时间表产生自己的业务运行日程表；配置完整的调度软件，根据业务运行日程表自主调度本分系统的业务程序；将程序运行的状态实时报告给运行控制分系统，实现集中的运行状态监控；调度软件具备响应运行控制分系统调度命令的能力，可调度相应的程序运行并返回处理结果。

（2）地面运行模式调整功能。运行控制分系统具备多种运行模式调整能力，在异常工作情况下具有报警、超时处理、降级、回放处理、撤销业务运行等多种应对模式。

常规业务运行模式。根据业务运行任务作业时间表自动进行业务运行操作。

故障工作模式。当地面站设备故障影响数据接收时，及时调整业务运行任务作业时间表协调备份设备正常工作，保证数据的完整性。当西安卫星测控中心与地面站之间的网络发生故障，并影响正常通信传输时，地面站通过互联网获取运行控制分系统的业务运行任务作业时间表和轨道根数等文件，以保证数据的正常接收；地面站接收的数据全部本地保存，在网络正常后回放，在特殊情况下可实现部分重要数据通过其他途径传输至中心。当数据处理和服务系统出现故障，并影响正常业务运行时，进行故障隔离与恢复，及时调整实现降级运行。当卫星故障影响有效载荷正常工作时，修改系统运行配置参数，调整系统业务运行任务作业时间表和对账单，并适当调整部分产品的生成和分发，暂停受影响业务，配合上海卫星总体单位和西安卫星测控中心排除故障，恢复卫星正常工作。

（3）卫星数据完整性监视功能。通过地面站实时快视图像质量，统计监视遥感仪器数据接收状态，图像数据快视显示可以由运行控制分系统主控台自由切换，以适应监视需求。通过各地面站的接收数据质量文件判断数据的完整性，对遥感仪器缺块数据进行标记；对小文件传输、拼接、去重复过程进行监视，显示文件生成时间及文件数量，与地面站接收数据质量文件进行统计对比分析；对数据汇集过程进行监视，显示文件到达数据处理和服务中心的时间，以及处理生成零级数据文件的时间、文件数量；以日为单位将时间表、遥感数据缺失时间、遥感数据缺块时间对比显示，以快速判断数据缺失的原因。

2）多星数据处理任务调度与监视子系统

多星数据处理任务调度与监视子系统具有系统运行控制功能、遥感数据和仪器状态显示功能、数据质量监测分析功能、产品快视显示功能等。

（1）系统运行控制功能，包括小文件传输对账单生成、数据处理任务计划的生成、运行控制分系统的初始化启动、系统运行守护、命令管理、系统运行管理子功能。

对账单生成子功能可以根据多星轨道接收时间表每天自动生成传输分块文件对账单，包括提供跨日轨道信息、手动生成传输分块文件对账单等。对账单的内容包括轨道号、站标、传输分块文件名等，是西安卫星测控中心接收的有效文件记录，不包括重复区的记录。

数据处理任务计划的生成子功能包括：自动对全系统进行时间表调度，在规定时间启动规定的业务，生成一级、二级、三级、存档分发文件计划单。

运行控制分系统的初始化启动子功能具有通过修改系统运行配置参数，改变运行控制分系统的初始化启动过程，改变系统永久进程运行方式的能力。根据系统运行配置参数实现运行控制分系统的初始化启动过程，如创建应用系统的运行环境、分配内存空间、装入所需的运行配置参数、确定所处理的基本业务等。根据系统运行配置参数启动运行控制分系统需要长期、不间断运行的应用软件（系统永久进程），如调度软件、通信软件等。

系统在初始化启动完成后，运行控制分系统便处于 24 小时不间断运行状态。系统运行守护子功能监视永久进程和系统环境的运行状态，具有如下系统自动运行守护功能：当永久进程出现异常情况而退出运行时，系统运行管理子功能主动捕获这些进程的退出信息，并根据系统运行配置参数重新启动该进程使之进入运行状态，或者改变其状态不再启动该进程；当某个永久进程在一段时间内多次异常退出而无法正常运行时，系统运行管理子功能将停止对该永久进程的守护，并发出警报信息。

命令管理子功能，具有接收和响应操作人员发出的系统运行管理命令，并实现系统运行的人工干预的功能。运行管理命令包括系统配置参数的更新、永久进程的运行管理（如挂起、恢复和撤销等）。

系统运行管理子功能以秒级速度响应操作人员的命令，并且不影响整个业务系统的正常运行。

（2）遥感数据和仪器状态数据显示功能。遥感仪器的工作状态直接关系到遥感数据的质量及其应用效果。遥感数据有卫星遥测数据、卫星遥感数据、地面标校数据、真实性检验数据等。通过对这些数据的综合分析处理，可以评价当前遥感仪器的工作状态，获得遥感仪器工作性能的变化趋势。运行控制分系统根据这些信息和其他卫星设备工作状态，建议当前遥感仪器工作的管理模式，在必要时向西安卫星测控中心发出测控计划以进行遥感仪器状态调整，进而保证遥感仪器正常工作。运行控制分系统对多星的每个遥感仪器分别设置一个状态监视和工作管理程序，对各时段的运行配置参数进行分析显示，并进行告警提示。

（3）数据质量监测分析功能。对各分系统上报的数据质量信息进行分类编排，并采用多种方式进行显示。另外，该功能还包括：数据误码和丢包的检测，数据图像显示监测，轨道接收误码和丢包统计分析，各站日、月数据接收质量评价；数据传输监测，利用小文件传输对账单监视从地面站到数据处理和服务中心汇集服务器数据传输的种类和进度；在数据传输异常时发出告警，并可以采取数据回放等补救措施。汇集服务器对每条轨道数据进行去重复、补丢包后形成数据集，并对每条轨道数据丢包情况进行统计，对星上存储数据进行全球拼接，在零级数据快视图上显示数据丢失位置及其时段。

一级、二级、三级数据产品质量的监视子功能。零级遥感数据经过预处理后生成一级数据；一级数据经过一系列算法处理后，生成用户可以应用的各种二级、三级遥感数据产品。在生成遥感数据产品后，一级、二级、三级数据产品质量的监视子功能可以自动检验数据产品并记录质量信息。这些信息可以用于分析数据产品质量问题，辅助产品生成责任人查找产品生成算法或程序存在的问题。该子功能还可以通过客户端监视多星遥感数据经预处理后生成的各仪器一级数据形成的全球拼图，可以通过客户端实时链路或数据库获取卫星产品生成情况信息，获取产品快视图文件。

3）多星业务测控子系统

多星业务测控子系统具有轨道预报功能、采用 GPS 数据确定精确轨道根数功能、轨道根数与轨道预报精度检验功能、业务测控功能等。

（1）轨道预报功能。卫星轨道预报是风云三号气象卫星地面应用系统业务运行的根本基础，卫星轨道预报的精度将直接影响地面应用系统接收和处理卫星数据的质量。轨道预报子系统的主要任务是利用风云三号气象卫星精确轨道根数进行轨道计算和预报，生成卫星过境时间表、星下点轨迹、卫星观测覆盖区和风云三号气象卫星两行报等文件；根据卫星地面站的经纬度及星上程控方案计算各地面站的接收圈数。在一般情况下，使用西安卫星测控中心提供的卫星精确轨道根数，以及卫星遥测数据中根据 GPS 确定的精确轨道根数作为轨道预报的备份手段。轨道预报功能包括轨道根数质量检验、预报文件生成、风云三号气象卫星 TBCI 报计算、GPS 定轨与轨道预报子功能。

轨道根数质量检验子功能，从西安卫星测控中心获得风云三号气象卫星精确轨道根数，进行格式转换；同时对该组精确轨道根数进行正确性检验。检验方法为将前一组精确轨道根数做出的轨道预报与该组精确轨道根数做出的轨道预报进行对比，如果两者预报时间大于设定的时间门限，则将该数据设定为危险数据，并给出告警信息。

预报文件生成子功能，定时生成卫星过境时间表，为生成地面应用系统业务运行任务作业时间表做准备。为了能更好地监视卫星的运行情况，每天生成卫星的星下点轨迹和卫星观测覆盖区文件，在客户端显示卫星的星下点轨迹和卫星观测覆盖区。

（2）采用 GPS 数据确定精确轨道根数功能。风云三号气象卫星安装了 GPS 定位系统，地面应用系统可及时获得整轨 GPS 测量的卫星空间位置矢量和速度矢量，并采用 GPS 数据计算确定卫星的轨道根数，作为卫星测控中心业务精确轨道根数的备用技术手段，确保运行控制分系统轨道预报及地面站天线跟踪的可靠性，保障地面应用系统的正常运行。采用 GPS 数据确定轨道根数的算法为：利用 GPS 测量的卫星位置数据，计算卫星指定时刻的瞬时位置和速度，并以此为初值，用基于数值积分的高精度轨道模型对卫星轨道进行预报。

（3）轨道根数与轨道预报精度检验功能。为确保风云三号气象卫星轨道预报和定位使用的轨道根数长期准确，以及业务运行不因轨道根数的原因造成中断，轨道根数与轨道预报精度检验是十分重要的。精确轨道根数统计检验是指根据西安卫星测控中心每天传送的精确轨道根数，在一定时间周期内依据轨道根数的半长轴、偏心率、轨道倾角、升交点赤经计算每天的变化率，并且画出变化曲线，进而统计出轨道根数时间变化的合理性和规律性。

（4）业务测控功能。运行控制分系统与西安卫星测控中心共同完成风云三号气象卫星的业务测控任务。运行控制分系统根据应用需求、卫星和地面应用系统的运行状况生成业务测控计划表，并传送到西安卫星测控中心；西安卫星测控中心根据业务测控计划表生成相关的业务遥控指令，通过它所属的卫星测控站发送给风云三号气象卫星系统执行，运行控制分系统通过卫星遥测数据或西安卫星测控中心返回的遥控指令执行结果报告，并跟踪遥控指令的执行情况。根据上述流程，业务测控功能可细分为业务测控过程监视子功能、遥测数据处理子功能、业务测控计划表生成子功能。

遥测数据处理子功能。风云三号气象卫星遥测数据分为实时遥测数据和延时遥测数据两种。实时遥测数据在卫星过境时由各地面站实时接收，通过实时数据通信链路传输到运行控制分系统。延时遥测数据是 DPT 数据的一部分，各地面站在接收后将其存为文件，通过文件方式传输到数据处理和服务中心。另外，运行控制分系统也从西安卫星测控中心获得其接收的卫星遥测数据。因此，遥测数据处理软件将分别处理这3 类遥测数据，并将结果发送给使用者。

实时遥测数据处理子功能。地面站在接收 HRPT 数据的同时，将卫星遥测数据分解出来实时传送到运行控制分系统。实时遥测数据处理软件在接收实时遥测数据后，首先进行遥测数据原码的质量检验，去除误码数据；然后根据遥测处理公式配置参数、遥测系数配置参数、遥测热敏电阻配置参数等卫星研制单位提供的处理方法和参数对遥测数据原码进行处理，将遥测数据原码转换成相应的物理量。依据遥测数据状态判断方法和遥测数据状态配置参数判断卫星上各设备的工作状态，实时监视卫星有效载荷、卫星数据管理、结构、电源、热控、数传、姿控各分系统的运行状态，将实测值与给定的参数标准值、上下限进行比较，获得预警信息、超限报警信息。

业务测控过程监视子功能。按照任务分工，西安卫星测控中心根据地面应用系统的业务测控计划表完成对卫星的业务测控任务，地面应用系统跟踪业务测控的全过程，监视业务测控任务的执行情况。西安卫星测控中心根据业务测控计划表生成用户载荷注入数据文件（包含相关的载荷程控指令和载荷任务数据），并传送给运行控制分系统，作为运行控制分系统跟踪、监视业务测控过程的依据。

业务测控计划表生成子功能。地面应用系统根据卫星有效载荷的运行情况和业务运行的需要生成业务测控计划表，作为西安卫星测控中心完成对卫星有效载荷业务测控的依据。业务测控计划表能够描述所有业务测控任务，给出卫星有效载荷工作的基准时间和工作模式。业务测控计划表包含遥感数据的录放控制、数据传输控制、遥感仪器工作状态控制的指令数据和注入参数。

4）运控信息管理和应用子系统

（1）运行信息采集功能。为了方便、及时地了解风云三号气象卫星地面应用系统的运行状况，运行控制分系统具备将卫星遥测数据、遥控指令执行履历数据、卫星轨道数据、多星时间表、业务运行计划、日志信息、配置参数、故障信息、故障预案、质量检验信息、数据传输回放记录、数据处理补处理记录、产品分发补分发记录、实时和定时作业状态信息、逻辑链路状态信息、国内外地面站数据接收状态信息、地面站接收设备状态信息、数据传输状态信息、数据预处理状态信息、产品处理状态信息、产品分发状态信息、数据存档状态信息、系统资源使用状态信息采集并存入数据库的功能。使用 Web 页面可以按相应的检索条件查询数据库的数据。

（2）重点信息显示功能包括业务运行状态监视显示子功能、系统作业状态监视子功能、设备状态监视子功能。对采集的多星系统运行信息进行显示，对重要业务信息采用明显的方式提示操作人员，提示相关人员关注或解决各种需要人为干预的业务事件；根据系统运行信息采集的内容，对运行关键点的信息通过专门的显示屏进行显示；根据运行时间表，在地面站接收轨道数据前 5 分钟开始用文字和声音提示过境卫星信息、接收轨道号、接收轨道时间、接收轨道时间长度和升降轨标志；对重要业务信息可以通过短信平台自动或手动发送到相关手机。

业务运行状态监视显示子功能，预报显示卫星入境之前 10 分钟的跟踪曲线，在卫星过境时，显示地面站天线实际跟踪曲线的功能；动态显示卫星运行轨迹、仪器扫描覆盖区（可选择全部遥感仪器中的任意一种遥感仪器）、各地面站接收圈、国界线、经纬线、海岸线、大河流、大湖泊、大都市等主要地理特征要素；显示卫星运行轨迹上任意一点的经纬度和卫星经过的时间，获取卫星入、出机动记录区的时间；采用二维图像、三维图像形象、逼真地显示地球自转、卫星绕地球运行、遥感仪器扫视地球、太阳光照的景象。

系统作业状态监视子功能，对永久进程进行监视，在进程掉线时能够自动重启并发出报警提示，从属性页面可以查看相关信息；对业务流程状态进行跟踪监视，以流程图的形式直观地显示数据接收、数据传输、数据汇集、数据预处理、产品生成、产品分发、产品检验、数据存档整个实时业务流程的工作状态；对定时作业执行情况进行跟踪监视。

设备状态监视子功能，对主要计算机网络设备的运行情况和资源使用情况进行实时监视、故障自动报警和记录存档。监视地面站设备的运行状况，内容包括地面站关键设备信息、地面站设备组成、地面站设备运行状态信息等。对于地面站设备运行状态异常的情况，提供报警功能，报警的方式包括声音、对应图形闪烁等。随时监视地面站内的网络连接状态，包括站管子系统、各接收计算机及传输服务器之间的网络连接状态，以及地面站与数据处理和服务中心的网络连接状态，在出现问题时及时报警。

（3）故障报警和辅助排查功能。收集地面应用系统运行关键点的故障信息，对风云三号气象卫星数据接收、数据传输、数据预处理、产品生成和数据存档等故障进行报警显示。

通过遥测处理系统，对卫星及星上遥感仪器的运行故障进行采集。将故障进行等级划分，对于影响卫星安全及影响整轨数据接收、数据处理、产品生成和数据存档的重大故障通过报警声、报警灯、文字等明显的方式提醒值班人员注意，对于各业务系统性能指标下降及不严重影响整轨数据接收、数据处理、产品生成和数据存档的一般故障使用不同于重大故障的报警声、文字等方式提醒值班人员注意。

故障报警系统具备编辑、修改故障报警阈值的功能，对报警的方式可以进行人工干预。地面应用系统建立了故障对策数据库，同时提供检索、修改、编辑和人工导入等功能，以便在日常业务运行过程中检索、显示相关故障产生的原因，以及提供排除故障的方法。另外，地面应用系统可以将业务运行过程中新出现的故障现象、产生原因和排除方法记录到故障对策数据库中，从而不断完善风云三号气象卫星及其地面应用系统的故障对策数据库。

（4）业务信息统计功能。运行控制分系统是 7×24 小时不间断运行的业务系统。由于地面应用系统的各种状态数据均汇集到运行控制分系统，因此，在日常的业务运行过程中，各种业务指标的日、周、月统计，即业务运行报表的生成是运行控制分系统的一项日常任务。业务信息统计的内容，可对编制日报、月报、季报提供有力的支撑，工作人员可以按业务运行报表格式要求完成表格项目内容的填写。

（5）业务运行报表辅助编辑功能。地面站轨道接收相关表格的内容包括应接收的轨道数量、实际接收的轨道数量、降级接收的轨道数量、未接收的轨道数量、轨道接

收成功率等；产品存档表格的内容包括应存档的文件数量、实际存档的文件数量、未能存档的文件数量、文件存档成功率等；产品分发表格的内容包括应分发的产品数量、实际分发的产品数量、未成功分发的产品数量、产品分发成功率等。业务运行报表的内容可以根据业务信息统计内容的变化自动增加、删减。

3.3　数据预处理分系统

3.3.1　概述

数据预处理分系统是风云三号气象卫星地面应用系统核心的主线业务分系统之一，主要任务是将地面站接收的、传输到数据处理和服务中心的、解包生成的原始零级数据经过空间地理定位、辐射能量定标处理后生成一级数据产品。数据预处理分系统主要告诉用户两件事，一是观测对象在地球上的什么位置；二是观测对象反射／散射或辐射出的能量是多少。将一级数据产品输入相应的、基于辐射传输理论开发的科学算法软件系统，可生成包含地球物理变量的、更高级别的对地观测遥感信息产品。

3.3.2　主要任务和功能

数据预处理分系统对各遥感仪器探测的原始数据的质量进行检验，给出数据丢失和误码的检验信息；对各遥感仪器每个空间探测单元（像素）进行地理定位，并计算得到相应的卫星与太阳的天顶角、方位角，定位精度和处理时间应符合产品生成分系统的要求；对遥感仪器各光谱通道的观测数据实施辐射能量和光谱定标处理，给出定标系数及大气顶部观测目标能量辐射值、反射率或亮度温度，还可以依据辐射校正场和同类卫星遥感仪器之间的相对定标结果等检验验证或修正定标系数；对每个遥感仪器各光谱通道的观测数据进行相互空间配准；依据卫星发射前实验室的测量参数对多元数据进行一致化处理；各遥感仪器探测的原始数据经预处理后产生标准的 HDF 格式数据产品，按运行状态监视要求给出处理过程中各质量检测数据及有关遥感仪器状态的统计数据。

3.3.3   **主要技术指标**

数据预处理分系统各遥感仪器地理定位精度达到星下点一个像素，其中，中分辨率光谱成像仪以 1km 空间分辨率为考核指标，以 250m 定位精度为期望指标。

各遥感仪器辐射定标精度达到风云三号气象卫星研制任务书要求。红外通道在轨定标精度达到 1.0K；微波波段在轨定标精度达到 1.5K；可见光波段综合辐射定标精度为 5%～7%。

区域实时数据进入数据处理和服务中心计算机后 5 分钟内完成预处理，单轨延时数据进入数据处理和服务中心计算机后 10 分钟内完成预处理。

3.3.4   **分系统组成**

风云三号气象卫星地面应用系统数据预处理分系统由 3 个子系统组成，分别为数据质量检验、地理定位、辐射定标，具体组成如图 3-9 所示。

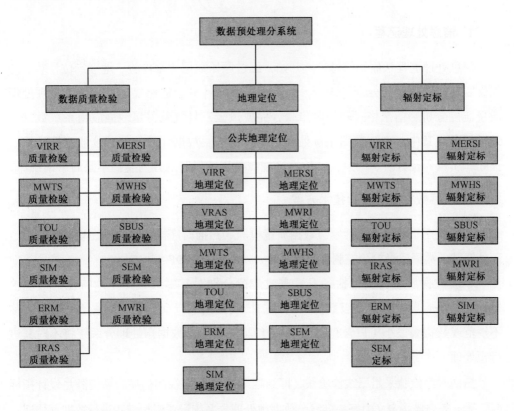

图 3-9   风云三号气象卫星地面应用系统数据预处理分系统组成

数据质量检验对星地链路信道编码数据流解包后的原始零级数据进行检验，主要包括：时序检验，给出数据误码和丢线的检验信息；监测分析遥感仪器在轨工作性能；构建一级数据 HDF 框架。

地理定位包括：卫星轨道计算、姿态计算，遥感仪器对地观测空间角度时序计算，地理位置、坐标系变换，地形校正及辅助参数计算等；完成各遥感仪器各探测单元的地理定位，计算相应的太阳、卫星的天顶角、方位角；根据应用需求，计算相关的辅助角度特征量；对各遥感仪器各光谱通道进行空间配准。

辐射定标针对各遥感仪器各光谱通道进行辐射能量定标处理，具有在轨定标功能的遥感仪器计算生成定标系数；根据应用需求，对遥感数据进行必要的修正处理，生成各遥感仪器各光谱通道相应物理量的数据；利用卫星发射前实验室测量参数对多元遥感仪器数据进行统一化处理；通过科学建模，综合分析发射前定标、在轨定标、在轨场地定标、在轨交叉定标，给出科学、可信的定标结果。

3.3.5 技术方案

1. 信息处理流程

信息处理流程从原始信息读入开始，经过原始数据质量检验、地理定位计算、遥感仪器观测数据定位处理、天顶方位等辅助数据计算、遥感仪器定标计算、预处理质量监控分析、信息格式转换等步骤，完成风云三号气象卫星地面应用系统数据预处理任务。其中，观测数据定位处理、预处理派生数据计算、遥感仪器定标计算、预处理质量监控分析、信息格式转换等按照各遥感仪器划分归属到不同的子系统。

2. 遥感数据质量检验技术方案

遥感数据质量检验包括零级数据质量检验、扫描时序检验、仪器在轨状态检测、预处理基础数据质量检验控制和统计处理、一级数据 HDF 结构定义。

零级数据质量检验包括各卫星有效载荷分别对其零级数据整体特征的宏观检验，判断是否可以对该零级数据的具体扫描线数据进行预处理。当原始数据集名称不规范或数据集很小（只含有不到 10 条扫描线）时，数据预处理分系统将不对其进行预处理。

扫描时序检验采用三线检验法，即当连续 3 条扫描线的扫描周期均满足设计指标时，第 1 条扫描线定义为好扫描线，数据预处理分系统只对好扫描线进行数据预处理。

仪器在轨状态检测：各载荷需要根据各自的仪器特征选取仪器在轨关键遥测参数进行检验分析，参考仪器研制方提供的仪器关键性能参数的变化阈值，判断仪器在轨工作状态。关键性能参数一般包括仪器关键部位遥测温度、数据类型、仪器工作电压电流参数、仪器工作模式等。数据预处理分系统只对处于正常工作状态的载荷进行数据预处理。

预处理基础数据质量检验控制和统计处理：完成数据预处理的准备工作，包括定位基础数据和定标基础数据的质量检验控制。定位基础数据包括时间码、GPS 数据、姿态测量数据、轨道根数等；定标基础数据包括定标源温度测量数据、冷空和黑体观测数据、仪器温度数据等。定位基础数据质量检验主要看数据是否满足基本的物理原理，根据定位基础数据计算卫星在轨运行速度，如果卫星在轨运行速度为 7.9km/s 左右，则认为定位基础数据可用。对定标基础数据进行统计分析，并在剔除大于 3 倍方差的异常数据后，按照各卫星有效载荷的特征进行加权平均，计算得到能够直接用于数据预处理的预处理基础数据。

一级数据 HDF 结构定义：按照风云三号气象卫星地面应用系统标准要求的 HDF 格式定义各卫星有效载荷的一级数据结构，包括完整的科学数据集及其对应的元数据，供数据预处理分系统输出预处理结果。

3. 遥感数据地理定位技术方案

遥感数据地理定位就是利用卫星位置、速度、姿态，以及遥感仪器的扫描几何和时序参数等精确计算出每个像元的经度、纬度、天顶角和方位角等的过程。

1）轨道计算

在对遥感数据进行地理定位时，必须首先获得卫星在仪器观测时刻的轨道数据，所以在进行地理定位时首先要进行轨道计算。风云三号气象卫星上装载了 GPS 接收机，能实时测量卫星的轨道位置。在风云三号气象卫星地面应用系统中，有两种卫星轨道计算方法，分别是 GPS 卫星轨道计算方法和高精度卫星轨道模型方法。其中，在实际应用中以 GPS 卫星轨道计算方法为主，以高精度卫星轨道模型方法为辅；在实际业务运行时采用综合卫星轨道计算模式。

在 GPS 卫星轨道计算方法中，首先要计算卫星的实时速度。由 GPS 实测的卫星三维位置数据可以计算出相应时刻的卫星三维速度。在遥感数据地理定位过程中，由插值计算得出每个采样时刻的卫星轨道数据。

高精度卫星轨道模型包含了多项摄动因素。首先，考虑了地球的非球形引力项，使用了高精度高阶EGM-96地球引力场模型，提高了非球形引力摄动计算精度；其次，考虑了太阳、月亮的引力项，以及辐射光压摄动、大气阻力摄动因素。

对于低轨卫星而言，它的受力最主要是地球非球形引力势，可以表示为

$$U = \frac{GM_\oplus}{r} \sum_{n=0}^{\infty} \sum_{m=0}^{n} \frac{R_\oplus^n}{r^n} P_{nm}(\sin\varphi)(C_{nm}\cos(m\lambda) + S_{nm}\sin(m\lambda)) \tag{3-1}$$

式中，$R_\oplus$ 为地球赤道半径，r、λ、φ 分别为卫星矢径、经度、纬度，P_{nm} 为 n 次 m 阶勒让德多项式，C_{nm} 和 S_{nm} 是 n 次 m 阶谐系数。

高精度卫星轨道模型使用 EGM-96 地球引力场模型。该模型是目前世界上阶数最高、精度最好的全球引力场模型。此外，高精度卫星轨道模型还考虑了大气阻力摄动、日月引力摄动、辐射光压摄动。模型数值积分采用变阶、变步长 DE/DEABM 方法。

在风云三号气象卫星地面应用系统中，在实际业务运行时，每天根据卫星轨道根数由高精度卫星轨道模型外推预报未来 48 小时的卫星轨道数据；这套数据与 GPS 实际测量的卫星轨道数据共同存放在业务系统中。在进行地理定位时，若间歇缺失 GPS 数据或 GPS 数据较长时间不可用，则读取已经由高精度卫星轨道模型计算得到的轨道数据代替 GPS 测量数据，进而完成各遥感数据的地理定位。这种工作模式就是综合卫星轨道计算模式，它的应用保证了风云三号气象卫星地面应用系统业务的正常、可靠运行。

2）姿态计算

目前我国极轨气象卫星在轨姿态测量采用星敏感器技术。星敏感器以恒星作为参照物，恒星星光经光学镜头成像在光敏面上，经模数转换得到数字图像，再经星点提取、星图识别等处理后，采用适当的姿态计算算法得到星敏感器的三轴姿态；根据星敏感器在卫星上的安装位置数据，经过坐标转换得到卫星的三轴姿态。卫星姿态的变化使星敏感器视场内的星图改变，星敏感器不断根据拍摄的星图计算卫星新的姿态。根据测试，风云三号气象卫星的姿态测量精度优于 0.013°。

3）地理定位

根据遥感仪器设计的观测几何特点，风云三号气象卫星（01）批上装载的遥感仪器可分为 4 类：45°旋转扫描镜多元跨轨并扫，如中分辨率光谱成像仪（MERSI）；45°旋转扫描镜（或天线）单元跨轨扫描，如可见光红外扫描辐射计（VIRR）、红外

分光计（IRAS）、微波湿度计（MWHS）、微波温度计（MWTS）、紫外臭氧总量探测仪（TOU）、地球辐射监测仪（ERM）；圆锥跨轨扫描，如微波成像仪（MWRI）；卫星星下点观测仪器，如紫外臭氧垂直探测仪（SBUS）、太阳辐射监测仪（SEM）等。

相应地，地理定位算法也可以分为 4 类。

（1）45° 旋转扫描镜多元跨轨并扫。

中分辨率光谱成像仪（MERSI）采用 45° 旋转扫描镜扫描，扫描镜的转轴与卫星的飞行方向一致。当扫描镜转动时，其以固定的瞬时视场进行穿越飞行轨迹扫描，接收与轨道垂直的平面内的目标辐射，借助于卫星绕地球运行，获取地球的二维图像。MERSI 采用了 10 探元、40 探元探测器并扫的方案，对应地面分辨率为 1km、250m。图 3-10 为 MERSI 观测地球景象原理示意。MERSI 的对地扫描张角为 55.1°，45° 旋转扫描镜的转速为 40rad/分钟，扫描周期为 1.5s，其中约 0.46s 为对地观测时间，对应 1km 分辨率的通道，即每行 2048 个采样点，每个采样点的驻留时间约为 224ms。

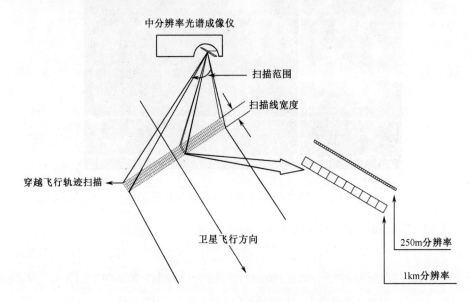

图 3-10　MERSI 观测地球景象原理示意

中分辨率光谱成像仪（MERSI）遥感数据地理定位算法包括两个部分。首先，计算 MERSI 不同探元对应的像空间视向量，由焦平面位置 (x, y) 和焦距 f 得到望远镜坐标系中的像空间视向量。其次，将视向量从焦平面坐标系旋转至仪器坐标系，由扫描镜旋转角和扫描镜角为 0° 时的扫描镜法向量计算得到任意位置的扫描镜法向量，并将扫描镜法向量从扫描镜坐标系转至仪器坐标系，将视向量经过扫描镜反射后得到像空间视向量。再次，计算视向量在地面的相应位置，在得到 t 时刻仪器像元在仪器坐标系中的视向量后，计算并构造从仪器坐标系到地心旋转坐标系的复合转换矩阵，将仪器像元视向量和卫星位置向量旋转至地心旋转坐标系，计算仪器像元视向量与 WGS-84 参考地球椭球体表面交点在地心旋转坐标系中的位置向量。最后，将此位置向量换算为大地测量坐标的纬度、经度、高度（lat，lon，h），大地测地坐标经过地形校正后得到像元地理纬度、经度、高程。

多年的业务运行结果表明，风云三号气象卫星中分辨率光谱成像仪遥感数据的地理定位精度已经达到了星下点 1 个像元的要求，图 3-11 为中分辨率光谱成像仪（MERSI）遥感数据地理定位精度示意，右图所示是 1km 分辨率 MERSI 三通道真彩色合成图像放大 4 倍后的效果，其中，黄色线是地理定位计算得到的海岸线密切扣合到图像上的情况。

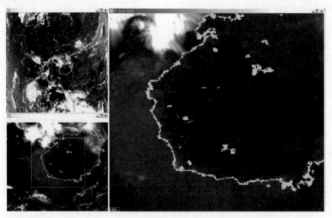

图 3-11 MERSI 遥感数据地理定位精度示意

（2）45°旋转扫描镜（或天线）单元跨轨扫描。

风云三号气象卫星上的可见光红外扫描辐射计（VIRR）、IRAS、TOU、ERM 以 45°旋转扫描镜旋转形成单元跨轨扫描的观测几何，MWHS 和 MWTS 以 45°天线旋转扫描形成跨轨扫描的观测几何。它们的遥感数据地理定位原理是一样的，所不同的只是仪器的扫描时序。

VIRR 采用 45°旋转扫描镜，扫描镜转速为 6rad/s，仪器瞬时视场为 1.32rad（相应星下点地面分辨率为 1.1km）。仪器瞬时视场扫描目标的信号驻留时间为 35.01μs，获取地球目标星下点两侧±55.4°内的信息，每个通道每行扫描 2048 个像元，同时获取其他目标物理特性工程遥测参数信息。

IRAS 采取步进扫描方式，即 45° 旋转扫描镜在 100ms 内完成一次对地测量，然后步进 1.8°，凝视下一个地面视场继续测量。在 6.4s 内，IRAS 在与星下点轨迹垂直的方向上正向步进 55 步，完成一行 56 次测量。图 3-12 所示为 IRAS 扫描时序示意，图中 x 方向（卫星飞行方向）垂直于纸面向外。扫描镜对地探测期间的扫描方向为绕 x 方向（右手准则）。

MWHS 采用 45° 天线在垂直于卫星飞行轨迹的方向进行 360° 连续变速圆周扫描，扫描周期为 8/3s，对地观测扫描张角为 ±53.35°，连续采样 98 个点，采样间隔为 1.1°。冷空定标角度为 107.1°，热源定标源位于天顶点，扫描时序如图 3-13 所示。

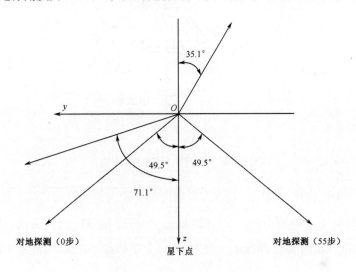

图 3-12　IRAS 扫描时序示意

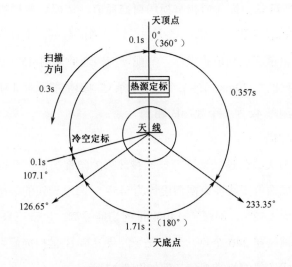

图 3-13　MWHS 扫描时序示意

MWTS采用45°天线在垂直于飞行轨迹方向进行圆周步进扫描。对地观测扫描张角为48.3°，对地观测每条扫描线15个点，扫描步进角为6.9°，星下点地面分辨率为50～75km，每条扫描线扫描时间为16.0s。MWTS扫描时序示意如图3-14所示。

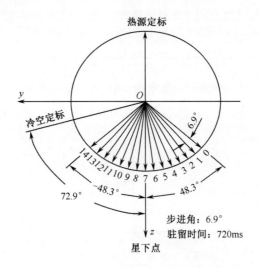

图 3-14　MWTS 扫描时序示意

TOU采用45°旋转扫描镜在垂直卫星轨道的平面内进行空间扫描。仪器视场角为3.6°，相应的星下点地面分辨率为52.6km。行扫描分31个点完成，即扫描角为54°。每个点的驻留时间为240ms；正扫描时间为7.44s，回扫描时间为0.72s，行扫描时间为8.16s。

ERM包括宽视场非扫描通道和窄视场扫描通道。宽视场非扫描通道凝视观测地面目标信息，每500ms采集1次宽视场全波、短波通道数据。宽视场非扫描通道数据地理定位只需要卫星星下点的位置坐标。窄视场扫描通道采用45°旋转扫描镜扫描地面目标，对地扫描期间每20ms采样1个点，1条对地扫描线采样151个点。窄视场扫描通道对地扫描观测每4s为1个观测周期。

（3）圆锥跨轨扫描。

微波成像仪通过天线匀速转动，形成天线波束的圆锥扫描，获取地球表面和大气的辐射数据。微波成像仪天线波束视角设计为45°，通过天线的绕轴旋转形成圆锥扫描，对地扫描范围为±52°，保证了1400km的扫描幅宽。风云三号气象卫星A星扫描周期为1.7s，每帧采样240个点；风云三号气象卫星B星扫描周期为1.8s，每帧采样254个点。微波成像仪的扫描观测几何如图3-15所示。

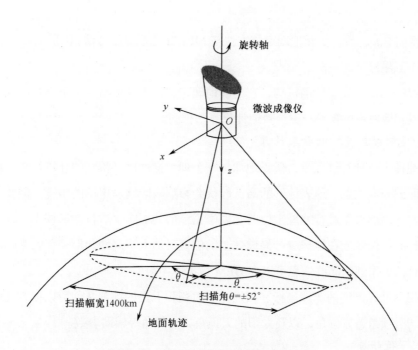

图 3-15　微波成像仪的扫描观测几何

在进行微波成像仪遥感数据地理定位计算时，使用 89GHz 通道的采样时间，计算
公式为

$$T_{起始采样} = T_{卫星时间} + \Delta t + 178.8\text{ms} \qquad （3-2）$$

式中，$T_{卫星时间}$ 和 Δt 均取自微波成像仪零级源包数据，178.8ms 为 89GHz 通道对地采样
时间。

对微波成像仪遥感数据进行地理定位，根据微波成像仪的扫描观测几何计算像空
间视向量。

在天线坐标系中，当扫描角为 0° 时，天线的法向量为

$$\vec{n}_0 = \begin{bmatrix} \sin\alpha & 0 & \cos\alpha \end{bmatrix} \qquad （3-3）$$

式中，α 为天线波束与星下点方向即 z 轴的夹角。

天线绕天线坐标系的 z 轴旋转，在采样时刻 t 扫描角为 β，用式（3-4）计算天线
观测像元在天线坐标系中的视向量，即

$$\vec{u}_{ante} = T(\beta)_{rot} \vec{n}_0 \qquad （3-4）$$

将像元视向量从天线坐标系转至仪器坐标系：

$$\vec{u}_{inst} = T_{inst/ante} \vec{u}_{ante} \qquad （3-5）$$

式中，$T_{inst/ante}$ 为天线在仪器坐标系中的安装矩阵。在得到 t 时刻仪器像元在仪器坐标

系中的视向量 $\vec{u}_{inst}$ 后，像元地理定位方法与 MERSI 地理定位方法相同。

（4）卫星星下点观测。

SBUS、SEM 没有扫描机构，它们的地理定位需求是给出卫星星下点的经度、纬度，所以其地理定位算法与卫星轨道计算算法相同。

4）地形校正及辅助参数计算

在地理定位计算过程中，假设地球是一个理想椭球体，得到的计算结果是理想椭球体表面的地理位置，地表地形的高低起伏会影响实际地理定位的精度。因此，在对中高分辨率遥感数据进行地理定位时必须修正地形的影响，进行地形校正。地形校正是指在计算仪器像元在地球参考椭球体上的位置时加入了局地地形视差的影响。在地形校正算法中用到的高度信息可以在 DEM 数据库中得到。

由仪器像元最终的测地坐标、扫描探测时刻和卫星的观测几何可以很方便地计算出仪器的天顶角、方位角，以及太阳的天顶角、方位角等辅助参数。

5）定位精度

遥感数据像元级定位精度与地理定位算法中使用的基础测量数据的不确定性密切相关。定位精度受地理定位算法中使用的卫星星体、遥感仪器、地面高程等数据的不确定性限制，输出产品精度与输入数据的不确定性关系随遥感仪器扫描角的变化而变化。

风云三号气象卫星轨道高度为 831km，椭球形地球半径约 6378km。根据计算，在卫星星下点时，卫星在轨道坐标系 x 轴方向 1m 的位置误差可以造成沿轨道方向 0.95m 的定位误差，在 y 轴方向 1m 的位置误差同样可以造成沿扫描方向 0.95m 的定位误差，在 z 轴方向的位置误差则不影响定位误差。在扫描角为 ±55° 时，卫星在轨道坐标系 x 轴方向 1m 的位置误差可以造成沿轨道方向 0.90m 的定位误差，在 y 轴方向 1m 的位置误差可以造成沿扫描方向 0.92m 的定位误差，在 z 轴方向 1m 的位置误差可以造成沿扫描方向 3.20m 的定位误差（杨忠东等，2008）。

根据估算，在卫星星下点时，一个角秒的滚动姿态误差可以造成沿扫描方向 6m 的定位误差，一个角秒的俯仰姿态误差可以造成沿轨道方向 6m 的定位误差，偏航姿态误差则不影响卫星星下点的定位精度。在扫描角为 ±55° 时，一个角秒的滚动姿态误差可以造成沿扫描方向 28m 的定位误差，一个角秒的俯仰姿态误差可以造成沿轨道方向 6.5m 的定位误差，一个角秒的偏航姿态误差可以造成沿轨道方向 9.0m 的定位误差。

在风云三号气象卫星多种遥感仪器观测数据地理定位算法开发过程中，我们研究分析了各种影响地理定位精度的因素，综合考虑了多种要素、时效等得到了最佳的地理定位精度。经过几年的业务运行，统计分析结果表明，各种遥感仪器对地观测数据地理定位精度都达到了卫星星下点一个探测单元的指标要求。如图 3-16 所示为可见光红外扫描辐射计的地理定位精度示意，右图为 1km 分辨率三通道彩色合成图像放大 4 倍的效果，红色线所示是地理定位计算得到的海岸线密切扣合到图像上的情况。如图 3-17 所示为微波成像仪的地理定位精度示意，右图为 1km 分辨率三通道彩色合成图像放大 4 倍的效果，红色线所示是地理定位计算得到的海岸线密切扣合到图像上的情况。

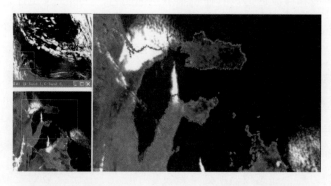

图 3-16　可见光红外扫描辐射计的地理定位精度示意

图 3-17　微波成像仪的地理定位精度示意

4. 遥感数据辐射定标技术方案

遥感数据辐射定标是将遥感仪器原始观测计数值转换为能量值的过程，风云三号气象卫星遥感数据辐射定标包括发射前实验室定标和在轨定标两个阶段。

发射前实验室定标是指在实验室较为理想的、可控的条件下，以及在环境参数可知的条件下，利用能量辐射参考标准源确定辐射定标换算关系，测量遥感仪器通道光谱参数，测定遥感仪器性能参数。对于目前不具备在轨星上定标功能的可见光和近红外通道等，发射前实验室定标结果是在轨定标的主要依据。

风云三号气象卫星各遥感仪器的在轨定标针对不同的光谱通道采用不同的定标技术方案，红外通道和微波通道具有在轨星上定标能力，在轨交叉定标和场地定标是其备份和检验手段。目前不具备在轨星上定标能力的可见光通道和近红外通道则以发射前实验室定标结果为基础，在卫星发射后进行场地定标修正，并利用在轨交叉定标验证和监测定标结果，以实现较高精度的辐射定标。此外，风云三号气象卫星中分辨率光谱成像仪配备了可见光通道和近红外通道在轨定标装置，以开展可见光通道和近红外通道的在轨定标试验。

1）可见光红外扫描辐射计（VIRR）

卫星在发射以后，遥感仪器所处环境发生了变化，因此需要对发射前实验室定标结果做适当的修正，可见光通道和近红外通道采用场地定标方法定期更新定标结果；红外通道有在轨星上定标设备，可以进行在轨定标。VIRR 红外通道在轨定标算法基于风云一号气象卫星（范天锡等，1991）和 NOAA 卫星 AVHRR（Cracknell，1997）的定标方法，并对其进行了优化和改进。在每个扫描线周期内，VIRR 各通道传感器都要观测 3 种不同类型的目标：冷空（10 个测值）、地球（2048 个测值）和内部黑体（6 个测值）。因为可以独立地获取冷空和内部黑体的辐射值，所以用两者的测值进行红外通道在轨定标计算。

仪器内部黑体温度（TBB）由两个嵌入其中的铂丝电阻温度计（PRT）测量得到，由 TBB 和光谱响应函数可计算得到 VIRR 各通道接收到的来自该黑体的辐射值 RBB，冷空辐射值 RS 由发射前实验室定标确定。这两个辐射值及冷空观测平均计数值 CS、黑体观测平均计数值 CBB 是辐射值-计数值关系曲线中的两个点（CBB，RBB）和（CS，RS），连接这两个点的直线提供了辐射值与计数值的线性函数关系。将地球观测计数值代入此线性方程中，便可以计算得出线性辐射值 RLIN。发射前的测量结果表明，实际的辐射值-计数值关系曲线不完全是线性的，因此 RLIN 需要输入一个二次项方程（发射前测量得到）中，进行非线性辐射订正 RCOR。地球目标的入射辐射量 RE（其对应的 VIRR 各通道计数值为 CE）是通过将 RCOR 和 RLIN 相加得到的。地物目标的等效黑体温度 TE 便可以利用入射辐射量 RE 通过普朗克定律逆变换计算得到。VIRR 的通道 3、通道 4 和通道 5 是红外通道，通过星上对黑体和冷空的测量，可以计算出这些通道的定标系数，定标系数在不断被更新。

辐射定标结果分析如下，我们在在轨测试期间进行了定标精度检验，可见光通道和近红外通道采用敦煌场地交叉定标方法检验，红外通道采用 SNO 交叉定标方法检验。其中，风云三号气象卫星 A 星以 TERRA 卫星 MODIS 作为比较基准，风云三号气象卫星 B 星以 AQUA 卫星 MODIS 作为比较基准。表 3-5 列出了风云三号气象卫星 A 星和风云三号气象卫星 B 星 VIRR 各通道相对定标精度在轨测试结果。

表 3-5　VIRR 各通道相对定标精度在轨测试结果

通　道	波段范围（μm）	风云三号气象卫星 A 星 VIRR 定标精度	风云三号气象卫星 B 星 VIRR 定标精度
1	0.58～0.68	1.50 %	4.21%
2	0.84～0.89	3.14 %	3.53%
3	3.55～3.93	0.2K	−0.78K
4	10.3～11.3	−1.6K	−0.14K
5	11.5～12.5	−1K	−0.81K
6	1.55～1.64	2.88 %	8.891%
7	0.43～0.48	2.69 %	3.16%
8	0.48～0.53	1.41 %	2.97%
9	0.53～0.58	1.30%	3.63%
10	1.325～1.395	—*	—*

注：*表示通道 10 因光谱差异和水汽影响，未进行交叉定标检验。

2）红外分光计（IRAS）

IRAS 的可见光通道和近红外通道没有在轨星上定标装置，因而不进行在轨定标，而直接采用发射前实验室定标确定的定标系数，卫星在发射后可以利用野外定标试验对原有的定标系数进行订正。对于热红外通道，采用实时在轨卫星定标确定定标系数，假定辐射率和计数值通过一个二次关系相联系，即

$$r = a_0 + a_1 C_v + a_2 C_v^2 \tag{3-6}$$

式中，r 为卫星遥感仪器通道接收到的辐射率，C_v 是视场输出的计数值，a_0、a_1 和 a_2 是定标系数。因为非线性订正项为小量，在轨期间难以确定，所以 a_2 采用发射前实验

室定标的测定值,在轨定标仅确定系数 a_0 和 a_1。利用星上 PRT 测量值可以确定仪器内黑体辐射量,结合星上冷空和仪器内黑体观测数据及定标基础数据,即可计算每条对地观测扫描行上热红外通道的定标系数。

对于热红外通道 1~通道 20,风云三号气象卫星 A 星 IRAS 采用交叉定标的方法进行定标精度检验和订正,即利用 IASI 仪器观测数据,寻找与 IRAS 几乎同时天底过境、空间匹配的卫星观测像元,通过分辨率差值和光谱卷积匹配,与实际红外分光计的通道观测亮温进行比较分析;风云三号气象卫星 B 星 IRAS 则采用快速辐射传输模式 CRTM2.02 进行正演辐射传输计算,统计分析模拟观测偏差标准差。对于可见光通道和近红外通道(通道 21~通道 26),风云三号气象卫星 A 星和风云三号气象卫星 B 星的 IRAS 均采用与 MODIS 仪器观测数据交叉定标的检验方法,先进行空间匹配,再进行辐射率、反射率的比较分析(注:风云三号气象卫星 A 星 IRAS 通道 21 与 HIRS 仪器可见光通道 20 进行比较分析)。表 3-6 为风云三号气象卫星 A 星和风云三号气象卫星 B 星 IRAS 定标精度在轨测试结果。

表 3-6　IRAS 定标精度在轨测试结果

通　道	风云三号气象卫星 A 星 IRAS 定标精度	风云三号气象卫星 B 星 IRAS 定标精度
1	0.897K	0.6898K
2	0.41K	-0.66739K
3	0.185K	-0.11935K
4	0.178K	-0.2738K
5	0.31K	-0.4759K
6	0.389K	-0.4068K
7	0.445K	-0.6145K
8	0.678K	-0.3535K
9	0.633K	-0.4157K
10	0.555K	1.4294K
11	0.565K	—
12	0.729K	0.248K
13	1.144K	0.1737K
14	0.642K	-0.5409K
15	0.486K	0.1226K
16	0.536K	0.0945K
17	0.509K	0.72821K
18	0.508K	-0.4055K

通　　道	风云三号气象卫星 A 星 IRAS 定标精度	风云三号气象卫星 B 星 IRAS 定标精度
19	0.678K	−0.0701K
20	0.762K	−0.22K
21	3.3%	5.22%
22	5.5%	2.92%
23	10.4%	7.02%
24	6.3%	5.69%
25	3.8%	4.73%
26	3.4%	5.64%

3）微波温度计（MWTS）

微波温度计辐射定标过程是指把仪器输出的电压计数值转换为辐射值。微波温度计每扫描一周，在对地球视场采样的同时也对内部黑体和宇宙冷空采样。在每个扫描周期（16s）内，天线扫描过 15 个地球视场、1 个冷空定标观测点和 1 个热源定标观测点。根据内部黑体和宇宙冷空观测数据计算定标系数。另外，根据地球观测计数值和定标系数计算遥感仪器各通道的地球观测辐射值。

微波温度计内部黑体的物理温度是用 4 个埋入式 PRT 来测量的，分别放在黑体内尖劈的中心尖底、中心尖顶、边缘尖底、边缘尖顶。根据 4 个测温点的实际测量值及黑体内的热传导系数、热量分布、温度梯度计算得到黑体的物理温度。PRT 测量内部黑体温度的精度达到 ±0.1K。根据发射前实验室定标结果可以将 PRT 计数值转换成 PRT 温度，以计算仪器增益和在轨定标系数。利用定标方程计算在轨对地观测亮温，并考虑因探测仪器不理想所引起的其余任何贡献，根据微波温度计天线特征参数进行天线微波辐射订正，对频带较宽的通道进行带宽订正。在上述辐射订正的基础上，根据普朗克函数的反变换得到微波温度计的亮温。

微波温度计定标结果分析包括与同类载荷的交叉比对、误差分析等。在晴空条件下，由时间相近、卫星天顶角相近、地物目标相同的风云三号气象卫星 MWTS 和 NOAA-16 卫星 AMSU-A 的辐射观测值可以构建匹配数据集，以统计分析不同卫星的微波通道的交叉比对精度。采用 SNO 方法进行交叉比对分析，取风云三号气象卫星 A 星 MWTS 与 NOAA-16 卫星 AMSU-A 在 10 分钟内通过同一星下点的数据进行比较。由于轨道限制，星下点基本上位于 78°N 和 78°S。误差分析综合地面真空试验和在轨测试结果逐项分析误差来源。表3-7 给出了风云三号气象卫星 A 星 MWTS 与 NOAA-16 卫星 AMSU-A 在 2008 年 7 月 1—31 日星下点辐射亮温数据交叉比对的情况，以及风云三号气象卫星 B 星 MWTS 亮温数据误差分析结果。

表 3-7　MWTS 辐射定标结果分析

	通 道 1	通 道 2	通 道 3	通 道 4	说　　明
风云三号气象卫星 A 星	2.0010	0.6807	0.3714	0.3117	与 NOAA-16 卫星 AMSU-A 交叉比对得到的平均亮温偏差（K）
风云三号气象卫星 B 星	0.52	0.50	0.50	0.97	MWTS 亮温数据误差分析（K）

4）微波湿度计（MWHS）

微波湿度计辐射定标是指将微波湿度计原始遥感计数值转换成对地观测目标亮温的过程，包括发射前实验室定标和在轨定标两个阶段。在轨定标以在轨星上定标为主，以在轨交叉定标和场地定标为备份定标技术。

微波湿度计在轨定标采用以星上黑体和冷空为参考的两点定标技术。每个扫描周期获取星上黑体和冷空观测定标基础数据，同时通过埋嵌在黑体中的铂电阻（PRT）测量黑体的物理温度，根据天线特征估算冷空辐射量；依据这些定标基础数据可以确定微波湿度计线性定标系数；将线性定标系数和对地观测原始遥感计数值代入线性定标方程，计算得到对地观测像元的线性天线亮温；根据遥测得到的仪器工作温度，查算仪器非线性定标订正系数，计算非线性天线亮温订正量，得到非线性天线亮温；根据微波湿度计天线方向图特征参数，进行天线修正，得到可直接定量应用的对地观测目标亮温。

微波湿度计的定标结果分析包括与同类载荷的交叉比对和误差分析等。交叉比对选择 NOAA-17 卫星 AMSU-B 和风云三号气象卫星 MWHS 时空匹配目标区，计算两个仪器对应通道的相对亮温偏差。NOAA-17 卫星 AMSU-B 和风云三号气象卫星 A 星 MWHS 183GHz 频率 3 个通道的中心频率和带宽等基本特性相同；NOAA-17 卫星 AMSU-B 的 150GHz 频率通道与风云三号气象卫星 A 星 MWHS 150GHz 频率通道 2 极化特性，以及通道中心频率和带宽特性相同；风云三号气象卫星 A 星 MWHS 通道 1（频率为 150GHz）没有 NOAA-17 卫星 AMSU-B 的对应通道，故不进行比对分析。

2008 年 7 月 22 日，NOAA-17 卫星 AMSU-B 与风云三号气象卫星 A 星 MWHS 均匀目标区亮温交叉比对分析表明，风云三号气象卫星 A 星 MWHS 的 183GHz 频率通道 3 亮温差最大，可以达到 1.5K；通道 4 亮温差最小，为 0.9K；150GHz 频率通道 2 的亮温差为 1.4K。误差分析综合地面真空试验和在轨测试结果，并逐项分析误差来源。定标结果分析如表 3-8 所示。

表 3-8　MWHS 定标结果分析

	通 道 2	通 道 3	通 道 4	通 道 5	说　明
风云三号气象卫星 A 星	1.4	1.5	0.9	1.1	与 NOAA-17 卫星 AMSU-B 交叉比对的平均亮温偏差（K）
风云三号气象卫星 B 星	1.085	1.12	0.998	1.03	MWHS 亮温数据误差分析（K）

5）中分辨率光谱成像仪（MERSI）

MERSI 利用观测星上黑体和深冷空（零辐射）进行在轨实时红外通道定标，定标方程采用二次多项式形式，即

$$\varepsilon_{BB}L_{BB} + (1 - \varepsilon_{BB})\varepsilon_{CAV}L_{CAV} = a_0 + b_1 dn_{BB} + a_2 dn_{BB}^2 \tag{3-7}$$

式中，a_0、b_1、a_2 为定标系数，由于 a_0 和 a_2 受环境温度影响较小，在轨运行时采用发射前实验室真空定标结果；ε_{BB} 为星上黑体发射率，ε_{CAV} 为仪器腔体发射率；L_{CAV} 为仪器腔体反射的黑体辐射，L_{BB} 为黑体的发射辐射，采用普朗克函数计算；$dn_{BB} = <DN_{BB}> - <DN_{SV}>$，$<DN_{BB}>$ 和 $<DN_{SV}>$ 分别代表 MERSI 对黑体和深冷空的扫描计数值，需要考虑多次扫描的滑动平均。

采用式（3-8）得到实时定标系数 b_1，即

$$b_1 = \frac{1}{dn_{BB}}\left\{\varepsilon_{BB}L_{BB} + (1 - \varepsilon_{BB})\varepsilon_{CAV}L_{CAV} - (a_0 + a_2 dn_{BB}^2)\right\} \tag{3-8}$$

利用黑体定标确定的定标系数实现 MERSI 对地观测计数值向地球红外辐射亮度（单位：$mW/(m^2 \cdot sr \cdot cm^{-1})$）的转换：

$$L_{EV} = a_0 + b_1 dn_{EV} + a_2 dn_{EV}^2 \tag{3-9}$$

式中，$dn_{EV} = DN_{EV} - <DN_{SV}>$，$DN_{EV}$ 是对地观测计数值。

MERSI 星上可见光定标仪器不具备星上绝对辐射定标能力，可见光（太阳反射）波段的辐射定标主要基于发射前室外太阳定标和在轨替代定标方法进行。定标方程采用线性形式：

$$[\rho \cos(\Theta)]/dES_2 = m_0 + m_1 DN_{EV} \tag{3-10}$$

式中，ρ 为表观反射率；m_0 和 m_1 为定标系数，它们随着通道 B 和探元 D 变化，并定期进行更新；dES_2 是对地观测的日地距离，每日更新；DN_{EV} 是对地观测计数值。

MERSI 每个通道采用多探元（10 探元或 40 探元）跨轨扫描，在 MERSI 数据预处理算法中进行了探元响应的归一化处理（采用基于全球数据统计直方图建立的转换查

找表进行），在一级数据产品中只给出基准探元的定标系数。此时，有

$$\left[\rho\cos(\varTheta)\right]/\mathrm{dES}_2 = m_0 + m_1\mathrm{DN}_{\mathrm{EV}}^* \tag{3-11}$$

式中，$\mathrm{DN}_{\mathrm{EV}}^*$ 为 $\mathrm{DN}_{\mathrm{EV}}$ 经过探元响应差异校正得到的对地观测计数值。

MERSI 太阳反射波段定标更新目前仍主要采用基于敦煌场地的替代定标方法。每年在外场定标试验后，对于响应变化超过 5%（相对于上次更新）的通道，进行定标系数更新。利用场地替代定标系数计算得到的 MERSI 地球目标表观反射率光谱与 MODIS 具有较好的一致性。

为验证 MERSI 红外通道在轨辐射定标精度，选取 2008 年 8 月 2 日加拿大北部地区风云三号气象卫星 A 星 MERSI 与 TERRA 卫星 MODIS 轨道交叉点附近红外观测亮温进行比对，分析发现 MERSI 红外通道亮温比 MODIS（通道 31）偏高 1K，图 3-18 所示为比对分析的散点图。

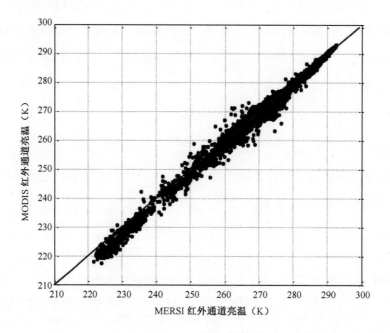

图 3-18　风云三号气象卫星 A 星 MERSI 红外通道与 MODIS 红外通道亮温交叉比对结果

对于风云三号气象卫星 B 星 MERSI，通过与 TERRA 卫星 MODIS 交叉定标发现，相对于发射前实验室定标系数（由于辐冷无法工作，不讨论近红外通道 6、通道 7，以及红外通道 5），除通道 14、通道 17～通道 20 的在轨定标系数偏小之外，其他通道的在轨定标系数偏大；通道 4、通道 8、通道 9、通道 16 的在轨定标系数比发射

前大 5%以上，通道 1、通道 2、通道 11、通道 12、通道 15 的在轨定标系数比发射前小 5%；通道 17 和通道 18 的在轨定标系数比发射前小 10%以上，通道 14 的在轨定标系数比发射前小 5%。

6）紫外臭氧垂直探测仪（SBUS）

SBUS 辐射定标实现对地观测计数值到对地观测辐亮度和太阳辐照度的转换。辐亮度采用式（3-12）计算：

$$L = 2 \times \mathrm{DN} \times r_1 / \tau \times r_2 \times f \tag{3-12}$$

式中，DN 为仪器计数值；量化比 r_1=0.0001V/bit；在大气模式下单色仪和云光度计的积分时间 τ 均为 1.24；辐亮度响应度 f 和换挡比 r_2 在卫星发射前实验室测量确定。光谱辐亮度响应度定义为

$$f = R_L(\lambda) = \frac{L(\lambda)}{V(\lambda)} \tag{3-13}$$

式中，$V(\lambda)$ 是仪器在波长 λ 处的计数值，$L(\lambda)$ 是标准光源在仪器入瞳处的光谱辐亮度。

辐照度采用式（3-14）计算，即

$$E = \mathrm{DN} \times 2 \times r_1 / \tau \times r_2 \times f \times C \tag{3-14}$$

式中，DN 为仪器计数值；量化比 r_1=0.0001V/bit；τ 为积分时间，太阳连续谱模式积分时间为 0.1，分立太阳模式积分时间为 1.24；辐照度响应度 f、换挡比 r_2 和漫反射板订正因子 C 这 3 个参数均在发射前实验室测定。

漫反射板方向订正：在发射前实验室定标时测量了漫反射板双向反射率在太阳连续谱模式下光谱辐照度响应度随入射角的变化特性，给出了修正系数模型 $\kappa(\alpha,\beta)$，可据此得到相对于辐照度响应度在定标时入射角的归一化反射率，有

$$\kappa(\alpha,\beta) = \sum_{i=1}^{5}\sum_{j=1}^{5}\Big[a_{ij}(\alpha-\overline{\alpha})^{i-1}(\beta-\overline{\beta})^{j-1}\Big] \tag{3-15}$$

式中，α 和 β 分别为太阳矢量与卫星的 $x\text{-}y$ 平面、轨道平面的夹角，$\overline{\alpha}=\sum\limits_{i=1}^{M}\alpha_i$，$\overline{\beta}=\sum\limits_{i=1}^{N}\beta_i$，$M$ 和 N 分别为 α 和 β 变量的节点数，a_{ij} 为拟合系数。

漫反射板时间变化订正：参考板反射率随时间的变化通过与标准板比对得到。标准板每月进行一次太阳辐照度 $E_0(\lambda,t)$ 观测，用最新的 5 次观测结果获得太阳辐照度变化，并进行每天的太阳辐照度预测，即

$$E_0(\lambda, t) = a_0 + a_1 t + a_2 t^2 \qquad (3\text{-}16)$$

其中，将参考板测量的太阳辐照度与预测值相比，就可以得到参考板反射率随时间的变化系数。在分立太阳模式下，12 个特征波长的参考板反射率变化根据太阳连续谱模式下的参考板反射率变化系数插值得到。

定标结果分析以 NOAA-16 卫星、NOAA-17 卫星和 NOAA-18 卫星 SBUV/2 为参考载荷，比对分析风云三号气象卫星 SBUS 和 NOAA 卫星 SBUV/2 同期太阳辐照度观测数据的一致性。表 3-9 给出了 2008 年 7 月 17—30 日风云三号气象卫星 A 星 SBUS 在分立太阳模式下观测的 12 个特征波长的太阳辐照度与 NOAA-17 卫星和 NOAA-18 卫星 SBUV/2 的偏差百分比（对 SBUV/2 数据与 SBUS 求差，再除以 SBUV/2 和 SBUS 的平均值）。表 3-10 给出了 2010 年 11 月 19 日风云三号气象卫星 B 星 SBUS 在分立太阳模式下观测的 12 个特征波长的太阳辐照度与 NOAA-17 卫星和 NOAA-18 卫星 SBUV/2 的偏差百分比。

表 3-9　风云三号气象卫星 A 星 SBUS 与 SBUV/2 太阳辐照度观测值的偏差百分比（单位：%）

特征波长	1	2	3	4	5	6	7	8	9	10	11	12
NOAA-17 卫星/风云三号气象卫星 A 星	-5.9	9.9	4.7	8.9	7.3	-1.2	1.6	0	-1.4	-2.6	-1.2	-8.7
NOAA-18 卫星/风云三号气象卫星 A 星	-9.5	0.2	4.9	5.5	5.3	0.2	1.3	-1.8	-1.4	-4.1	-1.1	-7.9

表 3-10　风云三号气象卫星 B 星 SBUS 与 SBUV/2 太阳辐照度观测值的偏差百分比（单位：%）

特征波长	1	2	3	4	5	6	7	8	9	10	11	12
NOAA-17 卫星/风云三号气象卫星 B 星	-2.7	5.2	2.1	5.4	3.1	0.5	0.7	0.9	1.3	-1.8	-2.2	-4.3
NOAA-18 卫星/风云三号气象卫星 B 星	-3.4	1.9	3.2	4.7	2.6	1.3	0.9	1.8	-2.9	-3.8	-2.5	-1.7

7）紫外臭氧总量探测仪（TOU）

TOU 辐射定标实现对地观测计数值到对地观测辐亮度和太阳辐照度的转换。辐亮度采用式（3-17）计算，即

$$L = DN \times r_1 \times r_2 \times f \qquad (3\text{-}17)$$

式中，DN 为卫星观测计数值，量化比 r_1 为 10/4095V/bit，辐亮度响应度 f 和换挡比 r_2 由卫星发射前实验室测定。

辐照度采用式（3-18）计算，即

$$E = DN \times r_1 \times r_2 \times f \times C \qquad (3\text{-}18)$$

式中，DN 为卫星观测计数值，量化比 r_1 为 10/4095V/bit，换挡比 r_2、辐照度响应度 f 和漫反射板订正因子 C 由卫星发射前实验室测定。

漫反射板方向订正：在发射前实验室定标时测量了漫反射板双向反射率在太阳连续谱模式下光谱辐照度响应度随入射角的变化特性，给出了修正系数模型 $\kappa(\alpha,\beta)$，可据此得到在相对于辐照度响应度定标时入射角的归一化反射率，即

$$\kappa(\alpha,\beta) = \sum_{i=1}^{5}\sum_{j=1}^{5}\left[a_{ij}(\alpha-\overline{\alpha})^{i-1}(\beta-\overline{\beta})^{j-1}\right] \qquad (3\text{-}19)$$

式中，α 和 β 分别为太阳矢量与卫星的 x-y 平面、轨道平面的夹角，$\overline{\alpha}=\sum_{i=1}^{M}\alpha_i$，$\overline{\beta}=\sum_{i=1}^{N}\beta_i$，$M$ 和 N 分别为 α 和 β 变量的节点数，a_{ij} 为拟合系数。

漫反射板时间变化订正：盖板和工作板反射率随时间的变化通过与参考板比对得到，参考漫反射板每 15 天进行一次太阳辐照度 $E_0(\lambda,t)$ 观测，用最新的 5 次测量结果获得太阳辐照度变化，并每天进行太阳辐照度预测：

$$E_0(\lambda,t) = a_0 + a_1 t + a_2 t^2 \qquad (3\text{-}20)$$

式中，t 代表从卫星发射到进行太阳辐照度观测的天数。

将盖板和工作板测量的太阳辐照度与太阳辐照度预测值相比，就可以得到盖板和工作板反射率随时间的变化系数。

风云三号气象卫星 A 星 TOU 在轨测试数据表明，对于辐照度在轨定标，通道 1～通道 4（后两个长波通道受杂散光影响较明显）与国外同类卫星相比误差约为 2%；对于辐亮度定标，发射前实验室定标结果在高端偏差较大，通过基于 AURA 卫星 OMI 臭氧总量产品的正演计算，获得了新的定标系数，此时 TOU 臭氧总量产品与 OMI 臭氧总量产品、地面臭氧观测结果之间的误差约为 3%。

风云三号气象卫星 B 星 TOU 在轨测试数据表明，对于辐照度在轨定标，通道 1～通道 6 与国外同类卫星相比误差约为 2%；对于辐亮度定标，基于发射前实验室定标系数的 TOU 臭氧总量产品与 OMI 臭氧总量产品、臭氧地面观测结果之间的误差约为 5%。

8）微波成像仪（MWRI）

微波成像仪（MWRI）对地观测计数值必须经过定标转换为亮温数据才能定量应用。一般来说，微波成像仪具有线性响应特性，当卫星在轨运行时，如果能准确地确定两个已知目标的亮温，就可以对仪器观测计数值进行标定。微波成像仪定标采用冷空观测和星上黑体两点定标方法得到天线观测亮温，然后由地面真空定标试验和发射前实验室定标得到的定标系数对仪器非线性、天线溢出和交叉极化进行订正，最终得到对地观测亮温。

当 MWRI 在轨实时辐射定标时，首先用扫描线黑体和冷空观测计数值通过平滑得到每个通道的黑体和冷空观测平均计数值，然后用扫描线平均黑体物理温度及上述计数值通过两点定标方法计算每条扫描线的定标系数，最后利用得到的定标系数及地面定标基础参数通过非线性订正、天线溢出和交叉极化订正对实际对地观测计数值进行订正，得到通道对地观测亮温。

MWRI 定标结果分析包括风云三号气象卫星 A 星 MWRI 与 TMI 交叉比对及风云三号气象卫星 B 星的误差分析。利用交叉比对定标得到的热源订正系数与非线性订正系数，选择时空匹配的低温（海面）和高温（陆表）目标，计算微波成像仪观测亮温，将结果与 TMI 观测亮温进行比较分析。误差分析综合地面真空试验和在轨测试结果逐项分析误差来源，如表 3-11 所示。

表 3-11　MWRI 定标结果分析

		10.65V	10.65H	18.7V	18.7H	23.8V	23.8H	36.5V	36.5H	89V	89H	说　明
风云三号气象卫星 A 星 MWRI	高温目标平均亮温偏差	0.46	0.92	1.01	0.73	1.97		1.19	1.45	1.54	1.83	交叉比对（K）
	低温目标平均亮温偏差	0.57	1.60	0.70	1.93	1.02		0.72	0.99	0.92	1.46	
风云三号气象卫星 B 星 MWRI		0.84	1.16	0.76	1.36	0.77	0.86	1.74	1.27	1.03	1.46	误差分析（K）

9）地球辐射探测仪（ERM）

ERM 辐射定标包括两个主要过程：仪器在轨辐射响应的校正，对地观测辐射计算。前者通过星上在轨定标观测，确定仪器辐射响应的变化；后者利用修正的仪器辐射定标系数将对地观测数值转换为地气系统反射及发射辐射通量密度。

ERM 在轨工作期间，通过星上在轨定标观测遥感仪器辐射响应的变化；星上在轨定标系统由黑体和钨灯组成，黑体作为全波通道的定标源，通过温控实现发射辐射控制；钨灯为短波通道定标，通过恒流控制及硅光二极管监测实现辐射稳定性控制。ERM 每 14 轨仪器对定标源进行一组观测，分 4 轨进行，从 11 轨开始观测，11～12 轨进行窄视场通道定标，13～14 轨进行宽视场通道定标。

在星上在轨定标观测时，黑体分别稳定温控在高、低两个温度点，仪器的全波通道分别对其进行观测。黑体的温度由 PRT 测量值确定，黑体的发射辐射由地面真空试验确定。利用地面真空试验确定的黑体发射辐射和仪器对定标源的观测输出量化计数值，通过线性拟合计算全波通道辐射响应的增益和截距，即辐射定标系数；对于短波通道的定标，将星上标准开灯和关灯两个状态作为辐射定标的两点，将关灯状态作为零辐射点，将开灯状态发射的辐射作为高辐射点，其辐射由地面定标给出；钨灯状态稳定性监测则通过光敏二极管的光强监测实现。

在轨测试对于 ERM 的定标精度评估采用两种方式：一种方式是将仪器在轨定标观测与地面定标试验结果进行比较，分析仪器在轨工作期间相对地面定标试验的变化；另一种方式是将 ERM 生成的大气顶去滤波辐亮度产品与同时间的 Meterosat/GERB 同类产品进行比较，以评估 ERM 辐射定标的合理性。结果如表 3-12 所示。

表 3-12 ERM 定标精度在轨测试结果

通　　道	风云三号气象卫星 A 星 ERM 定标精度	风云三号气象卫星 B 星 ERM 定标精度
非扫描全波通道	0.59%	0.61%
非扫描短波通道	0.79%	0.79%
扫描全波通道	0.59%	0.65%
扫描短波通道	0.74%	0.82%

对扫描视场和非扫描视场的全波通道的地面和在轨观测数据进行比较可以看出：全波通道黑体发射辐射和定标观测与地面定标观测相对比较接近，可以认为全波通道辐射定标的精度与地面定标精度较为吻合；对于短波通道而言，定标源参数与定标观测输出相比发生明显变化，初步认为是光源变化引起的辐射响应的变化。

10) 太阳辐射监测仪（SIM）

太阳辐射监测仪的辐射定标是指将太阳辐射监测仪原始遥感观测计数值转换成辐射物理量的处理过程。在轨观测期间，因为太阳辐射监测仪是不需要任何标准就能够自定标的绝对辐射计组件，因此可以通过对一台仪器间断观测而对另外两台连续观测的仪器衰减进行定标；同时，可以利用与同类仪器的交叉定标对定标结果进行验证。针对每次观测的原始数据，首先要对数据进行有效性判识和质量控制，然后通过电定标跟踪修正将计数值转换为电压，并依据仪器的观测模式开展相应的辐射计算。

太阳辐射监测仪在轨观测获得的基础数据应满足仪器的预先设计，在辐射定标之前需要对基础数据的时间连续性，以及观测数据的有效性进行判识。辐射定标计算首先要进行电定标跟踪修正，将计数值转换为电压、电功率，然后根据具体的观测模式开展相应的计算处理。在计算过程中需要考虑温度的影响，并对其进行修正。

自测试观测模式是在仪器开机之后最早进行的测试，快门保持关闭状态，分别加低电压和高电压考察仪器性能，主要用于测量太阳辐射监测仪的响应度和时间常数。

太阳观测模式是太阳辐射监测仪的主要工作模式，当有太阳光射入视场时，首先打开快门进行太阳观测，然后关闭快门进行电定标，计算仪器观测到的辐照度。

冷空观测模式用于观测空间背景辐射，以便对太阳观测模式的结果进行订正。在轨道背光面，首先打开快门进行冷空观测，然后关闭快门进行电定标，综合两者信息可以计算得到冷空辐射 E_c。

为了得到太阳常数，还需要进行 3 项订正：冷空订正，以便得到太阳入射的绝对辐射能量；角度订正，将结果修正到垂直入射情况（目前采用余弦订正，可进一步改进）；日地距离订正，将大气顶太阳辐照度修正到日地平均距离处的太阳辐照度，即太阳常数。根据仪器设计通道 2 间断工作以实现对通道 1、通道 3 衰减的订正，当通道 2 打开时，与其同时观测的通道将通过两者的比例关系计算相对定标系数，以便进行相对定标订正。各订正系数及结果都将记录在太阳辐射监测仪的一级数据中。

太阳辐射监测仪定标结果分析以 SORCE 卫星 TIM 为参考载荷。两台仪器都是专门设计用于观测太阳辐照度的。SORCE 卫星 TIM 是跟踪式仪器，测量精度很高；风云三号气象卫星 SIM 是非跟踪式仪器，视场较大，对定标的要求很高。由于两者都长期观测同一个目标，因此可以通过时间序列来考察风云三号气象卫星 SIM 与 SORCE 卫星 TIM 之间的相对定标偏差。表 3-13 所示为 SIM 定标精度在轨测试结果。

表 3-13　SIM 定标精度在轨测试结果

设计指标	风云三号气象卫星 A 星 SIM 定标精度	风云三号气象卫星 B 星 SIM 定标精度
0.5%	1366 ± 2 W · m^{-2}（0.15%）	1359.57 ± 0.39 W · m^{-2}（0.03%）

11）空间环境监测器（SEM）

空间环境监测器（SEM）各单机在卫星发射前进行有限的地面定标，受地面实验室条件限制，无法在与空间环境条件完全一致的环境中展开全面定标工作，需要根据卫星在轨实测数据进行相对定标，确定各单机的相对定标系数。

SEM 遥测数据输出 X_k 的取值范围为 0～255，需要转化为电压 V（取值范围为 0～5V），具体公式为

$$V = \frac{X_k \times 5}{255} \qquad (3\text{-}21)$$

高能质子／氦离子探测器的处理方法为将电压 V 转化为通量计数值 N（单位：计数值 · s^{-1}）。高能离子探测器（重离子 C、Ar 等）的处理方法为将电压 V 转化为通量计数值 N（单位：计数值 · (2s)$^{-1}$）。高能电子探测器将电压 V 转化为通量计数值 N，然后将通量计数值 N 转化为通量 F（单位：粒子数 · cm^{-2} · s^{-1} · sr^{-1}），其中初定几何因子 $G=0.021$cm^2 · sr，最后进行在轨修正以得到通量探测结果 F^*（单位：粒子数 · cm^{-2} · s^{-1} · sr^{-1}），其中考虑了最终几何因子和其他修正系数 G。

辐射剂量仪的数据处理过程需要首先对遥测输出数据进行修正，从遥测输出数据中减去仪器本底（仪器在轨加电稳定工作后的短期数值）。表面电位（单位：V）按 $Y=a+bV$ 计算，其中系数 a 和 b 的取值由仪器研制方给出。

另外，将处理好的数据结合定位信息（星下点经度、纬度和高度）即可得到 SEM 综合探测结果。

用交叉比对方法对 SEM 在轨定标结果进行分析。将 NOAA 系列卫星上装载的空间粒子探测器作为参考载荷，以 NOAA-18 卫星高能质子观测数据为参照，为尽量减小观测时段、位置和投掷角等因素引起的质子通量差异，本书选取了两组具有可比性的数据点，分别将两颗卫星的观测结果归一化到相同能段进行比对。结果显示，风云三号气象卫星 SEM 观测结果和 NOAA-18 卫星高能质子观测结果变化趋势基本一致，计算得到风云三号气象卫星和 NOAA-18 卫星高能质子观测结果的平均相对偏差分别为 20.49%（3～5MeV）和 12.97%（35～275MeV），如表 3-14 所示。

表 3-14　风云三号气象卫星和 NOAA-18 卫星高能质子观测结果的平均相对偏差

比对卫星＼比对能段	3～5MeV	35～275MeV
NOAA-18 卫星	20.49%	12.97%

以 MetOp-02 卫星和 NOAA-17 卫星高能电子观测数据为参照，为尽量减小观测时段、位置和投掷角等因素引起的电子通量差异，分别选取两组具有可比性的数据点，将不同卫星的观测结果归一化到相同能段进行比对。风云三号气象卫星和比对卫星高能电子观测结果变化趋势基本一致，计算得到风云三号气象卫星和比对卫星高能电子观测结果的平均相对偏差如表 3-15 所示。

表 3-15　风云三号气象卫星和比对卫星高能电子观测结果的平均相对偏差

比对卫星＼比对能段	0.15～0.35MeV	0.35～0.65MeV	0.65～1.2MeV
MetOp-02 卫星	17.30%	17.45%	22.86%
NOAA-17 卫星	14.00%	22.42%	16.56%

3.4　产品生成分系统

3.4.1　概述

产品生成分系统（PGS）是对地观测数据地球科学算法处理的核心部分，输入风云三号气象卫星的可见光红外扫描辐射计（VIRR）、红外分光计（IRAS）、微波温度计（WMTS）、微波湿度计（MWHS）、中分辨率光谱成像仪（MERSI）、微波成像仪（WMRI）、紫外臭氧垂直探测仪（SBUS）、紫外臭氧总量探测仪（TOU）、地球辐射探测仪（ERM）、太阳辐射监测仪（SIM）和空间环境监测器（SEM）观测的一级数据，结合其他地基气象观测、海洋观测、地物光谱、地理信息数据，以及数值预报等辅助数据，综合利用统计反演、物理反演等多种信息定量提取方法，使用紫外线、可见光、近红外线、红外线和微波等多个谱段观测数据反演生成能够反映大气、云、陆表、海面和空间环境等特征的各种地球物理参数产品。风云三号气象卫星产品生成分系统科学性强、工程建设任务复杂，其所生成的定量遥感产品不但能为天气预报和气候预测服务，而且能广泛应用于生态、环境和灾害监测，是风云三号气象卫星遥感应用和发挥社会、经济效益的重要基础。这些定量遥感产品不但可以直接被终端用户使用，而且是监测分析服务分系统和应用示范分系统的重要输入信息。

PGS 的应用层面业务软件依托计算机与网络分系统、运行控制分系统的业务软件，以数据预处理分系统生成的定位、定标的各仪器一级数据为基本输入数据，结合其他辅助数据，按照预先研发的定量遥感产品生成科学算法，将紫外线、可见光、近红外线、红外线和微波等多个谱段的观测数据进行处理，生成满足精度和时效要求的，并且能反映全球大气、云、陆表、海面和空间环境等特征的各种地球物理参数二级、三级数据产品。

3.4.2　主要任务和功能

1．基本功能

风云三号气象卫星地面应用系统产品生成分系统生成扫描辐射计投影综合数据集、中分辨率光谱成像仪投影综合数据集、微波成像仪投影综合数据集、大气探测仪空间位置匹配数据集、扫描辐射计与大气探测仪空间位置匹配数据集。风云三号气象卫星地面应用系统产品生成分系统是 7×24 小时连续不间断运行的实时业务系统。它在数据预处理分系统的基础上，利用可见光红外扫描辐射计、中分辨率光谱成像仪、微波成像仪、地球辐射探测仪等 11 个有效载荷获取的多光谱遥感实时数据、延时数据，结合地球物理光谱、气象观测、数值预报等辅助数据，通过辐射传输模式及相关科学算法处理得到能够准确反映大气、云、地表、海面等特征，以及空间环境变化情况的各种地球物理参数和空间环境参数。产品生成分系统的功能包括综合数据集生成功能、定量产品生成功能。

2．综合数据集生成功能

根据产品生成处理的需求，针对不同遥感仪器、红外窗区水汽订正产品生成中间数据。其中，扫描辐射计投影综合数据集、中分辨率光谱成像仪投影综合数据集全球覆盖，分幅保存；其他低分辨率仪器投影综合数据集全球覆盖，不分幅，作为一个文件保存。综合数据集的投影根据产品应用的需要，从兰勃特投影、麦卡托投影、极射赤面投影和等经纬度投影等方式中选择；投影变换需要保持仪器最佳信息量的原始分辨率。投影产品包括标准投影产品和专题投影产品两大类。标准投影产品按照严格的制图学要求，并以国家制图标准和行业制图标准为依据进行投影参数设计；为了实现图像之间快速、准确叠加运算和显示，不同类型的载荷标准投影产品之间的空间分辨率成整数倍关系。专题投影产品针对遥感仪器在轨状态监测、专业服务等特殊需要，生成特定覆盖范围的数据文件。标准投影产品和专题投影产品是后续定量产品和监测产品生成的基础。

3. 定量产品生成功能

在投影综合数据集的基础上，结合气象观测、海洋观测、数值预报结果、地球物理光谱、GIS 等辅助数据，采用先进的科学算法，生成能够准确反映大气、陆地、海洋和空间天气等变化特征的地球物理参数和空间环境参数，形成可以提供遥感应用、分析、服务、示范系统建设和科学研究及数据存档的二级、三级产品。定量产品生成功能是产品生成分系统的核心功能。

3.4.3 主要技术指标

产品生成分系统在一级数据的基础上生成 8 个综合数据集产品和 42 个能够反映大气、云、地表、海面等特征的各种地球物理参数产品。各类产品的技术指标主要包括时效和精度两个部分，如表 3-16～表 3-19 所示。

表 3-16　风云三号气象卫星综合数据集产品和技术指标

序　号	产品名称	投影方式	覆盖范围	数据内容	空间分辨率	频　次	处理时间
1	扫描辐射计投影综合数据集	等经纬度投影 哈默等面积投影 等距圆柱投影 极射赤面投影	全球、分幅	通道辐射率	1km	2 次／日	15 分钟
2	中分辨率光谱成像仪投影综合数据集	等经纬度投影 哈默等面积投影 等距圆柱投影 极射赤面投影	全球、分幅	通道辐射率	0.25km、1km	1 次／日	15 分钟
3	微波成像仪投影综合数据集	等经纬度投影 EASE-Grid 投影 等距圆柱投影 极射赤面投影	全球	通道亮温	18～85km	2 次／日	10 分钟
4	大气探测仪空间位置匹配数据集	无	单轨	通道辐射率、反射率	17～50km	逐轨	5 分钟

序　号	产品名称	投影方式	覆盖范围	数据内容	空间分辨率	频　次	处理时间
5	扫描辐射计与大气探测仪空间位置匹配数据集	无	单轨	通道辐射率、反射率	1～17km	逐轨	5 分钟
6	标准地理信息数据	无	全球	地理标记、高程	1：100 万 1：25 万	/	/
7	红外窗区水汽订正数据	无	全球、分幅	通道辐射率	1km	逐轨	5 分钟
8	可见光、近红外大气订正数据	无	全球、分幅	通道辐射率	1km	逐轨	5／10 分钟

表 3-17　风云三号气象卫星大气和云业务产品内容及技术指标

序　号	产品名称	空间分辨率	覆盖范围	精　度	频　次	处理时间
1	云检测	原分辨率	全球	5%～20%	2 次／日	5／10 分钟
2	云顶温度／高度	5km	全球	0.5～2.0K	2 次／日（次／候、次／旬、次／月）	10／30 分钟
3	云光学厚度	5km	全球	5%～20%	1 次／日	10／30 分钟
4	云分类	5km	全球	5%～20%	1 次／日	10／30 分钟
5	云量（总云量、高云量）	5km、10km	全球	5%～20%	1 次／日（次／候、次／旬、次／月）	10／40 分钟
6	射出长波辐射	5km、50km、17km	全球	0.4～3W·m^{-2}	2 次／日（次／候、次／旬、次／月）	10／40 分钟
7	海上气溶胶	1km、10km	全球	15%～30%	1 次／日（次／候、次／旬、次／月）	5／30 分钟
8	雾	1km	中国		1 次／日（次／候、次／旬、次／月）	15 分钟
9	海上大气可降水量	5km、50km、27km×45km	全球	15%～25%	1 次／日（次／候、次／旬、次／月）	10／40 分钟

序　号	产品名称	空间分辨率	覆盖范围	精　度	频　次	处理时间
10	降水率	18km×30km	全球	20%～30%	2次/日 （次/候、次/旬、 次/月）	10/40分钟
11	大气温度 1000～10hPa	50km	全球	1.5～2.5℃	2次/日	10/30分钟
12	大气湿度 1000～300hPa	50km	全球	15%～25%	2次/日	10/30分钟
13	位势高度 1000～10hPa	50km	全球		2次/日	10/30分钟
14	大气稳定度指数	50km	全球		2次/日	10/30分钟
15	水汽总量	1km	全球	10%～20%	1次/日 （次/候、次/旬、 次/月）	10分钟
16	臭氧总量	50km	全球	8%～15%	1次/日 （次/候、次/旬、 次/月）	30分钟
17	臭氧垂直廓线	200km	全球	8%～15%	1次/日 （次/候、次/旬、 次/月）	30分钟
18	扫描视场大气顶辐射和云	35km	全球	LW：10W·m⁻² SW：30W·m⁻²	2次/日	20分钟
19	非扫描视场大气顶辐射和云	120°圆盘	轨道（逐轨）	LW：10W·m⁻² SW：30W·m⁻²	2次/日	20分钟
20	辐射能量角度分布模型集	9°天顶角 10°方位角	向上半球空间	各向异性 小于3%	—	—
21	陆地气溶胶	5km/10km	全球	15%～30%	1次/日 （次/候、次/旬、 次/月）	30分钟
22	云水含量	18km×30km	全球	20%～30%	2次/日	30分钟
23	冰水厚度指数	20km	中低纬	待定	2次/日	30分钟

表 3-18　风云三号气象卫星陆表、海面特征业务产品及技术指标

序　号	产品名称	空间分辨率	覆盖范围	精　度	频　次	处理时间
1	植被指数	250m/1km	全球	5%～10%	1次/日 （次/旬、次/月）	10/30分钟
3	积雪覆盖	1km/5km	全球	10%～20%	1次/日 （次/旬、次/月）	15/35分钟
4	陆表反射率	250m/1km	全球	—	1次/日 （次/候、次/旬、 次/月）	5/20分钟

续表

序　号	产品名称	空间分辨率	覆盖范围	精　度	频　次	处理时间
5	陆表温度	1km / 25km / 50km×85km	全球	1.5～2.5K	2 次 / 日（次 / 候、次 / 旬、次 / 月）	10 / 30 分钟
6	干旱和洪涝指数	50km×85km/ 25km	全球	—	2 次 / 日	10 / 30 分钟
7	全球火点	1km	全球	5%	2 次 / 日	5 / 10 分钟
8	海面温度	1km / 5km / 50km	全球	1.0～1.5K	2 次 / 日（次 / 候、次 / 旬、次 / 月）	10 / 30 分钟
9	海洋水色	1km / 10km	全球	15%～20%	1 次 / 日（次 / 候、次 / 旬、次 / 月）	10 / 30 分钟
10	海冰	250m / 1km	全球	5%～20%	1 次 / 日（次 / 旬）	5 / 10 分钟
11	积雪深度/雪当量	25km	全球	30%或 10cm	2 次 / 日（次 / 旬、次 / 月）	10 / 30 分钟
13	地表土壤水分	50km×85km / 25km	全球	15%～30% 或 0.05	2 次 / 日（次 / 旬、次 / 月）	10 / 30 分钟

表 3-19　风云三号气象卫星空间天气业务产品和技术指标

序　号	产品名称	空间分辨率	覆盖范围	精　度	频　次	处理时间
1	高能质子	20km	全球	15%	逐轨	5 分钟
2	高能离子	50km	全球	20%	1 次 / 日	10 分钟
3	高能电子	50km	全球	20%	1 次 / 周	10 分钟
4	表面电位	50km	全球	20%	1 次 / 月	10 分钟
5	辐射剂量	50km	全球	20%	1 次 / 日	8 分钟
6	单粒子	50km	全球	20%	1 次 / 周	10 分钟

3.4.4　分系统组成

　　风云三号气象卫星地面应用系统产品生成分系统包含可见光红外扫描辐射计产品处理子系统、中分辨率光谱成像仪产品处理子系统、微波成像仪产品处理子系统、紫外臭氧探测仪产品处理子系统、地球辐射探测仪／太阳辐射探测仪产品处理子系统、空间环境监测器产品处理子系统、大气探测综合处理子系统、公共服务和产品辅助处理子系统共 8 个子系统。图 3-19 所示为产品生成分系统功能组成结构和流程。

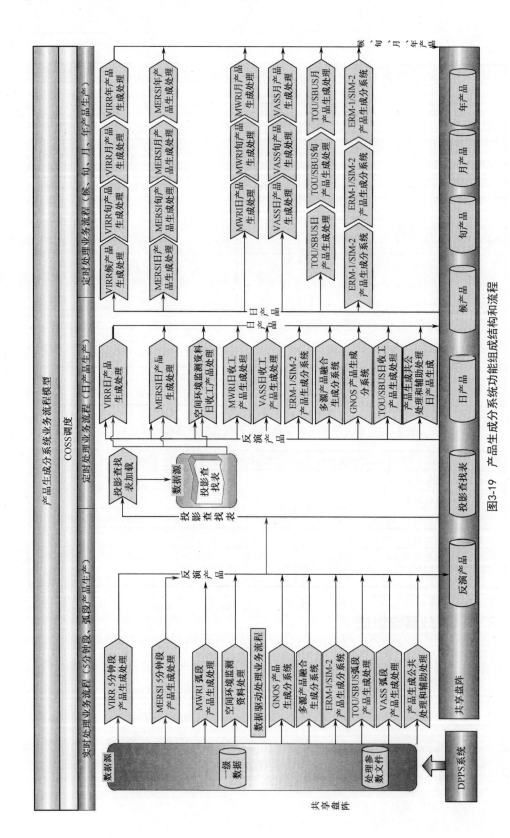

图3-19 产品生成分系统功能组成结构和流程

1. 可见光红外扫描辐射计（VIRR）产品处理子系统

可见光红外扫描辐射计产品处理子系统由 15 个产品处理软件构成，在 VIRR 一级白天／夜间轨道数据集基础上可生成 15 种大气、海洋、陆地参数产品，包括云检测、云参数（如总云量、高云量、云分类、云相态、云光学厚度、云顶温度／高度）、射出长波辐射、海上气溶胶、大气可降水量、植被指数、积雪覆盖、陆表反射率、陆表温度、海面温度、海冰、全球火点、雾、陆地气溶胶、陆表反照率。

2. 中分辨率光谱成像仪（MERSI）产品处理子系统

中分辨率光谱成像仪（MERSI）产品处理子系统由 7 个产品处理软件构成，在 MERSI 一级白天／夜间轨道数据集基础上可生成 7 种大气、海洋、陆地参数产品，包括云检测、海上气溶胶和陆地气溶胶、大气可降水量、积雪覆盖、植被指数、陆表反射率／反照率、海洋水色。

3. 微波成像仪（MWRI）产品处理子系统

微波成像仪（MWRI）产品处理子系统包括 6 个独立运行的产品处理软件，分别生成大气、海表、陆地参数产品，包括通道空间分辨率匹配数据集、地面降水、云水含量、海上大气可降水量、陆表温度、干旱和洪涝指数等产品。

4. 紫外臭氧探测仪产品处理子系统

紫外臭氧探测仪产品处理子系统主要由 2 个处理软件构成，在一级白天轨道数据基础上生成臭氧总量和臭氧垂直分布 2 种产品。

5. 地球辐射探测仪／太阳辐射探测仪（ERM/SIM）产品处理子系统

地球辐射探测仪／太阳辐射探测仪产品处理子系统含 1 个处理软件，即扫描视场大气顶辐射和云产品处理软件。

6. 空间环境监测器产品处理子系统

空间环境监测器产品处理子系统由 2 个处理软件构成，在一级沿轨道数据集基础上可以生成 4 种卫星环境和空间粒子产品，即高能粒子产品、表面电位产品、辐射剂量产品、单粒子产品。

7. 大气探测综合处理子系统

综合利用红外分光计（IRAS）、微波温度计（MWTS）、微波湿度计（MWHS）3 个不同谱段的大气垂直探测能力，辅以可见光红外扫描辐射计（VIRR）和中分辨率光谱成像仪（MERSI）的云和地表探测信息，使用同步物理反演方法，获得全天候的温度、湿度大气廓线参数信息格点产品。本子系统软件分为 6 个一级模块，即初估场生成模块、二级预处理模块、核心的同步物理反演模块、监测模块、快速辐射传输模块、格点产品生成模块。每个一级模块又有若干个二级模块。

8. 公共服务和产品辅助处理子系统

公共服务和产品辅助处理子系统基于卫星原始观测数据生成 5 分钟段、轨道二级产品进行空间投影，生成中国、全球投影日产品，并合成旬产品、月产品，以及不同投影之间的转换产品等，提高产品在天气、气候及环境监测方面的应用能力。本子系统具有哈默等面积投影、兰勃特等面积投影、等距圆柱投影、等面积圆柱投影、等经纬度投影功能，可以生成不同分辨率、覆盖中国和全球的多轨拼图，以及覆盖南极、北极的专题拼图。

风云三号气象卫星产品投影变换处理以投影变换基础库、HDF 库和数学库为基础，按照软件结构层次划分为以下 4 个部分。

（1）图像投影算法函数库。基于投影变换基础库，以面向对象方式编制，集合已知的、各种类型投影的坐标变换算法及图像投影的转换算法，设计不同的图像投影接口参数，满足各类用户的需要。

（2）风云三号气象卫星产品读写及通道配准软件包。提供风云三号气象卫星产品数据的读写接口，具有读取风云三号气象卫星一级产品的基本功能，同时具有通道数据定标计算、通道空间配准（主要针对微波辐射计）等功能。

（3）风云三号气象卫星地面应用系统产品生成分系统专用投影软件包。基于图像投影算法函数库、风云三号气象卫星产品读写及通道配准软件包、数学库，提供针对风云三号气象卫星产品的投影接口支持，根据风云三号气象卫星各类产品的特性，采用不同的图像重采样算法和插值算法，具有多轨拼接的功能。

（4）风云三号气象卫星投影命令行批处理程序。该程序是基于风云三号气象卫星地面应用系统产品生成分系统专用投影软件包的可执行模块，用于日常业务的风云三号气象卫星投影产品生成，可直接嵌入业务化流程，生成符合风云三号气象卫星规范的投影业务产品，用于存档和分发。

风云三号气象卫星常用投影数据集如下。

（1）哈默投影数据集。哈默投影分幅方案是一种主要用于陆地产品的伪圆柱等面积投影，适用于可见光红外扫描辐射计和中分辨率光谱成像仪等遥测的高分辨率数值产品。在哈默投影方式下，全球共分为 36×18 个图幅，每个图幅的分辨率大约为 10°×10°。图幅坐标系统从左上角的（0，0）（垂直计数，水平计数）开始，向下和向右延伸，右下角坐标为（17，35）。其中，很多图幅仅包含海洋，在 648 个图幅中，大约有 290 个图幅含有陆地，陆地产品在水体区域没有数据。每个图幅包含 1200×1200 个 1km 的像元或者 2400×2400 个 500m 的像元。

（2）等经纬度投影数据集。对于大气产品，采用全球等经纬度投影方式。当网格最小单位为 1°×1° 时，一幅图有 360×180 个像元。左上角网格位置（1，1）对应于（89.5° N，179.5° W）。

（3）等距圆柱投影数据集。对于海洋产品，采用全球等距圆柱投影方式（见图 3-20），以 SST 产品为例。纬度范围为-90°～90°，经度范围为-180°～180°。

图 3-20　等距圆柱投影网格，分辨率为 9km（以 SST 产品为例）

（4）极射赤面投影数据集。利用系统的投影转换功能生成，应用于冰雪和臭氧等产品，如图 3-21 所示。

3.4.5　技术方案

根据不同遥感仪器一级产品特点和应用需求，产品生成处理方式分为以下几种。

（1）逐时间段（5 分钟）处理。逐时间段（5 分钟）处理是可见光红外扫描辐射计产品生成和中分辨率光谱成像仪产品生成的处理模式，其中 250m 分辨率逐时间段（5 分钟）处理是中分辨率光谱成像仪 250m 分辨率产品生成的作业任务处理模式。

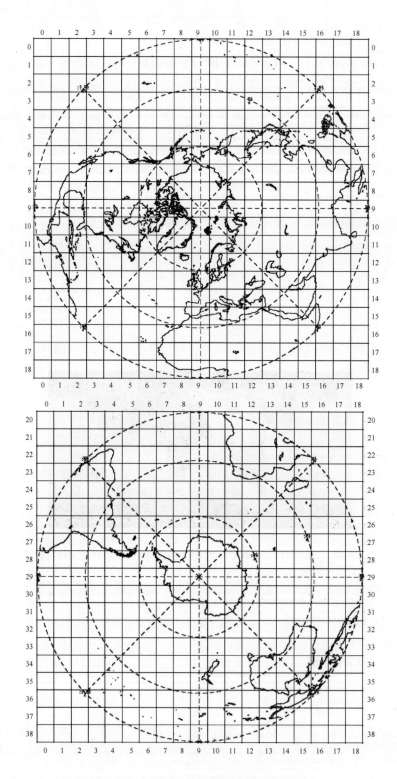

图 3-21　南半球、北半球的极射赤面投影

（2）逐弧段处理。逐弧段处理主要是对大气探测时效要求比较高的 VASS（包括 IRAS、MWTS、MWHS）和 MWRI 产品生成的作业任务处理模式。

（3）整圈处理。整圈处理是辐射收支和臭氧 ESST（ERM / SIM / SBUS / TOU）产品生成的作业任务处理模式。

（4）气候产品处理。其生成的所有日产品在盘文件上临时保存 3 个月，气候产品加工按照候、旬、月的时间节点要求定时启动相应气候产品的加工处理。

（5）产品融合合成处理。其生成 MERSI 和 VIRR 积雪覆盖融合产品。该产品作业任务处理模式为在全天（24 小时）288 个 MERSI 积雪覆盖中间文件和 288 个 VIRR 积雪覆盖中间文件全部生成后，以投影查找表形式对全天所有中间文件进行投影、重叠区拼接和日产品合成收工作业，生成积雪覆盖合成产品。

1. 可见光红外扫描辐射计（VIRR）产品

可见光红外扫描辐射计（VIRR）产品生成子系统输入一级数据，包括全球数值预报数据、常规气象观测数据及静态辅助数据，生成云检测产品、VIRR-MERSI 积雪覆盖产品、云光学厚度和云顶温度 / 高度产品、全球云量和云分类产品、射出长波辐射产品、海上气溶胶产品、晴空大气可降水量产品、大雾监测产品、火点判识产品、海冰监测产品、沙尘监测产品、陆表反射率产品、陆表温度产品、植被指数产品、海面温度产品。其生成处理流程如图 3-22 所示。

1）VIRR 云检测产品（CLM）

VIRR 云检测产品采用多特征（单通道或通道组合）阈值方法进行云识别和检测；在单特征云检测基础上，通过综合云检测方案确定最终的像元是"云"或"晴"的属性，并给出云和晴空判识的可信度。VIRR 云检测过程包括单特征阈值云检测和综合云检测两个环节。

2）VIRR-MERSI 积雪覆盖产品（SNC/SNF）

使用分类树阈值法得到 VIRR 5 分钟段积雪覆盖判识结果，通过贝叶斯分类结合阈值判别法得到 MERSI 5 分钟段积雪覆盖判识结果，并分别生成 VIRR 日积雪覆盖数据和 MERSI 日积雪覆盖数据。在此基础上，融合生成 VIRR-MERSI 日积雪覆盖产品，并统计生成 VIRR-MERSI 日云 / 雪覆盖率产品。VIRR-MERSI 旬/月积雪覆盖产品，是在 VIRR-MERSI 日积雪覆盖产品基础上合成得到的；相应地，VIRR-MERSI 旬 / 月云 / 雪覆盖率产品则是通过统计 VIRR-MERSI 旬 / 月积雪覆盖产品得到的。

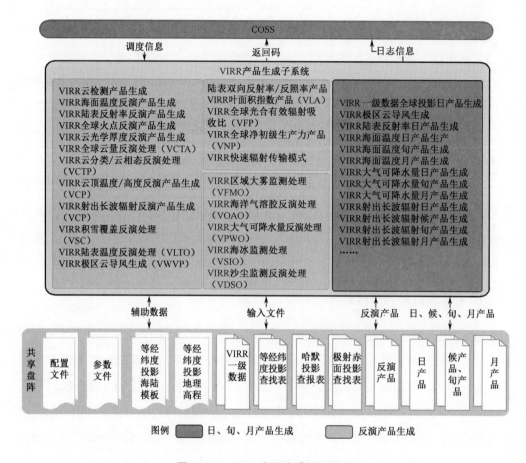

图 3-22　VIRR 产品生成处理流程

3）VIRR 云光学厚度和云顶温度/高度产品（CPP）

利用可见光通道云光学厚度及云的光学参数，采用光学斜程订正计算、估算红外通道云光学厚度。如果订正后的云光学厚度小于阈值，则判定亮度温度是云顶温度和云下大气、下垫面向上射出辐射的总和；当云光学厚度大于阈值，并且透过率小于1%时，判定云不透明，此时红外通道亮度温度即云顶温度；当云光学厚度较小，并且判定云为半透明时，就可以在估算云透射率之后，将云的射出辐射转化为云顶温度。在获取云顶温度之后，再利用数值预报分析场得到的温度廓线数据，就可以反演得到相应的云顶高度数据（云顶气压）。

通过反演辐射查找表生成、云顶温度的反演、云顶高度的估计等步骤，可以生成VIRR 云光学厚度和云顶温度/高度产品。

4）VIRR 全球云量和云分类产品（CAT）

以辐射传输方程为理论计算依据，计算得到总云量。基于云检测产品，结合地表覆盖类型数据，利用可见光通道、红外通道、近红外通道的光谱和纹理特性，采用阈值方法对有云像元进行相态识别，得到云相态产品；采用阈值方法对有云像元进行高云、中云、低云识别，得到云分类产品；计算区域内高云像元发射辐射占区域总发射辐射的百分比，生成高云量产品。

通过利用可见光通道、红外通道数据寻找完全云盖条件下有云像元的反射率或亮温、中高云和 CH_4 的亮温、薄卷云和破碎云识别、近红外通道冰水相态识别、高云/中云／低云识别、破碎云滤除等步骤，生成 VIRR 全球云量和云分类产品。图 3-23 是总云量、高云量、云分类、云相态的全球日产品。从图中可以看到，全球总云量较多，在赤道辐合带由于对流旺盛，高云相对较多，并且多为冰云相态。

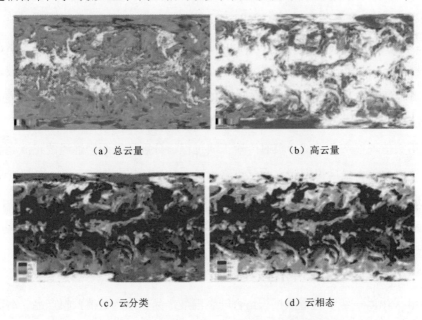

(a) 总云量　　　　　　　　　　　　　　(b) 高云量

(c) 云分类　　　　　　　　　　　　　　(d) 云相态

图 3-23　VIRR 总云量、高云量、云分类和云相态的全球日产品

5）VIRR 射出长波辐射产品（OLR）

利用 VIRR 通道 5 热红外辐射率数据，通过统计回归方程计算 OLR，再对测点进行等经纬度投影，生成白天、夜间全球 OLR 格点场，并进行日平均计算，生成日平均全球 OLR 格点场。对日平均全球 OLR 格点场进行 10°N×10°E 截取，生成全球 648 个日平均分幅 OLR 格点场产品。

通过红外通道辐射率计算、等效亮度温度计算、通量等效亮度温度（通量等效黑体辐射温度）计算、射出长波辐射通量密度（OLR）计算、日平均 OLR 计算等步骤，生成 VIRR 射出长波辐射产品。

6）VIRR 海上气溶胶产品（ASO）

VIRR 海上气溶胶产品生成采用了双通道的暗像元算法。输入 VIRR 一级数据及 VCM 云检测产品，结合全球数值预报分析场、全球臭氧和水汽总量气候数据等，假设用于气溶胶动态模型确定的两个波段（目前采用通道 2 和通道 6）无离水辐射影响，通过非气溶胶辐射订正，采用查找表方法确定气溶胶模型并进行参数估算，得到海面上空的气溶胶光学厚度和 Ångström 波长指数。

通过气体吸收修正、洋面白帽和耀斑反射订正、气溶胶模型动态确定、光学厚度估算等步骤，生成 VIRR 海上气溶胶产品。

7）VIRR 晴空大气可降水量产品（TPW）

在没有水汽时，11μm 通道和 12μm 通道的大气透过率基本一致。由于水汽的存在，使得 11μm 通道和 12μm 通道的大气透过率有差别。大气透过率不同引起仪器两个波段探测辐射值的不同。利用水汽在 VIRR 红外窗区这两个相邻波段的吸收差异，确定两个通道亮温差与大气可降水量的直接关系，达到反演大气可降水量的目的。

利用数值预报产品，结合辐射传输正演过程，分别计算两个通道的正演亮温和卫星实测亮温之差，最后得到晴空大气可降水量。VIRR 晴空大气可降水量日、旬、月产品的形式是一致的，图 3-24 是晴空大气可降水量日产品示例，图 3-24（a）、图 3-24（b）分别是白天和夜间的晴空大气全球可降水量日产品 0.05°×0.05° 的等经纬度投影分布，单位为 mm。

8）VIRR 大雾监测产品（FOG）

利用 VIRR 一级多通道数据，结合陆表温度产品，以及数值预报产品、海面温度气候数据、地面高程、地理信息等辅助数据，通过通道光谱特性判识，生成能反映区域大雾特征的产品，如中国陆地区域大雾监测产品、全球海洋大雾监测产品。

大雾监测的关键是如何准确地识别大雾和低云、大雾和冰雪，通常采用多光谱和多参数综合比较分析方法。例如，利用 VIRR（通道 11 与通道 3.7）的亮温差，并结合太阳光谱反射通道、短波红外窗通道、归一化积雪指数等，判别出高云、太阳耀斑、碎积云，滤除水体和植被等地表像元，最后确定雾像元，生成 VIRR 大雾监测产品。

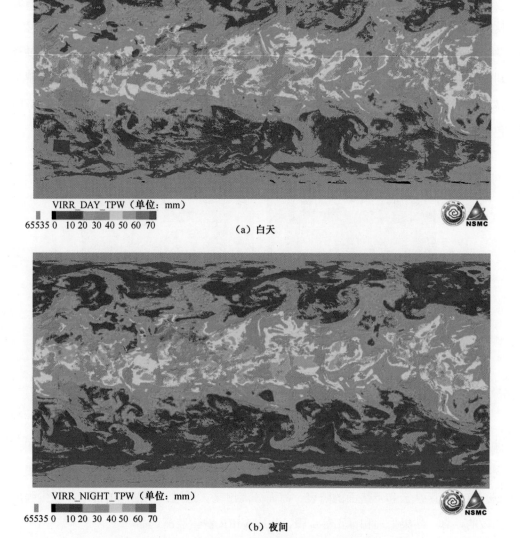

VIRR_DAY_TPW（单位：mm）

65535 0　10 20 30 40 50 60 70

（a）白天

VIRR_NIGHT_TPW（单位：mm）

65535 0　10 20 30 40 50 60 70

（b）夜间

图 3-24　VIRR 白天和夜间晴空大气全球可降水量日产品

9）VIRR 火点判识产品（GFR）

利用 VIRR 的一级全球 5 分钟段数据和云检测日产品，经等经纬度投影后生成 5°×5° 的局域图像。根据分区火点判识阈值，对局域图像进行火点判识，提取火点像元信息（包括亚像元火点面积估算、火点像元强度、可信度等），生成局域图像的火点像元信息列表，在此基础上生成 5 分钟段数据的火点像元信息表。另外，每日定时将当日所有 5 分钟段的火点像元信息表合并，生成全球火点像元信息列表日产品。

10）VIRR 海冰监测产品（SIC）

输入 VIRR 一级数据和云检测产品，依据海冰与海水在可见光通道和近红外通道反射率有较明显差异，以及海冰与海水在红外通道亮温有差异的特点，剔除云信息，并借助海陆标识数据屏蔽陆地，判识海冰信息。通过基于反射特性的海冰判识，以及利用海冰／水表面温度的海冰判识等步骤，生成 VIRR 海冰监测产品。如图 3-25 所示是 VIRR 南半球和北半球海冰覆盖日产品的极射赤面投影，分辨率为 1km。图中，白色为海冰，深蓝色为水体，灰色为陆地，青色为云。

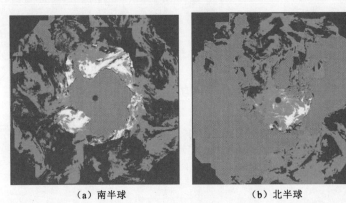

（a）南半球   （b）北半球

图 3-25　VIRR 南半球和北半球海冰覆盖日产品的极射赤面投影

11）VIRR 沙尘监测产品（DST）

沙尘监测处理的基本原理是，穿行大气的辐射被云、沙尘粒子、气溶胶和大气气体分子吸收、散射后发生了变化，这些吸收、散射改变了电磁辐射的强度、频率和方向，这些大气中的相互作用对可见光和红外辐射影响最大。利用 VIRR 的多波段数据，将沙尘区从云和下垫面的陆表、海面分离出来。通过沙尘信息的提取、沙尘强度指数的计算、结果处理和订正等步骤，生成 VIRR 沙尘监测产品。

12）VIRR 陆表反射率产品（LSR）

VIRR 陆表反射率产品利用 VIRR 通道 1、通道 2、通道 7、通道 8 和通道 9 的一级数据，以及大气水汽、气溶胶及臭氧基础数据集，借助大气辐射传输模拟计算，反演得到晴空陆地表面半球入射、锥形立体角测量的反射率。由于 VIRR 的瞬时视场（IFOV）很小（<0.05°），陆表反射率可以近似为半球入射、方向观测的反射率。利用大气辐射传输模型预先建立查找表，通过大气气体吸收订正、大气气体分子瑞利散射订正、气溶胶散射和吸收订正、卷云订正、表面 BRDF 和大气耦合效应订正等步

骤，生成 VIRR 陆表反射率产品。

13）VIRR 陆表温度产品（LST）

输入 VIRR 一级数据中通道 4、通道 5 的亮温数据，结合陆表发射率数据库数据，通过大气辐射传输模拟计算地表热辐射特性，改进局地分裂窗算法进行陆表温度反演，并经过去云处理和质量检验，反演得到陆表温度产品。通过局地分裂窗算法、Becker 算法改进与陆表温度反演等步骤，生成 VIRR 陆表温度产品。

14）VIRR 植被指数产品（NVI）

VIRR 植被指数是归一化差分植被指数（NDVI），取值限定在[-1，1]。由于利用了植被冠层对电磁波谱中红外和近红外两个谱段反射能量的光谱对比特性，NDVI 对植被测量是强有力的，同时也很敏感。通过 BRDF 合成、约束视角最大值合成（CV-MVC）、植被指数直接计算、最大值合成（MVC）等步骤，生成 VIRR 植被指数产品。如图 3-26 所示是 VIRR 全球归一化差分植被指数（NDVI）合成旬产品，植被指数有效范围为 -1～1，图中由白色至深绿色植被指数逐渐增大。植被指数与地表类型有较好的对应关系，沙漠、雪地的植被指数偏小，草原的植被指数较大，森林的植被指数最大。

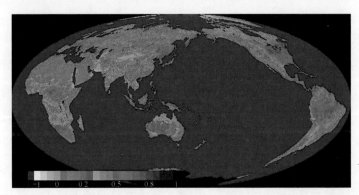

图 3-26　VIRR 全球归一化差分植被指数合成旬产品

15）VIRR 海面温度产品（SST）

海面温度反演依据普朗克黑体辐射定律，由于海面的反射率非常小，也就是说，海面在红外大气窗区波段可以近似被认为是黑体，即海水的发射率在红外波段可以假定为 1。VIRR 通道 4 和通道 5 的波段分别是 $10.3～11.3\mu m$ 和 $11.5～12.5\mu m$，位于大气窗区波段内。假定：第一，海水近似为黑体，比辐射率等于 1；第二，大气窗区的水汽吸收很弱，大气的水汽吸收系数可以看作常数；第三，大气温度与海面温度相差不大，黑体辐射公式可以采用线性近似。采用多通道回归算法（MCSST）来反演海面温度。通过海面温度样本数据匹配、SST 反演处理、独立的样本数据质量评价等步骤，生成 VIRR 海面温度产品。

2. 中分辨率光谱成像仪（MERSI）产品

中分辨率光谱成像仪产品生成子系统主要基于 1000m 和 250m 空间分辨率的 MERSI 一级数据，生成关于云检测、陆上气溶胶、陆上大气可降水量、海洋水色、陆表反射率、植被指数等产品。中分辨率光谱成像仪产品生成子系统处理流程如图 3-27 所示。

1）MERSI 云检测产品（CLM）

MERSI 云检测产品基于 MERSI 一级数据，采用 MODIS 云检测算法，考虑太阳耀斑的影响，根据自动的纹理分类、多光谱云检测和可信度等级计算等过程生成基于单一像元的云检测产品。通过检验夜间海洋表面冷云，识别陆地、海洋、雪／冰，用于雪／冰上的云检测，进行白天水上云检测，识别海洋及冰雪下垫面上的云检测，纠正对水陆混合区、浅水区、太阳耀斑区等区域的晴空误判等步骤，生成 MERSI 云检测产品。

2）MERSI 陆上气溶胶产品（ASL）

陆上气溶胶产品生成要输入 MERSI 一级数据，选择业务上通用的暗像元算法。在植被地区，利用 2.1μm 通道卫星观测表面反射率建立的统计经验公式确定可见光通道红光、蓝光的地表反射率，地表反射率与晴空大气可见光、近红外辐射传输模式计算的透过率等参数可用于计算反演通道的模拟观测值，进而实现模拟观测值与实际可见光通道红光、蓝光卫星观测值的最优匹配，进行多波长植被地区上空气溶胶光学厚度反演。通过暗像元算法，以及晴空、无冰／雪／水体覆盖的陆上气溶胶光学厚度反演和 Ångström 波长指数计算等步骤，可以生成 MERSI 陆上气溶胶产品。

3）MERSI 陆上大气可降水量产品（PWV）

输入 MERSI 一级产品、云检测产品，结合全球数值预报分析场数据、全球臭氧和水汽总量气候辅助数据等，采用基于差分的吸收方法，即选用一个近红外水汽吸收通道及与其临近的一个或两个窗区通道。由于在窗区通道，大气中的吸收物质不起作用，

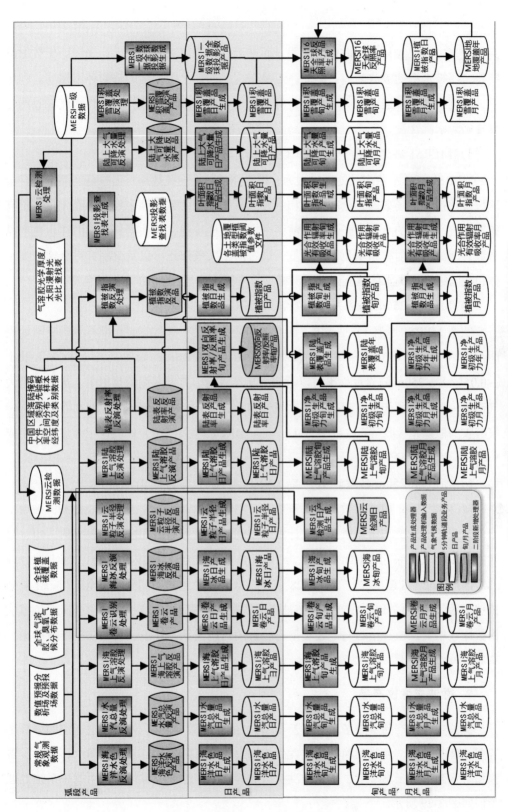

图 3-27 中分辨率光谱成像仪产品生成子系统处理流程

穿行于其中的光线只受到散射的削弱；而在近红外水汽吸收通道上，光线除受散射影响外，还被水汽的吸收削弱。因此，卫星在这些通道上观测到的辐射各不相同。利用卫星观测的这两种通道在吸收上的差异，通过合适的吸收模式就可以将水汽吸收的信息转化为水汽含量。

4）MERSI 海洋水色产品（OCC）

MERSI 海洋水色产品处理过程为，输入 MERSI 一级数据、云检测产品，结合全球数值预报分析场数据、全球臭氧和水汽总量气候辅助数据等，经过海上大气修正查找表和统计模型的水色因子浓度反演两个主要处理步骤，反演得到两类海洋水色产品参数，即离水反射率和水色因子浓度。通过海上大气修正，以及分别针对全球一类水体和我国近海二类水体建立统计反演模型等步骤，生成 MERSI 海洋水色产品。

5）MERSI 250m 陆表反射率产品（LSR）

使用 MERSI 通道1、通道2、通道3 和通道4 的一级数据，反演得到晴空陆地表面半球入射、锥形立体角测量的反射率。由于 MERSI 的瞬时视场（IFOV）很小（<0.05°），250m 陆表反射率可以近似为半球入射、方向观测的反射率。通过利用大气辐射传输模型预先建立查找表、大气气体吸收订正、大气气体分子瑞利散射订正、气溶胶的散射和吸收订正、卷云订正、表面 BRDF 和大气耦合效应订正等步骤，生成 VIRR 陆表反射率产品。

6）MERSI 250m 植被指数产品（NVI）

MERSI 250m 植被指数产品基于 250m 空间分辨率的一级 5 分钟段数据，采用归一化差分植被指数和增强植被指数计算、空间哈默投影和时间合成处理得到。旬、月时间尺度合成，采用 BRDF 合成、约束视角最大值合成（CV-MVC）、最大值合成（MVC）等方法处理生成，如图 3-28 所示，MERSI 250m 空间分辨率全球归一化差分植被指数（NDVI）旬合成产品，植被指数的有效范围为-1～1，由白色至深绿色植被指数逐渐增大。植被指数与地表类型有较好的对应关系，沙漠、雪地植被指数偏小，草原植被指数较大，森林植被指数最大。

3. 微波成像仪产品

微波成像仪产品生成子系统基于 MWRI 的一级数据，在 MWRI 通道空间分辨率匹配处理基础上，通过反演处理过程生成海上大气可降水量、云水和降水、海冰、雪深和雪水当量、土壤湿度、干旱和洪涝指数等产品。微波成像仪产品生成子系统处理流程如图 3-29 所示。

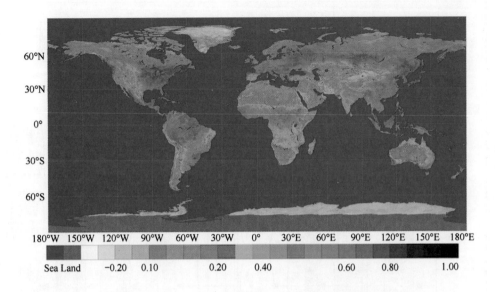

图 3-28　MERSI 250m 空间分辨率全球归一化差分植被指数旬合成产品

1）MWRI 通道空间分辨率匹配数据集产品（MMR）

MWRI 通道空间分辨率匹配数据集产品以 Bakus-Gilbert 算法为基础，通过高分辨率通道天线方向图来模拟低分辨率天线增益，对每个像素生成一组权重系数，通过卷积将高分辨率像元亮温重采样到低分辨率像元亮温，或者将低分辨率像元亮温重采样到高分辨率像元亮温。MWRI 通道空间分辨率匹配数据集产品以 MWRI 预处理子系统生成的一级 HDF 格式亮温轨道产品为输入，生成 4 种不同分辨率的通道匹配亮温数据。

2）MWRI 极区海冰覆盖度产品（SIC）

基于 MWRI 的一级数据，针对对应通道亮温分别计算不同通道组合的旋转极化梯度比、频率梯度比差，随后针对上述计算结果建立与各种典型海冰模拟旋转极化梯度比、频率梯度比差之间的代价函数，经过迭代后得到每个像元内不同海冰类型覆盖度的最佳组合，将每种海冰类型覆盖度相加后得到该像元内的总海冰覆盖度，从而得到海冰覆盖度产品。通过 12.5km 重采样、海陆模板掩膜、空间插值、海岸线掩膜、海温掩膜等过程，生成 MWRI 极区海冰覆盖度产品。

3）MWRI 陆表温度产品（MLT）

MWRI 陆表温度产品生成的输入为 MWRI 二级 EASE-GRID 投影亮温数据，通过多元线性回归方法得到每个网格的陆表温度反演结果。基于经过地理定位和辐射

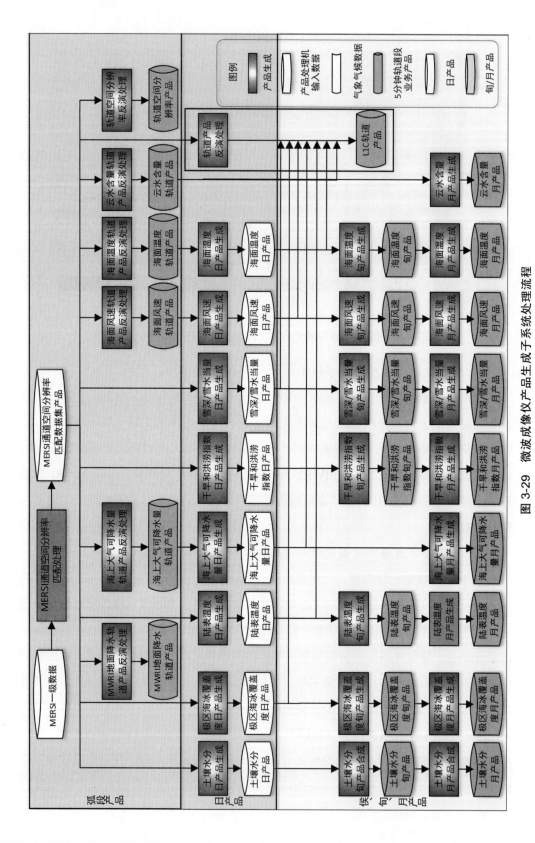

图 3-29　微波成像仪产品生成子系统处理流程

定标的 MWRI 一级 18.7H、23.8V、36.5V、89V 共 4 个通道的亮温数据，先进行 EASE-GRID 网格投影，将每天的升轨、降轨各 14 轨上述通道的一级轨道亮温数据投影至 EASE-GRID 网格上，再经过积雪表面剔除、降水像元剔除等步骤，从全球范围内划分的 6 个纬度带、16 种陆表类型，以及从时间尺度上划分的 12 个月，共 1152 组多元线性回归参数中选取对应的一组参数，对上述每个网格内的 4 个通道亮温数据进行回归，最终得到每个 EASE-GRID 网格内的陆表温度。

4）MWRI 干旱与洪涝指数产品（MFD）

利用经过通道间分辨率匹配的 MWRI 一级数据，结合地表覆盖分类数据，检测强降水、积雪、沙漠等像元，并对该类像元和海洋进行掩膜后计算陆地区域的干旱与洪涝指数。通过用 GPROF 算法识别降水，基于 19GHz 极化亮温差判识沙漠区域，定义 10.65GHz 和 18.7GHz 的微波极化比为洪涝指数，将基于 10.65GHz、36.5GHz 和 89GHz 观测值定义得到的反映土壤湿度变化的 Basist 指数定义为干旱指数。基于以上步骤就生成了 MWRI 干旱与洪涝指数产品。

5）MWRI 海上大气可降水量产品（TPW）

输入 MWRI 一级轨道数据及极区海冰覆盖度轨道数据，对观测视场进行海陆、海冰覆盖及降水判识，利用 MWRI 各通道观测亮温与大气可降水量之间的统计关系，计算海上非降水像元的大气可降水量。通过海陆掩膜，基于 MWRI 海冰覆盖度产品进行海冰识别与剔除，基于散射指数计算进行降水判识，利用 MWRI 各通道观测亮温与海上大气可降水量之间的统计关系对海上非降水像元进行大气可降水量计算等，从而生成 MWRI 海上大气可降水量产品。如图 3-30 所示为 MWRI 海上大气可降水量分布候产品（5 天合成），单位为 mm。

6）MWRI 降水和云水产品（MRR）

MWRI 降水和云水产品基于 MWRI 一级微波辐射数据，通过质量控制（剔除质量有问题或太阳耀斑角太小的像元）、像元降水筛选（分陆地、海上、冰面和海陆边界 4 种情况），在判别出降水和非降水区域后，利用统计和物理相结合的反演方法进行降水和云水反演得到。通过对各通道的辐射亮温进行质量控制，确定每个像元的地表类型（分陆地、海上、冰面和海陆边界 4 种情况），对不同下垫面区提取其吸收、散射特征，判别出像元有/无降水，在陆地采用统计反演法、散射法，在海上采用统计和物理相结合的反演方法进行降水反演，采用统计反演法进行云水含量的反演等，从而

生成 MWRI 降水和云水产品。

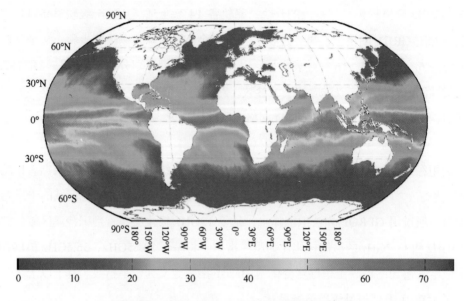

图 3-30　MWRI 海上大气可降水量分布候产品

4. 大气探测综合处理产品

综合利用风云三号气象卫星 3 个大气垂直探测遥感仪器，即红外分光计（IRAS）、微波温度计（MWTS）和微波湿度计（MWHS）探测数据预处理生成的一级数据、全球数值预报产品和静态辅助数据，生成 VASS 1C 数据、MWHS 降水检测产品、综合大气温度/湿度廓线产品、IRAS 射出长波辐射产品、MWHS 冰水厚度指数产品。大气探测综合处理子系统处理流程如图 3-31 所示。

1）VASS 1C 数据

输入 IRAS 一级数据，保留其中的通道辐射亮温、IRAS 像元观测时间、像元地理信息、观测几何信息和预处理质量标记等，以及匹配到 IRAS 像元的 VIRR 云检测数据、匹配到 IRAS 像元的 MWHS 海上微波降水检测数据，合并生成 IRAS L1C 产品。

输入 MWTS 一级数据，保留其中的通道辐射亮温、MWTS 像元观测时间、像元地理信息、观测几何信息和预处理质量标记等，以及匹配到 MWTS 像元的 VIRR 云检测数据、匹配到 MWTS 像元的 MWHS 海上微波降水检测数据，合并生成 MWTS L1C 产品。

输入 MWHS 一级数据，保留其中的通道辐射亮温、MWHS 像元观测时间、像元地理信息、观测几何信息和预处理质量标记等，以及匹配到 MWHS 像元的 VIRR 云检测数据、MWHS 海上微波降水检测数据，合并生成 MWHS L1C 产品。

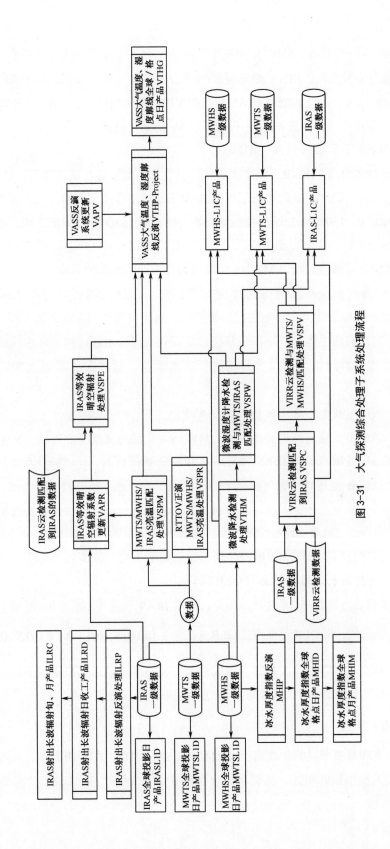

图 3-31　大气探测综合处理子系统处理流程

基于 IRAS 一级数据、MWTS 一级数据和 MWHS 一级数据的 VASS 融合数据，保留其中的通道辐射亮温、IRAS 像元观测时间信息、像元地理信息、观测几何信息和预处理质量标记等，以及匹配到 IRAS 像元的 VIRR 云检测数据、匹配到 IRAS 像元的 MWHS 海上微波降水检测数据，合并生成 VASS L1C 产品。

2）MWHS 降水检测产品（RDT）

降水对 150GHz 和 183GHz 频率微波辐射特性影响的敏感性试验表明，150GHz 频率微波辐射特性对降水响应的动态范围比 183GHz 频率微波辐射特性大，当瞬时雨强达到 0.8mm/s 时，150GHz 的通道亮温就开始下降；对 183GHz 的通道而言，当瞬时雨强大于 1.2mm/s 时，通道亮温才开始下降。因此，可以根据 150GHz 通道亮温对降水的响应来确定合理阈值，判识 MWHS 探测像元是否受到降水的污染。

MWHS 降水检测产品的得到过程如下：对基于经过地理定位和辐射定标的 MWHS 通道微波辐射数据，首先进行质量控制，剔除质量有问题或太阳耀斑角太小的像元；然后对所有海上像元进行降水筛选，从而判别出降水区域和非降水区域，并根据上述统计和物理相结合的反演方法进行降水反演；最后在此基础上判识出像元的降水情况。

3）综合大气温度／湿度廓线产品（AVP）

利用 IRAS 20 个通道红外亮温数据、MWTS 4 个通道微波亮温数据、MWHS 5 个通道微波亮温数据和匹配到 IRAS 像元的 VIRR 云检测数据，通过统计反演法得到空间分辨率为 17km 的逐轨道大气温度／湿度廓线产品。通过预报因子的选择、卫星观测角度的分类，建立统计样本库，计算统计回归系数，进行大气温度／湿度廓线协同反演，生成综合大气温度／湿度廓线产品，风云三号气象卫星 B 星 500hPa 全球温度／湿度分布产品和反演的温度／湿度产品剖面分别如图 3-32、图 3-33 所示。

4）IRAS 射出长波辐射产品（OLR）

IRAS 射出长波辐射产品的生成原理是，利用 IRAS 通道 7、通道 9、通道 11、通道 13 的辐射率测量值，用 OLR 反演模式 $OLR = a_0 + \sum_{i=1}^{4}\left[a_i(\theta)N_i(\theta)\right] + \sum_{i=1}^{4}\left[b_i(\theta)N_i^2(\theta)\right]$ 计算得到，再对测点进行等经纬度投影，生成白天、夜间全球射出长波辐射格点场，在此基础上进行日平均计算，生成全球射出长波辐射格点场日平均产品。

5. ESST 产品

辐射收支和臭氧产品的生成基于 ERM/SIM/SBUS/TOU 的一级数据，通过反演处理过程生成大气顶辐射和云、臭氧垂直廓线和臭氧总量等产品。ESST 产品处理流程如图 3-34 所示。

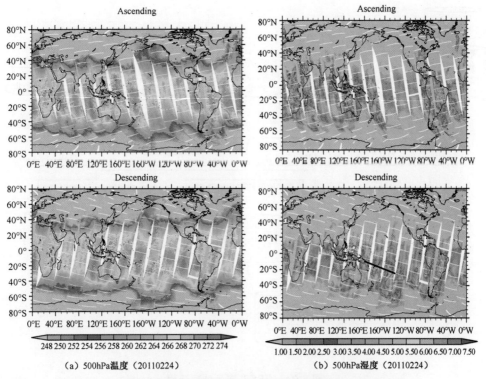

（a）500hPa温度（20110224）　　　　　（b）500hPa湿度（20110224）

图 3-32　风云三号气象卫星 B 星 500hPa 全球温度／湿度分布产品

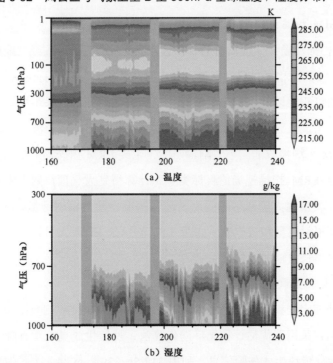

图 3-33　风云三号气象卫星 B 星反演的温度／湿度产品剖面（图 3-32 中黑色直线处）

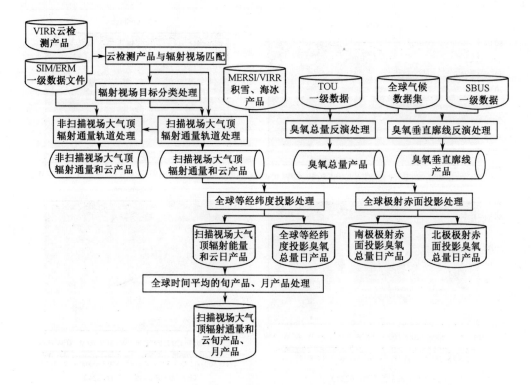

图 3-34　ESST 产品处理流程

1）ERM/SIM 扫描视场大气顶辐射通量和云产品（FTS）

ERM/SIM 扫描视场大气顶辐射通量和云产品生成处理：输入经过地理定位和辐射定标的 ERM 一级数据和经过日地距离、角度订正和相对辐射定标的 SIM 一级数据，进行太阳高度角订正，以及仪器光谱响应影响的去滤波处理，采用视场角度分布模型计算辐射通量，生成大气顶向上反射太阳辐射通量和射出地球长波辐射通量。具体步骤为：计算 ERM 视场接收的向下太阳辐照度，生成 ERM 扫描辐射观测视场的云量和地表覆盖，确定 ERM 扫描视场的目标类型，计算得到大气顶反射太阳辐射和射出长波辐亮度数据，将反射太阳辐射和射出长波辐亮度转换为辐射通量，生成 ERM/SIM 扫描视场大气顶辐射通量和云产品。如图 3-35 所示是 ERM 大气顶向上的反射太阳短波辐射通量、射出长波辐射通量产品示例。

2）SBUS 大气臭氧垂直廓线产品（OZP）

基于经过地理定位和辐射定标的 SBUS 一级太阳辐照度观测数据和大气紫外后向散射辐亮度数据，采用最优估计和循环迭代算法，反演生成臭氧垂直廓线轨道产品。利用先验信息生成模块生成先验信息，利用 312.5～339.8nm 共 4 个长波通道观测数据

估计臭氧总量、初估臭氧垂直廓线、云盖百分率、视场有效气压和有效反照率，迭代
计算得到大气臭氧垂直廓线产品。如图 3-36 所示是 SBUS 臭氧垂直廓线数据产品示
例，图 3-36（a）、图 3-36（b）、图 3-36（c）、图 3-36（d）分别对应 100hPa、63.1hPa、
40hPa 和 15.8hPa 高度的臭氧分布，采用北半球极射赤面投影。图 3-37 所示是中国区
域 115°E～120°E 不同高度臭氧分布随纬度变化的剖面图。

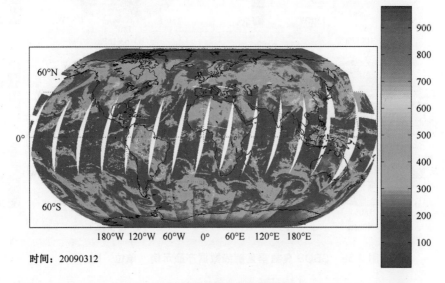

时间：20090312

（a）反射太阳短波辐射通量

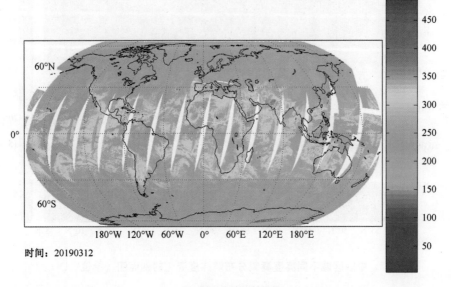

时间：20190312

（b）射出长波辐射通量

图 3-35　ERM 大气顶向上反射的太阳短波、射出长波辐射通量产品示例（单位：W/m²）

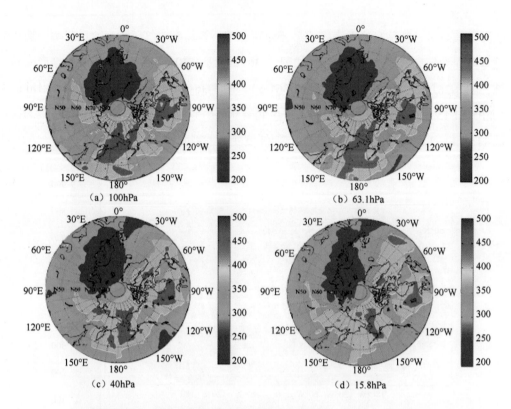

图 3-36　SBUS 臭氧垂直廓线数据产品示例（单位：DU）

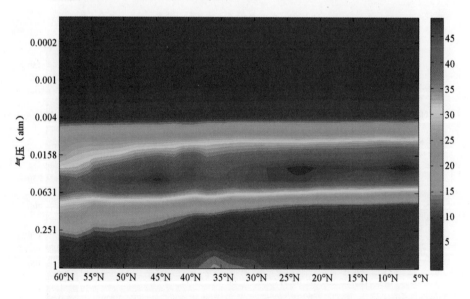

图 3-37　中国区域不同高度臭氧分布随纬度变化的剖面图（单位：DU）

3）TOU 臭氧总量产品（TOZ）

臭氧总量产品是指利用地理定位和辐射定标的 TOU 一级数据，经过辐射订正、云量估计、正演辐射计算、单像元臭氧总量初估值和精确值反演后得到的轨道逐像元臭氧总量。基于臭氧总量轨道产品，经过空间投影、去重复、光滑，可以生成全球臭氧总量日产品。利用辐亮度订正系数对各通道、各扫描方向的辐亮度进行辐射订正，利用通道 360nm 辐亮度计算像元内的云量和像元内的有效云量，基于臭氧总量辐射查找表确定臭氧总量的初估值，选择 3 个合适通道迭代计算生成大气臭氧总量产品。如图 3-38 所示为极射赤面投影 30°S 以南臭氧总量日产品示例。

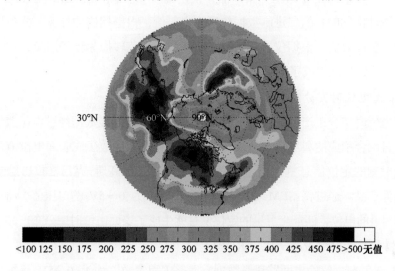

图 3-38　极射赤面投影 30°S 以南臭氧总量日产品

6. 多源融合积雪产品

VIRR-MERSI 积雪产品（SNC/SNF），基于 VIRR 和 MERSI 的一级数据，通过 VIRR/MERSI 积雪覆盖反演、日积雪覆盖融合、旬／月积雪覆盖合成、日／旬／月云／雪覆盖度计算等过程生成。利用 VIRR 和 MERSI 观测通道数据、观测角度数据，确定像元为积雪、冰、晴空陆地、晴空水体、云等，分别生成 VIRR 积雪覆盖日产品和 MERSI 积雪覆盖日产品（包括 VIRR 积雪覆盖判识和 MERSI 积雪判识），以直接比较融合取舍等级大小为主，以季节、地表类型、高程等信息取舍规则为辅的方式，融合生成 VIRR-MERSI 积雪覆盖日产品。结合土地利用类型，采用统计求平均法，得到日／旬／月云／雪覆盖度。

7. 空间环境监测器产品

空间环境监测器产品生成子系统具有数据获取、定位数据匹配、数据产品生成、图像产品生成、产品存储 5 个功能，生成高能粒子时空分布产品、表面电位时空分布产品、辐射剂量时空分布产品和单粒子时间数据产品。

1）高能粒子时空分布产品（EPP）

高能粒子时空分布产品的主要生成过程为，由 SEM 零级数据经过电压值计算得到计数值，再配合相应的科学算法、仪器几何因子和修正系数生成流量值，依据卫星相应时刻的定位信息生成时空分布产品，使用高斯-克吕格投影绘制生成全球分布图像产品。通过将 SEM 的二进制数据转换为电压值，根据相应的计算公式将模拟电压值转换为测量计数值，根据仪器几何因子将测量计数值转换为粒子通量，粒子通量附有卫星的定位信息就生成了高能粒子时空分布产品。

2）表面电位时空分布产品（SPP）

表面电位时空分布产品的主要生成过程为，由 SEM 零级数据经过电压值计算得到计数值，再配合相应的科学算法、仪器几何因子和修正系数生成表面电位值，再依据卫星相应时刻的定位信息就生成了时空分布产品，使用高斯-克吕格投影绘制生成全球分布图像产品。通过将 SEM 电位二进制数据转换为 0～5V 的电压值，将电压值转换为实际测量的电位，匹配上卫星的定位信息就生成了表面电位时空分布产品。

3）辐射剂量时空分布产品（RDP）

SEM 辐射剂量仪输出两路科学数据、两路工程参数，均为 0～5V 模拟量输出。两路科学数据量程分为高精度（D12）、大量程（D11）两种，其对应剂量量程分别为 0～5×10³rad 和 0～2×10⁴rad。首先将 SEM 二进制数据转换为 0～5V 电压值，然后根据相应的转换公式将电压值转换为剂量值，匹配上卫星的定位信息就生成了辐射剂量时空分布产品。

4）单粒子时间数据产品（SPE）

SEM 的单粒子试验主要对试验器件国产 CPU SM9950 芯片进行电流监测，监测是否有单粒子翻转发生。当试验器件发生单粒子翻转事件时判断事件类型，对试验器件进行复位或开关控制，并且将记录事件的数据结果传输给空间环境远置单元，通过卫星平台传输到地面进行分析。本子系统生成的单粒子发生的时间、空间和类别产品，可用于研究单粒子发生的时间规律与空间天气的关系，并间接预警卫星运行环境，对未来卫星设计和轨道安全预警有重要作用。

8. 公共服务和产品辅助处理子系统

风云三号气象卫星公共服务和产品辅助处理子系统的信息处理分为 3 种类型：投影综合数据集处理，未投影产品投影变换，已投影产品投影转换。它们的处理对象各不相同，但都为产品生成这个同一目的服务。投影综合数据集处理软件以预处理后的一级产品作为输入，其输出的结果包括定标后的各通道对地观测数据和辅助信息，作为中间数据用于下一级产品的生成；未投影产品投影变换的目的是将某些由一级数据直接生成的轨道扫描形式的产品变换为标准投影类型的产品；已投影产品投影转换是为了满足用户的一些特殊需求，将标准投影类型的产品转换为指定投影类型的产品，具体处理流程如图 3-39 所示。

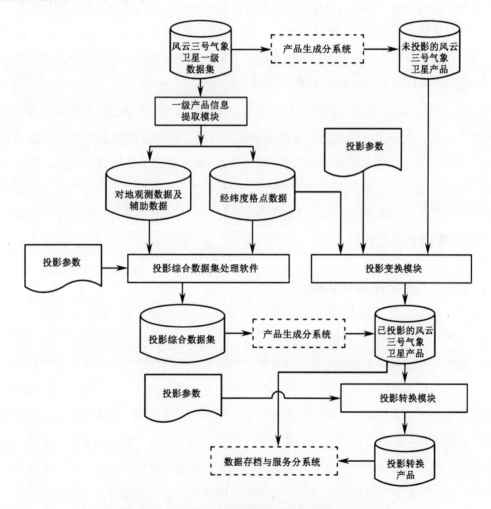

图 3-39　公共服务和产品辅助处理子系统信息流程

3.5 监测分析服务分系统

3.5.1 概述

监测分析服务分系统（MAS）使用风云三号气象卫星遥感信息产品及其他辅助信息直接面向用户提供灾害、环境监测应用服务，充分发挥风云三号气象卫星各遥感仪器的特点，综合利用数据预处理分系统（DPPS）和产品生成分系统（PGS）的数据和业务产品，同时结合其他卫星遥感数据及地理信息系统，对灾害性天气、自然灾害、环境变化等进行监测分析，为应用部门及政府决策部门提供及时、准确的服务产品。另外，在监测分析服务过程中，对产品生成分系统的产品进行可用性检验，及时反馈给产品质量检验分系统和产品生成分系统，为产品的改进提供依据。

通过几年的系统建设，我们已开发完成了风云三号气象卫星遥感监测分析服务支撑软件系统，具备了热带气旋、暴雨及中尺度对流、沙尘、大雾、火情、水情、积雪、干旱、海冰、湖泊蓝藻、河口泥沙、赤潮、植被等的定量化监测能力，以及火情、洪涝、雪灾、蓝藻水华的初评估能力。软件系统已投入业务应用运行，并向全国推广试用，各类遥感应用产品均已实现业务化运行，可提供决策及专业服务，并取得了很好的应用服务效果。

3.5.2 主要任务和功能

1. 主要任务

监测分析服务分系统的主要任务是充分利用风云三号气象卫星数据预处理分系统和产品生成分系统生成的数据和产品，结合同类卫星遥感数据，辅以地理信息和其他相关信息，建立人机交互式的天气监测分析、灾害及环境监测、灾情评估和监测分析服务软件支撑子系统，使其具备对典型天气系统、自然灾害、地球环境变化的实时监测能力；具备对灾情影响的分析和初评估能力；并能通过网络、电视、新闻载体等多种发布手段，向相关部门及各类用户提供信息服务和决策支持服务，主动、及时地向用户分发各类图像、图形和急需的各类分析产品，最大限度地发挥风云三号气象卫星数据的应用服务效益。监测分析服务分系统的具体任务如下。

（1）开发建设监测分析服务支撑软件子系统，实现对多种卫星数据的处理、融合、信息反演和提取功能；实现遥感和地理信息系统的集成，提供空间数据管理、信息获取、数据叠合、智能分析等功能；实现遥感产品的可视化加工与综合发布功能。

（2）开发各种天气、自然灾害、环境变化的业务监测分析和决策服务产品，对各种典型天气系统进行监测分析，对我国多发的自然灾害进行发现和跟踪监测，对全球环境变化进行综合监测分析。

（3）开发人机交互式的灾情评估产品，对灾情影响进行定量化的诊断分析与评估，为防灾减灾和环境保护提供遥感依据。

2. 功能

根据任务要求，监测分析服务分系统需要具备以下功能：对热带气旋、暴雨及中尺度对流、沙尘、大雾、火情、水情、积雪、干旱、海冰、湖泊蓝藻、河口泥沙、赤潮、植被 13 种产品的监测分析功能；采用 RS 与 GIS 技术相结合的技术手段，实现监测信息处理、专题图制作、产品输出等功能；火情、洪涝、雪灾、蓝藻水华的初评估功能；多种遥感数据的综合显示和处理功能；图像处理与综合分析功能（包括通道合成、图像增强、信息融合、拼接与镶嵌、统计分析、动画与多媒体显示等）；遥感应用专题数据库的存储、检索、管理等功能；完善的用户服务管理功能，实现信息化业务管理；基于 WebGIS 技术的卫星遥感监测分析信息的对外发布功能。

3.5.3　主要技术指标

根据工程任务要求，监测分析服务分系统生成的监测分析产品、自然灾害监测分析产品，如热带气旋、森林草场火情、洪涝、雪、沙尘暴等，应在预处理和输入产品处理完成后 10～15 分钟内完成。对重大灾情监测应做到不漏报、不错报，所提供的监测分析报告应在预处理和输入产品处理完成后 30 分钟内提供，正式的监测分析报告应在预处理和输入产品处理完成后 40～60 分钟内生成。对重大灾情所提供的评估报告，应在灾情发生后最快时间内响应，应具有重大灾情监测服务的快速响应对策。监测分析服务软件支撑子系统以处理、应用风云三号气象卫星数据为主，可以兼容处理风云二号气象卫星及 MTSAT、EOS/MODIS、NOAA 等高分辨率卫星数据。另外，监测分析服务分系统可以处理常规气象观测数据和数值预报数据。

3.5.4 分系统组成

监测分析服务分系统根据功能划分为 4 个子系统：天气监测分析子系统、灾害与环境监测分析子系统、灾情评估子系统、监测分析服务软件支撑子系统。前 3 个子系统主要实现对灾害性天气和环境事件的监测和评估功能；监测分析服务软件支撑子系统为前 3 个子系统提供数据管理、信息提取及产品集成和加工等支持。监测分析服务分系统以人机交互方式为主，对大气、陆地、海洋环境进行实时监测，综合应用多种信息生成各类监测分析和诊断评估产品，并通过多种方式为用户直接提供信息服务和技术支持。监测分析服务分系统组成结构如图 3-40 所示。

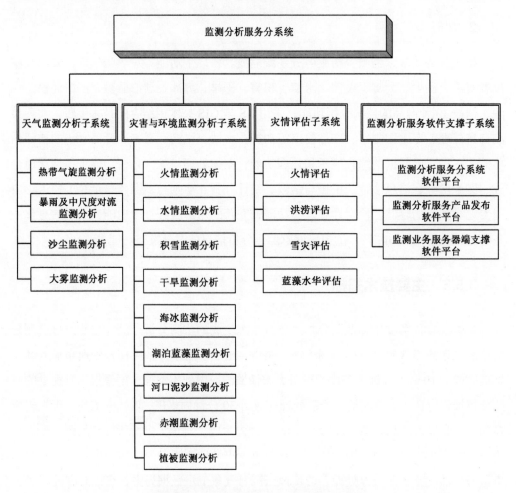

图 3-40 监测分析服务分系统组成结构

3.5.5　技术方案

1. 天气监测分析子系统

天气监测分析子系统利用风云三号气象卫星的多星、多时次全球图像数据对各种典型天气系统实时跟踪监测；同时，利用各种垂直探测反演产品研究典型天气系统的物理场三维结构、特征等，并动态监测其发展演变情况，深入探讨各种特定天气系统的生成、发展、消亡的物理过程，为大气预报提供多方面的、准确的监测分析信息，也为数值天气预报模式的改进提供客观依据。

天气监测分析子系统提供 4 类产品，主要包括热带气旋、暴雨及中尺度对流、沙尘、大雾分析产品，产品形式包括图像、图形、文字分析报告等，以比较直观的方式为相关部门提供信息。

1）热带气旋监测分析

热带气旋监测分析主要利用风云三号气象卫星产品，确定热带气旋的位置与强度；综合分析热带气旋内部的热力、云雨特征，获取热带气旋的热力结构和云雨分布等信息；综合利用风云三号气象卫星定量产品，分析各类条件对热带气旋发展的影响；同时，结合静止卫星高时间分辨率数据，形成多时次的热带气旋实时跟踪监测序列。

热带气旋定位主要依据云型结构特征，确定热带气旋环流结构的中心位置。对于有明显眼区的热带气旋，主要利用可见光和红外观测数据，如中分辨率光谱成像仪（MERSI）250m 空间分辨率数据进行定位；在此区域之外，则利用延时回放的可见光红外扫描辐射计（VIRR）数据。在云区覆盖情况下，由于热带气旋眼壁的对流云雨结构对微波信号有衰减作用，利用空间分辨率较高的微波湿度计（MWHS）和微波成像仪（MWRI）的高频通道观测数据，可以确定热带气旋眼区及环流中心位置。

热带气旋强度估计主要确定热带气旋中心海平面最低气压和外围最大风速。Dvorak（1975）提出了利用可见光和红外波段观测热带气旋云系发展以确定热带气旋强度的方法；Velden and Olander（1998）将其发展为客观分析技术；Kidder 等（1978）分析 55GHz 微波通道对热带气旋上层暖核特征的观测，发现了微波亮温距平与热带气旋强度的相关性。这里，我们主要借鉴国外的基于可见光和红外波段观测的热带气旋强度估计方法，建立业务客观分析算法；同时，利用风云三号气象卫星微波温度计54.94GHz 通道观测热带气旋暖核特征，并反演地面中心的最低气压。结合以上两种方法，确定热带气旋强度。

热带气旋结构是热带气旋的云雨、热力结构特征的反映，其与热带气旋强度变化有相关性。热带气旋的云雨粒子对微波信号有吸收和散射作用，由风云三号气象卫星微波成像仪（MWRI）观测分析热带气旋的云雨结构特征、热带气旋眼墙对流过程释放的潜热，以及眼区下沉运动导致热带气旋上层的暖核形成。由风云三号气象卫星红外分光计（IRA）、微波温度计（MWTS）和微波湿度计（MWHS）组成的大气综合探测系统，可以提供大气温度、湿度的垂直分布。

环境场充沛的低层水汽是热带气旋发展的必要条件，较高海温可以促进热带气旋的发展，而热带气旋的移动也具有趋暖性。对于热带气旋的环境场影响的分析，主要利用风云三号气象卫星大气可降水量、海温，分析热带气旋环境场水汽、海温等产品所提供的特征信息来研究、分析热带气旋的发展。

图 3-41 给出了风云三号气象卫星监测的热带气旋云系结构及眼区特征。其中，右图为 MERSI 250m 分辨率图像，热带气旋眼区的低云覆盖和小涡旋均清晰可见，该图可作为热带气旋精细定位的重要依据。

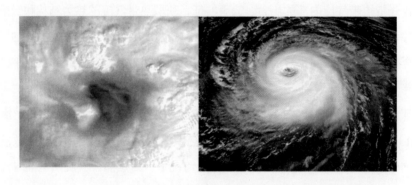

图 3-41　风云三号气象卫星监测的热带气旋云系结构及眼区特征

图 3-42 给出了风云三号气象卫星 C 星监测的热带气旋云系结构及中心增暖特征。其中，下图为基于风云三号气象卫星 C 星反演大气温度垂直廓线生成的热带气旋中心增暖垂直剖面图。由图可以看到，台风中心暖区呈现对称分布，最大增暖超过 6K，位于 200hPa 高度，显示此时台风强度较强，系统发展稳定。

图 3-43（b）红色区域为副高控制区域，蓝色涡旋为台风环流。由图可见，2008 年 7 月 27 日台风北侧副高向陆地伸展，对台风北移形成阻挡，台风转为向西移动；7 月 28 日，台风登陆中国台湾地区。风云三号气象卫星微波温度计数据可以过滤副高外围云系，提供副高的精确范围，为台风移动预测提供重要依据。

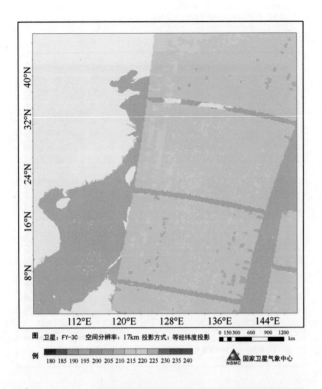

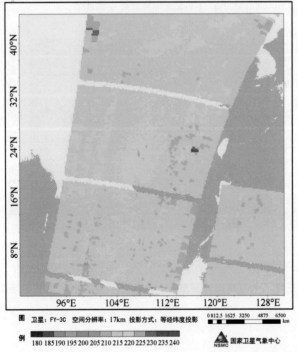

图 3-42　风云三号气象卫星 C 星监测的热带气旋云系结构及中心增暖特征

（a）FY-3A 气象卫星监测图像

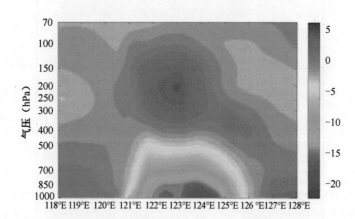

（b）沿 24°N 垂直切面温度距平图（NOAA-18_1813）

图 3-43　风云三号气象卫星微波温度计（MWTS）监测到台风环境场副热带高压特征

2）暴雨及中尺度对流监测分析

利用风云三号气象卫星高空间分辨率数据，融合多种气象卫星遥感数据和产品、地面观测数据及数值预报产品，以人机交互的方式，对造成暴雨的主要天气系统——中尺度对流系统进行识别和探测，能明确标定中尺度对流系统的范围、移动方向等特征参数，形成多时次和不同区域暴雨监测的序列，分析暴雨发生时中尺度对流系统的动力场和热力场结构特征，以及中尺度对流系统造成的强灾害性天气系统的发生、发展、演变过程等，制作并生成暴雨及中尺度对流系统的监测遥感图像、专题图、分析报告等产品。

气象卫星观测数据不仅可以提供积雨云的云顶信息，而且可以探测雷暴边界层流出的浅云线，这个地带正是新的雷暴产生的区域。红外通道的云顶亮温阈值法是目前常用的对流云识别方法，虽然云顶低亮温区有时仅反映高云的特征，不一定与强对流和强降水区相对应，但云顶亮温大小通常可以定量地反映大气中对流活动的强弱。许健民等（1996）提出了红外通道和水汽通道联合判断云型的方法，认为由于高度权重不同和水汽的再发射作用，红外通道和水汽通道在不同云型的亮温表现方面存在差异，利用这种差异可以区分不同云型。

与可见光和红外辐射相比，微波辐射具有穿透云雨大气的特点，可以揭示云团内部的结构特征。基于微波频段的云遥感方法更有利于推断云的属性。选择合适的微波频段，可以有效地探测云，特别是探测对流云的特性。风云三号气象卫星微波湿度计（MWHS）提供了 183.3GHz 水汽吸收线附近的 3 个水汽吸收通道，它们往往被用来反演大气湿度垂直廓线。由于云中液态水的强吸收和冰粒子的散射，183.3GHz 附近的水汽通道同样受到厚云和降水的强烈影响；由于冰粒子在这些频段具有更强的散射，这些频段对冰粒子含量的变化比对液态水更为敏感。这里主要利用微波水汽通道亮温差与对流强度之间的关系来判断强对流云的属性。

图 3-44 给出的是 2010 年 8 月 11 日 23 时风云三号气象卫星可见光红外扫描辐射计的监测图像，可以清楚地看到甘肃省舟曲县上空的对流云团。

图 3-45 给出了风云三号气象卫星微波湿度计（MWHS）2010 年 7 月 11 日的监测图像，反映了梅雨锋云带中的强对流云区分布特征。

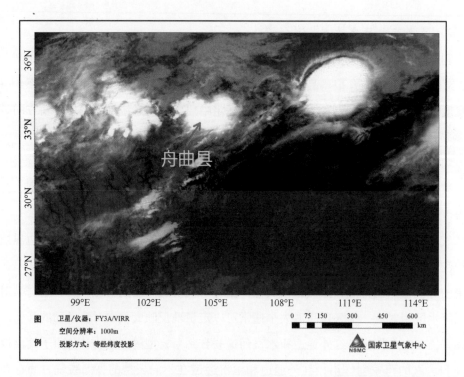

图 3-44　风云三号气象卫星可见光红外扫描辐射计监测的甘肃省舟曲县强对流云团

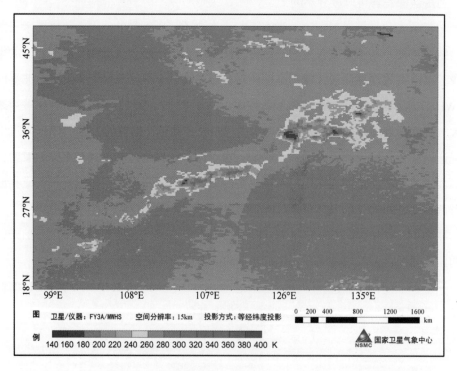

图 3-45　风云三号气象卫星微波湿度计监测的梅雨锋云带中的强对流云区分布

3）沙尘监测分析

沙尘监测分析利用风云三号气象卫星可见光红外扫描辐射计、中分辨率光谱成像仪数据和产品，以人机交互的图像处理方式，结合计算机自动判识技术，进行沙尘监测精细化处理，提取大气浮尘、扬沙、沙尘暴等沙尘遥感信息，估算沙尘区域面积、影响范围等，制作生成沙尘监测遥感图像、沙尘监测专题图等产品。

风云三号气象卫星中分辨率光谱成像仪（MERSI）、可见光红外扫描辐射计（VIRR）的可见光通道、红外通道组合可用于沙尘监测分析。在通常情况下，含沙大气与地面背景环境、大气背景环境的多光谱特征有一定差异，但不同强度的沙尘信息与不同地表特征、云类信息也存在一定混淆。另外，沙尘源地和天气条件对沙尘大气本身的光学特征、红外辐射特征有不同影响。对沙尘大气的光谱特征研究，有助于实现对大气沙尘的准确识别，进而认识大气沙尘浓度与光谱特征的关系。对于复杂的地物光谱变化、大气环境变化，以及不同的日地、星地角度和轨道时间，主观判识不可或缺，通过研究构建快速的、准确的、主客观结合的判识模型实现沙尘监测分析功能。这里主要依据风云三号气象卫星光学遥感仪器辐射通道上的大气沙尘光学特征，以地面能见度代表大气沙尘强度，根据监测沙尘遥感信息、天气学指标数据建立与地面能见度的统计关系，建立适合业务运行要求的沙尘天气强度（能见度）估算方法。

图 3-46 显示了风云三号气象卫星对 2010 年 3 月 20 日沙尘的监测图像，黄色的沙尘区覆盖了整个中国东部地区。

4）大雾监测分析

大雾监测分析利用风云三号气象卫星的大雾判识产品，结合晴空地表反照率产品，作为大雾精细化处理的输入，辅助以地理信息数据、地面高程数据等作为背景数据，将计算处理的结果进行人机交互分析生成图像产品。由于大雾特殊的地理分布，大雾监测分析以中国东部地区为主，提取大雾光学厚度、粒子尺度和液态水路径信息（简称为大雾特征量），制作生成大雾监测遥感图像、大雾监测专题图等产品。

将近红外通道数据和红外通道数据结合可以较好地区分雾区及云或地表。因为水云在红外通道（11μm 附近）的发射率相当高，可以近似假定为黑体，而在近红外通道（3.9μm）的发射率为 0.8～0.9。这样，在近红外通道（3.9μm）观测到的云顶温度低于实际温度，而且在液态水含量为 0.1g/m³ 的层云中随着云的垂直厚度变化，3.9μm 频段与 11μm 频段的亮温差也有明显的变化，其中，当云厚为 200m 时，亮温差最大。利用风云三号气象卫星 MERSI 和 VIRR 通道间的不同特性可以将云雾中水的相态进行区分,能得到更好的判识结果。另外,可以对双通道线性法进行进一步改进,并加入一些判据,订正近红外通道中的太阳辐射,将其从近红外通道滤除。对比红外通道和近红外通道的亮温不同等方法,可以判识出雾区并得出雾区垂直厚度。

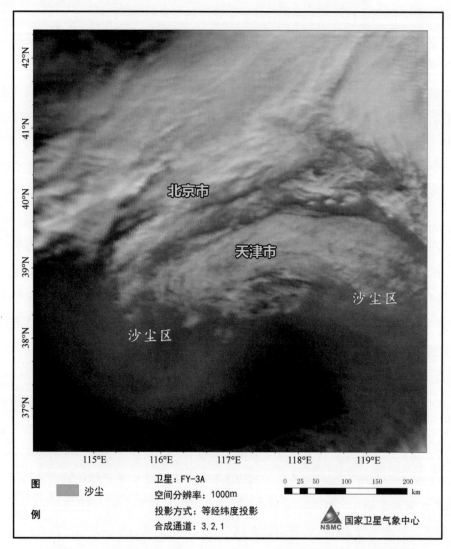

图 3-46 2010 年 3 月 20 日 10:00 风云三号气象卫星沙尘区分布监测

图 3-47 和图 3-48 分别给出了风云三号气象卫星反演的大雾光学厚度定量监测图像、大雾液态水路径定量监测图像,它们提供了比较详细的大雾特征信息。

2. 灾害与环境监测分析子系统

灾害与环境监测分析子系统利用风云三号气象卫星产品和数据，以人机交互方式为主，依托数据库、地理信息系统等的支持，处理分析并提取各类自然灾害遥感监测信息，根据应用需求制作生成各种形式的实时或准实时监测产品。灾害与环境监测分析子系统提供 8 类产品，主要包括火情、水情、雪情、海冰、湖泊蓝藻水华、河口泥沙、干旱、植被监测分析产品，产品形式包括图像、图形、文字分析报告等，以比较直观的方式为相关部门提供信息。

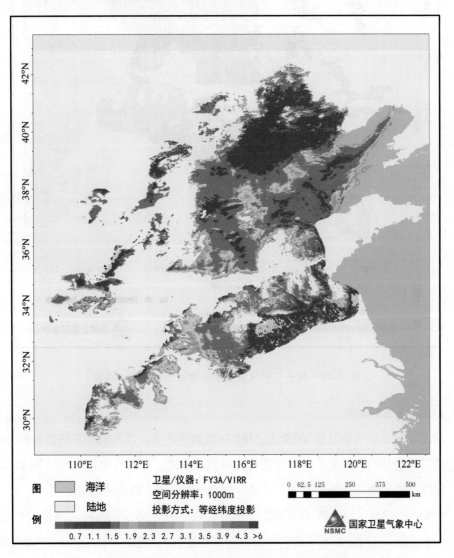

图 3-47　风云三号气象卫星反演的大雾光学厚度

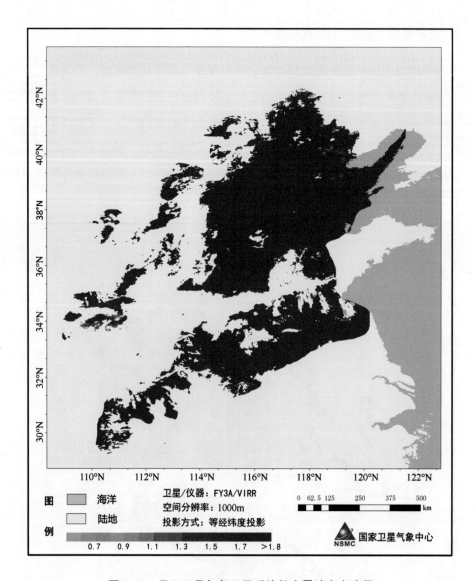

图 3-48　风云三号气象卫星反演的大雾液态水路径

1）火情监测分析

利用风云三号气象卫星 VIRR 和 MERSI 数据和产品，以人机交互图像处理方式，结合计算机自动判识技术，进行火情监测精细化处理，提取火点信息，估算火点强度等，制作生成火情监测遥感图像、火情监测专题图、火点信息列表等产品。

VIRR 的通道 3、通道 4、通道 5 的波长分别为 3.55～3.95μm、10.3～11.3μm、11.5～12.5μm。通过分析基于普朗克公式计算的通道 3、通道 4 的黑体温度与辐射率关系曲线可知，对于相同的温度增量，辐射率的增量在通道 3 大于通道 4，而且温度越高，通道 3 的辐射率增长越快。尤其当物体从 300K 常温加热到 500K 以上高温时，通道 3 的辐射率增长数百倍，通道 4 的辐射率仅增长十几倍。因此，火点能够引起 VIRR 通道 3 计数值的急剧变化，造成与周围像元的明显反差。利用 VIRR 通道 1、通道 2 对云、水体、植被等敏感的特性，生成由通道 3（中红外通道）、通道 2（近红外通道）、通道 1（可见光通道）组成的多光谱彩色合成图，可以较容易地用人工方式判识图像中的火点信息。

根据火点在中红外频段引起辐射率和亮温急剧增大这一特点，可以将通道 3 的亮温作为计算机火点自动判识的门槛值，并且可以在小范围区域内得到有效应用。而对于太阳辐射在大范围区域内造成不同地物的增温，以及在云区的干扰现象，在使用单个中红外通道数据时常会影响判识精度，造成误判。计算机火点自动判识需要考虑的因素包括：常温地表和火点像元的亮温差异；混合像元通道 3 与通道 4 的亮温差异；太阳辐射反射在植被较少地带的干扰（应消除）；太阳辐射反射在云表面的干扰（应消除）。

在日常火情监测中，经常监测到数个或数十个，甚至上百个含有明火的像元。如果以像元分辨率表示明火区面积，则明显夸大了明火的实际面积，因而需要估算火点像元中明火区的实际面积，即估算亚像元火点面积及温度。根据亚像元火点面积大小可以确定火点强度等级，利用火点强度等级生成的火点强度图像可以直观地反映火区的态势和发展情况，如在大范围火区内哪些像元的火势较强。

图 3-49 利用风云三号气象卫星 VIRR 数据，清楚地反映了 2009 年 4 月 29 日黑龙江省逊克县火点，以及我国与俄罗斯交界附近区域的火点信息的空间分布。

2）水情监测分析

利用风云三号气象卫星 MERSI 和 VIRR 多通道数据和产品，以人机交互的图像处理方式，结合计算机自动判识技术，对中国和周边地区及全球重点区域进行水情监测。在卫星数据及地面辅助数据的支持下，可实时判定事先划定的全国各敏感水域的水体边界；在各敏感水域多年平均水体边界的基础上，可对水体范围的动态变化进行监测；利用阈值法判断洪涝发生情况，在发生洪涝的区域对泛滥水体范围进行持续监测，提取泛滥水体的面积信息；对全球其他国家的重大洪涝灾害进行监测分析。

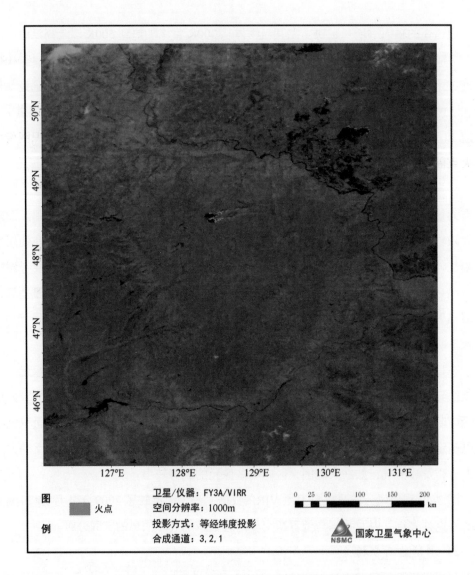

图 3-49　风云三号气象卫星 VIRR 数据显示的黑龙江省逊克县火点信息空间分布

　　水体判识是水情监测的基础。根据水体、植被和裸土在可见光通道和近红外通道的光谱差异，可以有效地提取地表水体信息，但需要考虑在多种天气情况下的不同判识处理方法。

　　在晴空条件下，利用风云三号气象卫星 MERSI 通道 4（中心波长为 0.845μm）或 VIRR 通道 2（波长范围为 0.84～0.89μm）等近红外通道为主的数据，建立不同区域、不同季节水体判识阈值，通过计算机自动判识和人机交互方式可以准确提取水体信息。

当水体被薄云覆盖时，有一部分地表反射可透过云层，在可见光通道和近红外通道图像上有可能看到云层下显现的水体信息，该点的反射率往往高于薄云附近晴空陆地的反射率。若仍仅用近红外通道数据取阈值判识水体，则会把薄云附近的陆地作为水体误判。可以通过对可见光通道和近红外通道反射率的比值计算，选取适当的门槛值，滤掉薄云信息的影响，提取水体信息。

夏季江河、湖泊等水体表面会出现覆盖雾的情况。此时，覆盖雾的水体像元的可见光通道和近红外通道的反射率相近，均高于陆表反射率。雾表面的温度与周围的陆表温度相近，而由于太阳辐射反射的影响，中红外通道和远红外通道（VIRR 的通道 3 和通道 4）在雾表面的亮温差异将高于周围陆地的亮温差异。分别设定通道 4，以及通道 3 和通道 4 亮温差的阈值，可以有效地判识覆盖雾的水体信息。

如图 3-50 所示为根据风云三号气象卫星 VIRR 数据制作的巴基斯坦南部 2010 年 7 月 19 日和 8 月 29 日洪涝严重的特达市等地区水情监测。对比可见，在洪涝发生前［见图 3-50（a）］，印度河在特达市一带河段的水体宽度仅数百米；8 月 29 日，印度河水体显著增宽［见图 3-50（b）］，反映了由于印度河在特达市的一段防洪堤决口，造成大范围泛滥水体的严重洪涝灾情。

3）雪情监测分析

以风云三号气象卫星 VIRR、MERSI 数据为主，在全球积雪覆盖产品基础上，以人机交互方式对全球积雪覆盖产品进行精细处理，生成更好的积雪覆盖监测分析产品。利用风云三号气象卫星可见光红外扫描辐射计、中分辨率光谱成像仪等轨道数据对雪灾区等敏感区域进行交互式的积雪信息提取，并结合地理信息数据统计积雪面积等信息，以生成区域的积雪覆盖专题产品。

根据积雪、云、晴空地表及水体等多种目标物在可见光通道、近红外通道和中红外通道的光谱特性差异，可以较好地实现积雪判识。归一化差分积雪指数（NDSI）反映了目标物在可见光通道和近红外通道的反射率差值的相对大小，在积雪判识中能起到有效的作用。VIRR 和 MERSI 都有可见光通道、近红外通道、中红外通道，这对于积雪监测来说十分有利。在人机交互方式下，针对可见光通道、远红外通道，NDSI 选择适当的阈值，可以有效地判识积雪。

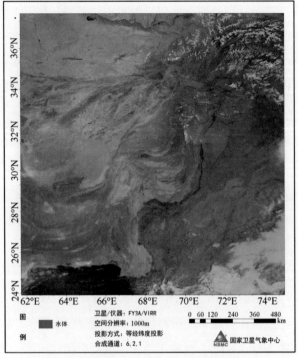

（a）2010 年 7 月 19 日 06:00（世界时间）

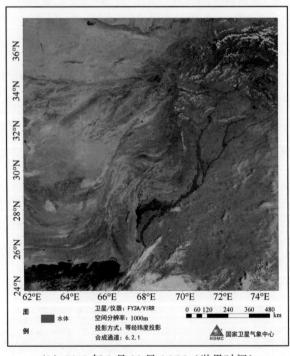

（b）2010 年 8 月 29 日 06:25（世界时间）

图 3-50　风云三号气象卫星 VIRR 数据制作的巴基斯坦水情监测

积雪深度的估算方法。对于深度在 20cm 以内的积雪，其深度与雪面在可见光通道的反射率、NDSI 之间存在较好的线性关系。利用雪覆盖产品、积雪表面温度产品、积雪性质分类产品等积雪产品，结合积雪深度实测数据、地表粗糙度、土地覆盖等数据，在积雪性质分类产品的基础上建立中分辨率光谱成像仪、可见光红外扫描辐射计的积雪深度计算模式，计算积雪深度，并生成积雪深度产品。

如图 3-51 所示，利用 2011 年 2 月 11 日风云三号气象卫星 A 星上午 10:35〔见图 3-51（a）〕和风云三号气象卫星 B 星下午 12:40〔见图 3-51（b）〕的华北地区积雪监测结果，通过比较可知河北省积雪面积上午与下午相比有明显缩小。

4）海冰监测分析

基于风云三号气象卫星 VIRR、MERSI 数据和产品，以人机交互的图像处理方式，结合计算机自动判识技术，对中国渤海和周边地区及全球相关区域进行海冰监测精细化处理，提取海冰信息，估算海冰覆盖面积、海冰覆盖度、海冰等值线等，制作生成海冰监测遥感图像、海冰监测专题图等产品。

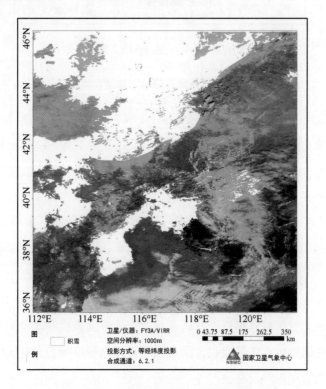

（a）2011 年 2 月 11 日 10:35（北京时间）

图 3-51　风云三号气象卫星华北地区积雪监测

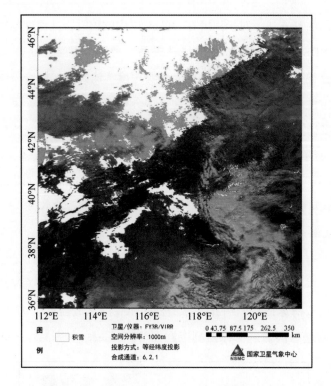

（b）2011 年 2 月 11 日 12:40（北京时间）

图 3-51　风云三号气象卫星华北地区积雪监测（续）

在可见光通道（0.55～0.90μm 波长范围），海冰和水体的反射率有较明显的差异，海冰的反射率高于海水。在红外通道（10.3～11.3μm 和 11.5～12.5μm 波长范围），海冰的温度低于海水。基于这一特点，提取渤海海域的海冰信息，生成海冰监测产品。

全球海冰主要分布在南极、北极海域，许多海冰表面覆盖了积雪，因此对海域内的积雪判识相当于对积雪覆盖下海冰的判识。对于较浑浊水体，其 NDSI 有可能达到阈值，因此对满足阈值的像元还应判识是否为水体，可以用对水体吸收较强的近红外通道判识水体。对于没有积雪覆盖的海冰，其反射率低于积雪、高于海水，其温度低于海水，因此可以用反射率和温度条件区分海冰和海水。有时低云的可见光反射率和海冰表面相近，此时可以利用近红外通道对冰雪的较强吸收有效地识别海冰。对一些薄卷云，近红外通道也有较强吸收，而其温度与海冰温度接近，对这种情况可以用云检测产品的相关信息先将云剔除。

如图 3-52 所示为利用风云三号气象卫星 2011 年 1 月 11—17 日数据制作的渤海海冰监测序列。从图中可以看出，2011 年 1 月中旬以来，渤海海冰面积逐步扩大；从 1

月 15 日开始，渤海海冰面积较 1 月 11 日明显扩大；至 1 月 17 日，渤海海冰面积较 1 月 11 日显著扩大。

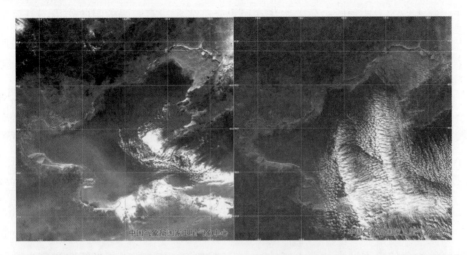

（a）2011 年 1 月 11 日 12:30（北京时间）　（b）2011 年 1 月 15 日 12:55（北京时间）

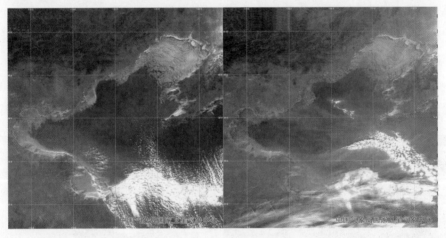

（c）2011 年 1 月 16 日 12:35（北京时间）　（d）2011 年 1 月 17 日 13:55（北京时间）

图 3-52　风云三号气象卫星 B 星的渤海海冰监测序列

5）湖泊蓝藻水华监测分析

利用风云三号气象卫星 MERSI 数据，以人机交互图像处理方式，结合计算机自动判识技术，对中国太湖等内陆湖泊相关区域进行监测，提取蓝藻水华影响面积、蓝藻水华强度等信息，制作生成湖泊蓝藻水华监测遥感图像、湖泊蓝藻水华监测专题图等产品。

蓝藻水华光谱特征。蓝藻在爆发时会引起水体温度、色度和透明度等一系列物理性质发生变化，进而导致水体反射频谱特性发生变化。根据蓝藻水华光谱曲线可知，不同蓝藻密度的蓝藻水华在近红外频段都有很强的反射，其反射率明显高于水体，是反映蓝藻水华的主要频段；蓝藻水华在可见光红光频段有较强的吸收作用，其反射率甚至低于水体。因此，利用近红外频段和可见光红光频段的反射率比值可以突出蓝藻水华的信息。NDVI 是近红外频段和可见光红光频段反射率比值的非线性归一化处理，可以采用 NDVI 方法来提取蓝藻水华信息。

蓝藻覆盖度分级图像主要用于反映蓝藻水华覆盖的严重程度。分级方法为根据蓝藻覆盖度图像内容将不同蓝藻覆盖度像元分为轻度、中度、重度 3 个级别。轻度覆盖度小于 30%，即单位像元内蓝藻水华覆盖面积占像元面积不到 30%；中度覆盖度为 30%～60%；重度覆盖度大于 60%。建立蓝藻水华的分级可为评估蓝藻程度提供依据。蓝藻覆盖度是基于线性混合像元理论计算的像元内蓝藻覆盖比例。

水草影响的去除。在利用 NDVI 方法提取太湖蓝藻水华信息时，通常会把太湖东部地区的水草信息识别为蓝藻水华信息。经过试验发现，利用蓝光频段和红光频段反射率之差，与绿光频段和红光频段反射率之差的比值，计算得到的蓝藻指数 CI 可以在一定程度上削弱大气和太阳高度角的影响，减小黄色物质和悬浮物的干扰，排除水草的影响。

图 3-53 给出了风云三号气象卫星 MERSI 太湖蓝藻水华彩色合成图像和蓝藻水华专题图，该图清楚地反映了 2008 年 10 月 13 日太湖蓝藻水华的空间分布和强度特征。

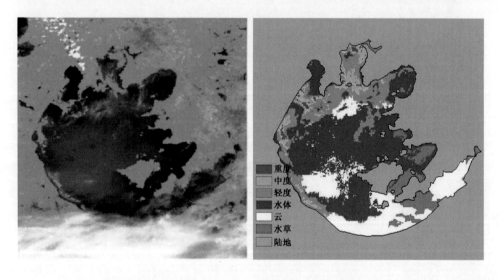

（a）空间分布　　　　　　　（b）强度特征

图 3-53　风云三号气象卫星 MERSI 太湖蓝藻水华空间分布和强度特征

6）河口泥沙监测分析

利用风云三号气象卫星 MERSI 数据，以人机交互图像处理方式，结合计算机自动判识技术进行处理，提取海水悬浮物浓度及其空间分布等信息，制作生成海水悬浮物浓度的监测遥感图像和专题图等产品。悬浮泥沙浓度反演方法大致可分为分析模式、半分析模式、经验模式 3 种。其中，经验模式是指在实测数据基础上建立水体表观光学性质和悬浮泥沙浓度之间的定量关系。业务化的悬浮泥沙浓度遥感产品制作采用经验模式。

以 2009 年 4 月 15 日风暴潮对渤海南部海域悬浮物浓度的影响为例进行分析，如图 3-54 所示。图 3-54（a）～图 3-54（d）分别给出了利用风云三号气象卫星 MERSI 数据制作的 2009 年 4 月 10 日、15 日、16 日和 17 日悬浮物的浓度分布状况。其中，2009 年 4 月 10 日为风暴潮过程来临之前的情形；4 月 15 日为风暴潮过程中的情形，4 月 16 日和 17 日为风暴潮过程减弱后的情形。

7）干旱监测分析

以风云三号气象卫星相关产品数据为基础，结合常规观测地表土壤水分监测数据，建立中国及周边地区卫星遥感干旱综合监测分析模型，生成卫星遥感干旱监测业务产品；建立卫星遥感干旱监测等级划分标准；建立干旱监测的业务处理流程，为决策部门和相关用户提供卫星遥感干旱监测产品。

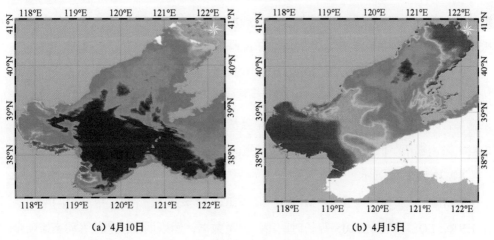

（a）4月10日　　　　　　　　　　　　　　（b）4月15日

图 3-54　风云三号气象卫星 MERSI 监测的渤海海域悬浮物浓度分布

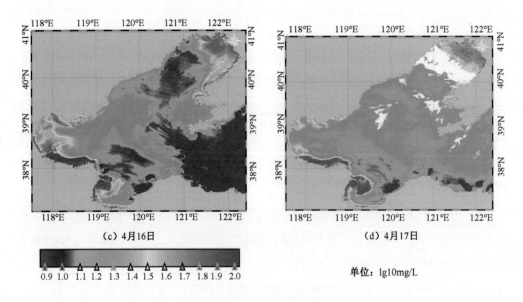

图 3-54　风云三号气象卫星 MERSI 监测的渤海海域悬浮物浓度分布（续）

风云三号气象卫星干旱监测主要以垂直干旱指数方法对干旱事件进行动态监测。植被对红光频段有强烈的吸收作用，对近红外频段有强烈的反射作用，因此任何增强近红外频段和红光频段差别的数学变换都可以作为植被指数描述植被状况。构造 NIR-Red 二维光谱特征空间是研究土壤-植被像元空间分布和变化的最直观手段。然而，由于水体对红光频段和近红外频段吸收极强，因此土壤含水量是影响土壤反射率的主要因素。土壤含水量越高，反射率越低；反之亦然。基于此，红光频段、近红外频段以一定的形式组合不仅可以用来监测植被长势和地表覆盖状况，而且对土壤水分含量十分敏感，有利于从植被和土壤水分的角度分析地表旱情。

2009 年 8 月，由于持续的高温少雨，中国东北西部、内蒙古东南部、华北北部旱情迅速发展。如图 3-55 所示为利用风云三号气象卫星获取的 2009 年 8 月 13 日内蒙古东南部、东北西部、华北北部地区的干旱监测图像，结果显示辽宁西部、吉林西部、内蒙古东南部干旱面积较大、干旱程度较重。

8）植被监测分析

利用风云三号气象卫星 MERSI 和 VIRR 植被指数产品，结合 NOAA 卫星 AVHRR、EOS 卫星 MODIS 等长时间序列卫星数据，运用地理信息技术动态监测全球和区域植被长势，可以提供农作物、草场、林区等的长势监测产品，以及生态环境变化监测等应用的服务产品。

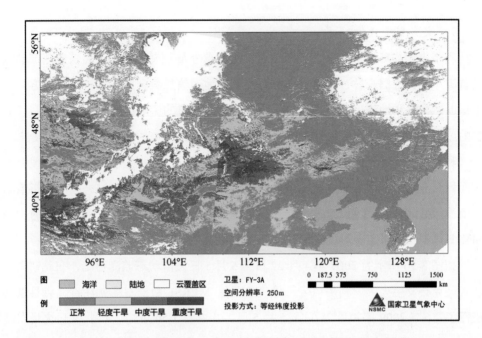

图 3-55　风云三号气象卫星内蒙古东南部、东北西部、华北北部地区的干旱监测图像

植被指数产品的生成，主要使用对绿色植被强吸收（叶绿素引起的）的可见光频段（0.6～0.7μm）和对绿色植被高反射、高透射（叶内组织引起的）的近红外频段（0.8～1.1μm）。这两个频段是植物光谱、光合作用最重要的频段，它们对同一种生物物理现象的光谱响应截然相反。研究表明，NDVI 与叶面积指数、绿色生物量、植被覆盖度、光合作用等植被参数有关，可以作为监测全球或地区植被和生态环境变化的有效指标。

根据风云三号气象卫星 MERSI 和 VIRR 植被指数产品得到的中国植被指数监测图像，能很好地反映我国植被的生长状况和空间分布特点，相关图像见风云卫星遥感数据服务网。

3. 灾情评估子系统

卫星遥感灾情评估主要是指利用风云三号气象卫星灾情监测产品，并结合地理信息、土地利用信息等，对各种自然灾害的影响进行初评估。灾情评估子系统生成的产品主要包括森林草原火灾影响评估、洪涝影响评估、雪灾影响评估、蓝藻水华影响评估等。产品形式包括图像、图形、文字分析报告等，以比较直观的方式为相关部门提供信息。

1) 火灾影响评估

利用灾害与环境监测分析子系统生成的火点分布、火点强度等火情监测产品及植被监测产品，根据森林、草原分布信息及其他地理信息数据，以人机交互的方式处理卫星遥感数据和地理信息数据，评估森林、草原火灾的影响，提供有关森林、草原火灾的过火面积及其动态变化信息的图形、图像产品，以及火灾初步评估分析报告。

利用卫星遥感技术对火灾损失进行评估的关键技术之一是准确计算森林或草原火灾面积。应用土地覆盖子系统的土地覆盖类型产品数据集，根据过火区植被指数与背景植被指数的差异，可以准确地计算森林或草原火灾的过火面积。利用多个时次的卫星监测数据，可以实现对过火区的动态变化进行评估的目标。

如图 3-56 所示为 2009 年 4 月 27 日至 5 月 5 日火情动态监测对比，在此期间黑龙江省逊克县发生火灾。利用风云三号气象卫星 MERSI 数据对黑龙江省逊克县过火区进行了监测（2009 年 4 月 28 日至 5 月 5 日）。由图 3-56 可知，4 月 29 日火场发展较快，5 月 3 日之后火场主要在西南部和东北部有所发展。

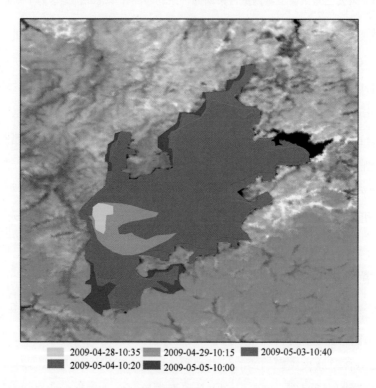

图 3-56　风云三号气象卫星 MERSI 黑龙江省逊克县过火区动态监测对比

2）洪涝影响评估

利用灾害与环境监测分析子系统生成的多个时次的水情监测数据，制作洪涝水体空间分布、淹没历时、淹没频次等产品。结合土地利用数据、地理信息数据等，评估洪涝对农田、居民地等的影响，提供有关洪涝区域内农作物、居民地等受损面积的图形、图像产品及洪涝灾害初步评估分析报告。

洪涝灾情评估关键技术之一是利用对洪涝区多个时次的水情监测数据确定洪涝水体的淹没历时、淹没频次。基于洪涝水体空间分布、淹没历时、淹没频次等产品，叠加土地利用分类数据（包括农田、林地、草地、居民地等数据）和地理信息数据等，确定洪涝淹没区域内的土地利用类型，估算洪涝灾害对农作物、居民地等的影响面积。

图 3-57 给出了在洞庭湖流域，利用 2009 年 7 月 16—21 日多个时次的风云三号气象卫星监测水情信息，制作的洪涝淹没历时专题图。图 3-57 基本上反映了洪涝灾害程度的空间分布特征。

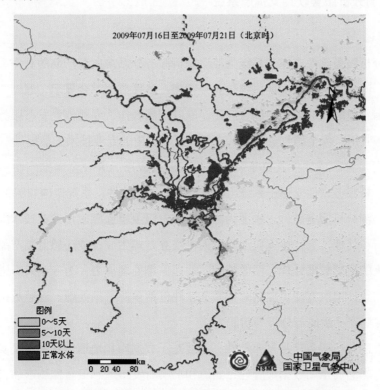

图 3-57　风云三号气象卫星洞庭湖流域洪涝淹没历时专题图

3）雪灾影响评估

利用灾害与环境监测分析子系统的积雪监测产品，进一步制作积雪深度产品；利用多时次的积雪监测图像，生成积雪天数统计产品；结合土地利用数据、地理信息数据等，评估雪灾对草原、农田和居民地等的影响，提供有关农作物、居民地等受损面积的图形、图像产品及雪灾初步评估分析报告。利用多个时次的 VIRR 和 MERSI 积雪监测数据确定积雪厚度、积雪天数等信息。基于积雪覆盖范围、积雪厚度、积雪天数等产品，叠加土地利用分类数据（包括草地、农田、居民地等数据）和地理信息数据等，确定雪灾区域的土地利用类型，估算雪灾对草地、农作物和居民地等的影响面积。

4）蓝藻水华影响评估

利用灾害与环境监测分析子系统生成的卫星遥感蓝藻水华监测产品，建立长时间序列的卫星遥感蓝藻水华监测数据集。通过对数据集的统计分析，可以提供包括蓝藻水华发生频次、范围、面积、覆盖密度等图形、图像产品和蓝藻水华评估分析报告。

4. 监测分析服务软件支撑子系统

1）概述

监测分析服务软件支撑子系统为监测分析服务分系统所有产品的制作、处理提供支撑工具。该子系统可以实现集统一业务管理、多种数据综合显示、遥感专业图像处理、遥感信息提取、地理信息综合应用、专题产品制作、专题信息发布服务等为一体的综合业务应用，为全国气象部门从事卫星遥感应用的专业技术人员提供一个专业化的遥感应用平台。该软件支撑子系统已投入业务应用，并在全国推广使用。

监测分析服务软件支撑子系统组件包括以下 3 个软件，系统架构如图 3-58 所示。

（1）监测分析服务软件，主要为国家级和省级卫星遥感应用专业技术人员提供遥感监测分析和处理工具，可以自动或以人机交互方式生成各类遥感监测产品，具备功能较为强大的遥感数据处理、图像处理、地理信息处理能力，为专业人员进一步分析遥感数据和统计提供方便。监测分析服务软件包括多源数据处理、遥感数据综合显示与处理、监测产品生成与分析等功能。

（2）监测分析服务产品发布软件，主要基于数据库和地理信息系统，实现遥感监测分析服务产品的空间数据库管理，实时和准实时发布遥感卫星监测产品，提供用户管理和各类遥感监测分析服务产品的检索、下载服务，为遥感监测分析服务产品的最终用户提供网络服务。

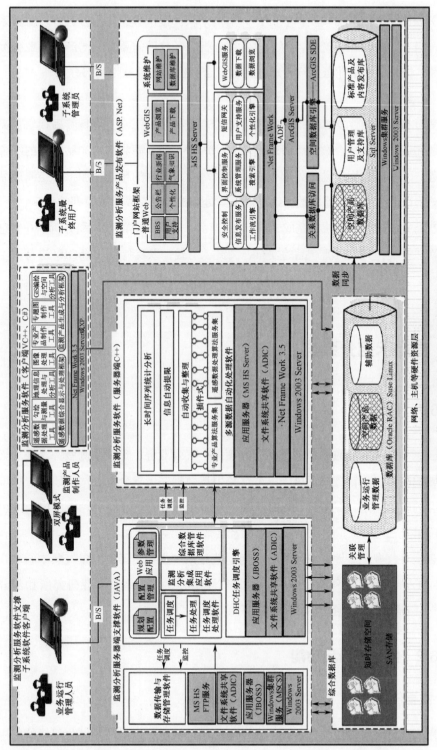

图3-58　监测分析服务软件支撑子系统架构

（3）监测分析服务器端支撑软件，为前两个软件提供数据库服务，管理业务系统生成的一级、二级、三级产品，为生成监测分析服务软件需要定制的产品等业务提供计算支撑。该软件包括业务运行管理软件和综合数据库管理软件两部分。

2）主要功能

监测分析服务软件支撑子系统共包括 6 个功能模块。①业务运行管理模块：完成任务计划和调度。②综合数据库管理模块：完成对各种多源数据、产品数据的综合管理和服务。③多源数据自动化处理模块：完成对输入数据的预处理加工，监测产品信息的自动提取和生成。④遥感数据综合显示与处理模块：完成遥感数据的显示、处理。⑤监测产品生成与分析模块：完成 10 种监测产品、专题产品的生成和分析。⑥信息综合发布软件模块：完成监测产品的发布、浏览、下载，以及利用 WebGIS 进行时空分析等。

3.6　应用示范分系统

3.6.1　概述

风云三号气象卫星数据和产品在天气预报、气候业务、环境监测服务、空间天气等各领域的应用示范旨在演示风云三号气象卫星数据在天气分析、气候研究、环境变化等方面的应用能力，促进风云三号气象卫星数据和处理产品在各领域的广泛应用，充分发挥风云三号气象卫星数据和产品的社会效益与经济效益。

风云三号气象卫星地面应用系统应用示范分系统主要由国家卫星气象中心联合国家气象中心、中国气象科学研究院、国家气候中心、气象系统专业研究所和部分省（直辖市、自治区）的业务与科研单位共同完成。

3.6.2　主要任务和功能

1. 主要任务

应用示范分系统的主要任务是：在不同应用领域进行风云三号气象卫星的应用示范，演示风云三号气象卫星的应用能力，产生更大的效益；发挥风云三号气象卫星数据全天候、全球空间覆盖的特点，结合专业气象领域，在数值天气预报、气候监测、环境与灾害监测、天气分析、空间天气等专业领域引入卫星数据和产品，开发卫星数据和产品的应用潜力，为用户提供示范和指导，拓展卫星数据和产品的应用领域，带动卫星数据和产品在全国范围内的广泛应用。

应用示范分系统的应用领域包括数值天气预报同化支撑、气候变化和预测、环境与灾害监测、天气分析、空间天气等方面，涉及暴雨、台风、高原气象、干旱、大气环境、沙漠气象、城市气象、生态、空间天气等学科领域。

应用示范分系统具备在全国推广应用和示范的能力，尤其是在数值天气预报、环境与灾害监测、天气分析等领域具有在省地级推广应用的能力。

2. 功能

风云三号气象卫星地面应用系统应用示范分系统具备如下功能。

1）卫星数据同化支撑子系统

卫星数据同化支撑子系统提供有效利用卫星数据和产品的技术，扩展风云三号气象卫星数据和产品在数值天气预报中的应用。

风云三号气象卫星辐射率数据直接同化技术及应用功能以全球三维变分同化系统 GRAPES-3DVAR 为基础，提供风云三号极轨卫星垂直探测仪器包 VASS 辐射率数据的直接同化方法；通过质量控制、偏差订正、通道选择、稀疏化处理、观测误差协方差估计等关键技术，具备风云三号气象卫星辐射率数据的直接同化能力，实现加入风云三号气象卫星辐射率数据的全球中期数值天气预报（GRAPES 或国家气象中心业务中期预报模式）的结果优于未加入时的结果。

2）气候监测与诊断分析应用示范子系统

在气候监测与诊断分析预测等专业领域，引入卫星数据和产品，开发卫星数据和产品的应用潜力，拓展卫星数据和产品的应用领域。该子系统包含卫星数据在海洋模式数据同化中的初步应用功能，该功能基于物理海洋模式 MOM4，针对风云三号气象卫星产品，通过卫星遥感的海面温度数据和高度计数据的变分协调同化方法，实现业务运行的海洋数据同化功能。同化系统的运行时效达到了业务季节预测的要求，并且具备针对 ENSO 等典型气候事件进行诊断分析的功能。

3）环境与灾害监测应用示范子系统

利用风云三号气象卫星数据反演得到的云参数、气溶胶、大气温度／湿度廓线、降水、臭氧含量、紫外线强度等大气参数，以及地表温度、地表湿度、植被指数、积雪等地表参数，结合气象、气候、生态和环境常规观测数据，在地理信息系统的支持下，对区域地表、大气等各种环境状态进行监测和评估，对可能发生的环境灾害进行预警。该子系统具有比较完备的专题数据库，可以动态、实时地反映环境演变状况，与相关数据联合分析还可以推动气候变化研究的进展。

4）天气分析应用示范子系统

天气分析应用示范子系统充分发挥风云三号气象卫星探测通道多、空间分辨率高的优点，融合多种遥感仪器的观测数据，实时监测暴雨、台风等灾害性天气的发生、发展，提高对暴雨和强对流、台风等灾害性天气形成机理的理解，探索对灾害性天气系统监测、分析和预报的新途径。该子系统包括台风卫星遥感应用示范平台建设及其关键技术开发、卫星数据在暴雨监测和预报中的应用两个功能。

台风卫星遥感应用示范平台建设及其关键技术开发所建立的台风卫星遥感应用示范工作平台，具备风云气象卫星、多普勒雷达和自动气象站等多源观测数据的数据预处理、信息提取、产品生成、地理信息系统、多源数据融合，以及台风定位定强、台风温度场和湿度场三维显示、对近海及登陆台风定量降水估计和评估等功能，达到了业务运行的要求，为我国东南沿海地区台风大风和暴雨预报服务提供客观参考。

卫星数据在暴雨监测和预报中的应用主要针对长江流域防汛气象服务需要，建立暴雨监测预报和洪涝灾害监测评估业务系统，定量监测和预报暴雨的发生、发展，实时监测评估暴雨产生的洪涝灾害，为预报人员提供卫星定量降水估测、暴雨云团各类特征参数、暴雨 0～3 小时临近预报、暴雨 0～6 小时短时预报和暴雨洪涝灾害监测等产品信息。

5）空间天气应用示范子系统

空间天气应用示范子系统建设空间天气应用示范平台。利用风云三号气象卫星空间环境监测器数据和卫星轨道参数，结合目前可获取的数据资源，该子系统建成了可进行日常空间天气监测、现报、预报及空间天气中长期预报产品与服务的软件系统平台，具备轨道粒子环境监测预警和高空大气密度监测预警功能。

3.6.3　主要技术指标

应用示范分系统的技术指标包括功能性指标和性能指标。功能性指标见应用示范分系统具体功能介绍，性能指标如表 3-20 所示。

表 3-20　应用示范分系统性能指标

子　系　统	功　能	技术指标
卫星数据同化支撑子系统	风云三号气象卫星辐射率数据直接同化技术及应用	风云三号气象卫星辐射率数据直接同化结果有正效果；南半球形势场预报时效增加 3 小时
气候监测与诊断分析应用示范子系统	风云三号气象卫星数据在海洋模式数据同化中的初步应用	海洋模式数据同化系统运行时效能够达到业务季节预测的要求；次表层温盐误差总体方差减小 20%以上
环境与灾害监测应用示范子系统	青藏高原固态水资源遥感监测与评估业务示范	可以用风云三号气象卫星遥感数据监测青藏高原固态水资源，包括雪覆盖、雪深、雪水当量和冰川等；冰川判识与 TM 监测结果对比，一致性达到 75%
	风云三号气象卫星产品在新疆荒漠化监测评价中的应用	建立新疆荒漠化风云三号气象卫星遥感监测信息模型；建立新疆荒漠化监测评估业务系统
	基于风云三号气象卫星产品的长三角大气环境污染监测检验与应用开发	可以用风云三号气象卫星臭氧和气溶胶数据监测长三角大气环境污染；风云三号气象卫星反演气溶胶光学厚度误差小于 25%，EOS/MODIS 反演气溶胶光学厚度误差小于 20%
	大气成分遥感开发应用	利用全球地基气溶胶和臭氧观测数据，检验风云三号气象卫星气溶胶和臭氧全球产品；发展同化风云三号气象卫星气溶胶产品和臭氧产品的大气化学模式
	风云三号气象卫星甘蔗长势监测、产量预测及区划应用研究	甘蔗气候区划空间分辨率为 1km×1km；面积估算和单产预测模型检验精度在 85%以上
	风云三号气象卫星遥感信息在生态与农业气象中的应用	建立全球重点区域主要农作物估产模型，其中美国玉米、冬小麦估产精度达 85%，巴西大豆和印度水稻估产精度达 80%以上
	东北湿地遥感监测应用示范系统及其关键技术	湿地类型识别和面积估算精度大于 85%；其他湿地特征参数估算精度大于 80%
	风云三号气象卫星城市热环境监测与评估应用	开展城市群和大城市热环境监测与评估，空间分辨率达到 250m；结合资源卫星的空间分辨率达到 120m

子 系 统	功 能	技 术 指 标
环境与灾害监测应用示范子系统	基于风云三号气象卫星的华南地区海洋环境遥感应用示范	华南地区海温产品在晴天情况下误差为 0.5～1℃；赤潮预警时效为 3～5 天
	黄淮平原农业干旱遥感监测与引黄灌溉需水量估算	遥感墒情监测模型与台站实测数据验证准确率在 82%以上；10 天内平均需水量预测精度达 80%以上
	风云三号气象卫星在西北地区干旱监测预警中的应用	干旱遥感监测模型反演的土壤湿度与地面检验站点观测的土壤湿度的相对误差在 35%以内
天气分析应用示范子系统	卫星数据在暴雨监测和预报中的应用	与地面雨量计测量的降水量比对发现，风云三号气象卫星定量降水估测订正精度在原产品基础上提高 1%～5%；暴雨监测准确率达到 60%；TS 评分显示，暴雨临近（0～3 小时）预报准确率达到 40%，暴雨短时（0～6 小时）预报准确率达到 25%；按照溢出水体面积计算，水体洪涝监测准确率达到 80%
	台风卫星遥感应用示范平台建设及其关键技术开发	利用风云三号气象卫星数据，1 小时降水估计准确率在上海市气象局业务台风定量降水估计产品的基础上提高 5%；卫星数据同化引入台风模式后，台风模式对台风强度、路径的预报准确率提高了 2%以上
空间天气应用示范子系统	空间天气应用示范平台建设及其关键技术开发	粒子模型预测结果优于现有的 AP8 模型预测结果；高空大气密度同化结果优于现有的 MSIS 模式预测结果

3.6.4　分系统组成

应用示范分系统由以下 5 个子系统组成：卫星数据同化支撑子系统；气候监测与诊断分析应用示范子系统；环境与灾害监测应用示范子系统；天气分析应用示范子系统；空间天气应用示范子系统。

3.7　产品质量检验分系统

3.7.1　概述

产品质量检验分系统（Quality Control System，QCS）是风云三号气象卫星地面应用系统工程的技术分系统之一，是风云三号气象卫星地面应用系统的重要组成部分。

风云三号气象卫星的几十个定量产品，涉及陆地产品、大气产品、海洋产品等。与上一代极轨气象卫星相比（风云一号气象卫星），风云三号气象卫星的载荷种类及产品种类、数量、定量化程度等都有极大提高。

产品质量检验分系统通过对卫星遥感仪器的实时监测及卫星产品的跟踪运行和独立检验，改进和提高了卫星产品的反演精度和可靠性。产品质量与多种因素有关，除算法本身外，还与输入数据的质量、星上仪器状态等有关。为了满足在产品定量化发展过程中面临的定量产品质量检验的实际需求，需要针对定量产品生产的关键环节，监测各环节影响产品精度的误差来源，并对其进行分析和评估，给出检验结果。产品质量应与国外同类产品或国内外用常规手段获得的相关观测数据进行对比检验。产品质量检验分系统通过设计的各类产品的客观检验方法，不仅对产品给出了精度评价，而且给出了影响精度的可能因素，可为产品研制者改善产品精度提供帮助。

产品质量检验的内容包括遥感探测仪器状态监测、一级数据定位质量检验、一级数据定标质量检验，以及二级、三级数据（如大气温度／湿度廓线、海面温度、射出长波辐射等）反演结果质量检验等。因此，星上仪器状态参数监测、产品定位质量、产品定标质量、产品反演物理质量检验与评价，是产品质量检验分系统的基本技术目标。

为实现如上技术目标，产品质量检验分系统开展了以星上仪器状态参数监测、产品定位质量、产品定标质量、产品反演物理质量检验等为主要内容的系统建设。产品质量检验的依据是遥感仪器各级产品信息、定位检验库、常规观测数据、同类卫星仪器定量产品等信息源或数据源，通过数据信息提取、多源数据自动匹配处理和统计分析等过程，得到检验结果，给出检验分析报告。另外，产品质量检验分系统对质量有问题的产品给出告警信息，并及时报告业务管理部门和产品研发人员。

产品质量检验的主要内容如下。

（1）实时跟踪星上仪器的工作状态，分析评估仪器性能及其变化，及时向运行控制分系统提供评估结果。

（2）分析遥感数据的定位精度，定期给出定位质量检验报告。

（3）利用多种定标方式开展遥感仪器定标跟踪，综合分析卫星发射前实验室定标、星上定标、相对定标和外场定标数据，跟踪监测定标系数的变化，定期给出定标精度分析报告及对定标系数的订正算法，包括敦煌和青海湖等辐射校正场的外场定

标、室内外遥感仪器辐射校正试验、国内外卫星同类遥感仪器相对定标等多种定标方式。

（4）通过与常规气象观测数据、实测数据、国外相应卫星遥感产品的对比分析，对风云三号气象卫星定量产品精度进行准实时或定期检验，给出产品精度分析报告，供用户和产品研发人员使用。

在风云三号气象卫星地面应用系统工程中，产品质量检验分系统设计了产品质量检验与评价平台、产品质量检验分系统支撑平台（两个平台共含 9 个子系统），以实现产品质量检验分系统的技术目标。产品质量检验与评价平台包括 5 个子系统，分别是多源数据自动化获取与处理子系统、仪器状态监测与分析子系统、一级数据定标质量检验与评价子系统、一级数据定位质量检验与评价子系统、二级数据（产品）质量检验与评价子系统。产品质量检验分系统支撑平台包括 4 个子系统，分别是综合信息统计发布子系统、业务运行调度管理子系统、综合数据库软件子系统、系统监测分析管理子系统。

产品质量检验分系统是在风云三号气象卫星地面应用系统及后续卫星工程的整体架构下设计和建设的。在风云三号气象卫星地面应用系统中，主要完成产品质量检验分系统的设计和建设，包括遥感仪器状态、产品定位、产品定标、产品反演结果质量检验 4 方面的内容；在后续卫星工程中，增加了包括外场试验验证等多种方式的产品真实性检验内容。

3.7.2 主要任务和功能

1. 主要任务

产品质量检验分系统的基本职能是对数据预处理分系统和产品生成分系统生成的一级数据定位/定标精度及二级、三级数据的物理反演精度进行检验，并生成定量检验结果。为了完成这些检验工作，需要获取遥感仪器的状态参数，分析遥感仪器状态变化对一级、二级、三级数据的定位、定标、物理反演结果的影响。

产品质量检验分系统的主要任务包括以下 3 项。

（1）以星上遥感仪器为检验对象，对遥感仪器状态进行监测和分析，定期生成检验结果，为一级、二级、三级数据的定位、定标、物理反演结果检验提供依据。

（2）以数据预处理分系统生成的一级数据为检验对象，针对一级数据的定位、定标结果进行检验，定期生成定量检验结果，为一级数据定位、定标精度及后续定量产品精度的评价提供依据。

（3）对产品生成分系统生成的二级数据进行检验，并定期给出产品质量检验结果，为定量产品的物理反演精度评价提供依据。

2．功能

产品质量检验分系统的主要功能涉及从检验信息／数据获取到产品质量检验报告生成等一系列主要业务流程。这些功能包括检验信息／数据获取、检验数据和被检验数据处理和时空匹配、产品定位质量检验、产品定标质量检验、产品反演结果质量检验、产品质量检验结果的可视化显示、产品质量检验报告的生成等。

1）仪器状态监测与分析

仪器状态监测与分析利用数据预处理分系统生成的一级数据中的工程遥测信息，获取仪器状态参数，实现星上仪器状态的监测与分析。仪器状态监测与分析包括：实时跟踪星上仪器工作状态，提取有关参数，并对其进行处理和分析；评估星上仪器状态可能对卫星数据和产品的影响，并将结果提供给运行控制分系统；监视分析遥感仪器的运行状况，生成在轨运行的遥感仪器跟踪、监测结果。

2）多源数据获取

多源数据获取是指为产品检验收集各类检验信息、检验数据和被检验数据。多源数据获取方式包括 FTP、HTTP 等在线数据获取方式，以及其他离线数据收集方式。

获取的数据包括地理信息数据、数值天气预报场、常规气象数据、海洋浮标数据、气象雷达数据、实际物理场的观测数据、同期国外同类卫星遥感产品等，以及被检验数据。多源数据获取的主要功能包括产品质量检验所需数据的获取、下载，并建立辅助数据库。

3）一级数据定位质量检验

一级数据定位质量检验部件组主要利用风云三号气象卫星的一级数据文件，通过定位检验算法，对风云三号气象卫星预处理生成的一级数据的定位情况进行质量检验。利用现有的卫星遥感数据，建立不同分辨率的全球地面控制点数据集，并与不同分辨率的卫星遥感数据进行比对，确定其定位精度，生成定位误差检验报告。

4) 一级数据定标质量检验

一级数据定标质量检验主要利用风云三号气象卫星的一级数据文件与同类型卫星数据、常规数据、模式数据等，通过多种定标检验方式对风云三号气象卫星 A 星的定标系数变化规律进行分析，得到定标精度检验结果。检验的定标方式包括星上定标、在轨交叉定标、外场定标、航空定标、固定目标跟踪等。

星上定标主要利用星上定标器获取的深空和星上黑体辐射信息，实现定标信息更新。

在轨交叉定标通过不同卫星对共有过境交叉点的观测信息，经处理比较后确定其相互间的定标系数，实现交叉定标或相对定标。

外场定标主要利用青海和敦煌等外场定标辐射场，定期进行星地同步观测，以更精确地对发射前实验室定标和星上定标系数进行订正，并及时修正定标系数，为遥感数据定量处理提供可靠的精度。根据直接观测数据或卫星观测的外场定标数据，分析遥感仪器的性能变化，定期提出遥感仪器定标系数修正的依据。

航空定标主要利用航空校飞等大型定标试验，结合飞机同步遥感观测数据，与卫星数据进行进一步比对分析，确定星上传感器的变化，为遥感数据的定量处理提供精确的定标系数。

固定目标跟踪是指利用表面特征均一、稳定的下垫面作为目标试验区，对遥感（尤其是可见光通道）探测信息进行定期分析处理，确定仪器各通道的辐射定标系数，为数据预处理分系统和产品生成分系统提供有效的定标系数。

5) 二级、三级数据质量检验

二级、三级数据质量检验是指，利用偏差估计等统计学方法，基于参考值或检验信息／数据源，通过计算被检验产品与参考值或检验源数据之间的偏差等统计量，得到定量的物理反演精度检验结果，定期生成产品质量检验报告。

数据质量检验方式包括科学数据（SDS）分析、与地面观测数据的对比分析、与同类卫星产品的对比分析等。数据质量检验内容包括产品物理量的值域范围、空间分布、时相变化规律、时空分布常规统计量等。

6) 检验结果的可视化显示

产品质量检验分系统需要对质量检验结果进行可视化的图形展现（包括时间序列图、空间分布图、散点图、多维聚类图、直方图等），以直观的形式提供给质量检验业务专家和最终用户。

图形绘制功能按照要求将需要展现的数据可视化展现到用户客户端。同时，该功能还提供以人机交互方式进行的分析小工具（例如，最大值、最小值、平均值、方差等统计特征量的自动计算与显示，时间间隔的自动设置，多条曲线的自动叠加显示，等等）。

7）检验结果信息发布

检验结果信息发布从用户的实际应用效果出发，评估卫星数据定位质量、定标质量、数据物理反演精度，给出质量检验与评价报告，并将结果反馈给产品质量检验分系统。另外，检验结果信息发布还包括对各子系统产生的数据和信息的自动管理，以及质量评价报告的自动生成、分发功能。检验结果信息发布提供了产品质量检验结果的发布和展现功能。

8）任务调度与管理

任务调度与管理主要实现产品质量检验分系统业务运行过程中的各种后台任务流程的管理、调度执行功能。

9）监测分析与管理

监测分析与管理主要实现了产品质量检验分系统业务运行情况的监控、系统运行环境参数的配置等功能。

3.7.3　主要技术指标

产品质量检验分系统的主要技术指标如下：

（1）实现对 11 台星上遥感仪器的状态监测；

（2）实现对风云三号气象卫星 MERSI/VIRR 一级数据的定位质量检验；

（3）实现对 11 台星上遥感仪器一级数据的定标质量检验；

（4）实现对 8 个二级、三级数据产品的质量检验；

（5）实现产品质量检验报告的自动生成与发布。

3.7.4　分系统组成

风云三号气象卫星地面应用系统产品质量检验分系统包括 9 个子系统，根据系统

功能需求集成为 2 个平台——产品质量检验与评价平台、产品质量检验分系统支撑平台。产品质量检验与评价平台包括 5 个子系统：多源数据自动化获取与处理子系统、仪器状态监测与分析子系统、一级数据定标质量检验与评价子系统、一级数据定位质量检验与评价子系统、二级数据（产品）质量检验与评价子系统。产品质量检验分系统支撑平台包括 4 个子系统：综合信息统计发布子系统、业务运行调度管理子系统、综合数据库软件子系统、系统监测分析管理子系统。各子系统以部件组（CSCI）形式实现具体功能，在 9 个子系统之外，还包括两个部件组用于综合数据库支撑，如图 3-59 所示。

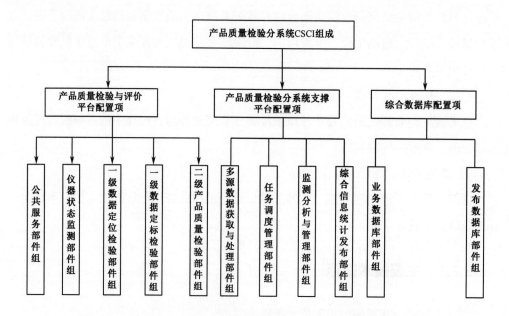

图 3-59　产品质量检验分系统部件组及子系统接口

1. 多源数据自动化获取与处理子系统

多源数据自动化获取与处理子系统主要负责收集、处理、管理产品质量检验分系统所需的检验源数据与被检验数据。该子系统包括卫星匹配点预报、外网数据获取、内网数据获取、多源数据预处理四大功能。

检验源数据是指用来检验风云三号气象卫星地面应用系统产品质量的参考数据，包括数值预报数据、常规气象观测数据、海洋浮标数据、气象雷达数据等，以及同期国外相应卫星的遥感数据和产品等。被检验数据是指由风云三号气象卫星地面应用系统数据预处理分系统（DPPS）、产品生成分系统（PGS）生成的一级、二级、三级数据。

多源数据自动化获取与处理子系统是一个可扩充的组件式子系统，它可以根据质量检验业务需求，通过修改配置以扩展检验源数据和被检验数据的种类；在多源数据自动化处理过程中，对各类数据进行提取。另外，该子系统可以对数据文件的生命周期进行管理。

2. 仪器状态监测与分析子系统

仪器状态监测与分析子系统的核心功能是实时显示及以人机交互方式延时显示各种仪器状态参数监测结果的时变特征。仪器状态监测与分析子系统针对风云三号气象卫星遥感仪器在轨运行状态和星上定标系统扫描数据，基于遥感仪器连续的工程遥测信息或 OBC 数据文件，对各种遥感仪器的状态进行实时跟踪，具有对各种遥测数据的显示及统计结果的可视化功能。另外，该子系统会定期给出各种遥感仪器状态的在轨跟踪监测评价报告。

3. 一级数据定标质量检验与评价子系统

一级数据定标质量检验与评价子系统主要对风云三号气象卫星地面应用系统数据预处理分系统生成的一级数据的定标结果进行分析和检验，确定数据定标精度，定期给出卫星数据定标质量检验结果与评价报告。

4. 一级数据定位质量检验与评价子系统

一级数据定位质量检验与评价子系统主要对风云三号气象卫星地面应用系统数据预处理分系统生成的一级数据的定位结果进行质量检验和评价，定期给出一级数据的定位质量检验与误差评价报告。该子系统利用各种遥感仪器成像数据中典型地面控制点数据的定位结果与模板库中相应典型地面控制点数据的定位结果进行自动比对或者以人机交互的方式比对，获得定位精度的评价。

5. 二级数据（产品）质量检验与评价子系统

二级数据（产品）质量检验与评价子系统主要利用收集的检验源数据，检验风云三号气象卫星地面应用系统产品生成分系统定量业务产品的质量，定期（月、季等）给出卫星遥感定量产品的质量检验结果与评价报告。当前，主要选择大气、陆地和海洋领域的部分遥感定量产品进行质量检验，这些产品包括射出长波辐射、大气温度／湿度廓线、大气可降水量、气溶胶、陆表温度、海面温度、地面降水、土壤水分、陆表反射率、积雪产品、空间环境监测器高能质子／电子通量数据等。

为了保证二级数据（产品）质量检验的科学性和完整性，二级数据（产品）质量检验与评价子系统收集遥感定量产品观测数据、数值预报场数据、同化系统再分析数据、外场同步观测数据、飞机观测数据和国外同时期卫星遥感产品，并在此基础上建立辅助数据库，利用辅助数据库的数据和各种科学算法，对风云三号气象卫星遥感产品进行准实时、定期或不定期检验，给出遥感定量产品的误差和精度分析报告，并提供给管理机构、产品研发人员和产品用户参考。

6. 综合信息统计发布子系统

综合信息统计发布子系统主要提供各种产品检测数据的发布和展示平台。产品检测数据主要包括：仪器状态检验数据、图形、报告；一级数据定位质量检验结果数据、图形、报告；一级数据定标质量检验结果数据、图形、报告；二级数据（产品）质量检验统计数据、图形、报告。综合信息统计发布部件组需要提供的功能包括新闻信息的发布和展示、用户注册信息和用户反馈，以及各种检验结果信息的在线展示、发布和网站后台管理。

7. 业务运行调度管理子系统

业务运行调度管理子系统通过任务调度中心实现对各种数据资源、计算资源的统一组织和调配，按照预先定义好的任务流程完成作业，最终完成各种数据的处理任务、产品的制作任务。任务调度管理基于异构平台下多机开发的作业调度与控制，采用后台进程自动运行模式，利用数据库技术、通信技术高效满足系统的后台支撑任务。

8. 综合数据库软件子系统

综合数据库软件子系统是数据建库、文件目录规划和详细设计的基础和依据。它明确了风云三号气象卫星地面应用系统产品质量检验分系统业务应用支撑软件的业务数据组成与结构，指导软件开发环节的数据库及文件存储区域建设。

根据产品质量检验分系统的质量检验与评价过程，以及业务阶段分析，综合数据库软件子系统将整个质量检验过程中需要的和生产的各种文件、数据统一存储到不同的文件存储区域。根据数据、文件的不同特性，并且基于文件管理的科学性、便利性考虑，将整个文件存储区域划分为外网数据接口区、内网数据接口区、预处理数据区、不合格数据区、仪器状态监测结果区、一级数据定位检验结果区、一级数据定标检验结果区、二级数据（产品）质量检验结果区 8 个区域。

9. 系统监测分析管理子系统

系统监测分析管理子系统是产品质量检验分系统支撑平台建设中一个非常重要的部分。它为质量检验业务提供支撑软件运行的系统配置、数据库配置，为多源数据自动化处理的数据下载、处理服务提供支撑，并通过收集和监视各业务流程运行状态、存储容量信息，建立系统运行状态的自动监控和报警机制。系统监测分析管理子系统主要包括系统管理、多源数据处理配置、数据库配置管理和监测分析集成。

3.7.5　技术方案

风云三号气象卫星地面应用系统产品质量检验分系统主要为所有从其获得各种支持的人员和单位提供服务，基于共享数据库、图像显示处理分析平台、多种比对处理分析平台、质量检验报表制作平台等业务运行公共平台，定时制作产品质量检验报告、仪器状态监测和分析报告，通过发布平台分别面向内网、外网用户发布质量检验报告，实现风云三号气象卫星地面应用系统及相关气象卫星产品的质量检验。

针对上述目标，风云三号气象卫星地面应用系统产品质量检验分系统采用先进、成熟的计算机技术、存储技术、网络数据检索技术、遥感图像处理技术、数据库技术、信息动态发布技术，建立了一套集数据采集、质量检验、统计分析、结果反馈于一体的风云三号气象卫星遥感产品质量检验服务系统。

为详细说明产品质量检验分系统的相关技术，下面分别从产品质量检验分系统的技术流程、软硬件环境、运行模式等方面展开说明。

1. 技术流程

风云三号气象卫星地面应用系统产品质量检验分系统主要包括其内部各子系统的具体模块功能、调度和集成方式、数据流和管理机制等部分的有机组织和分布。图 3-60 给出了产品质量检验分系统的总体技术流程。

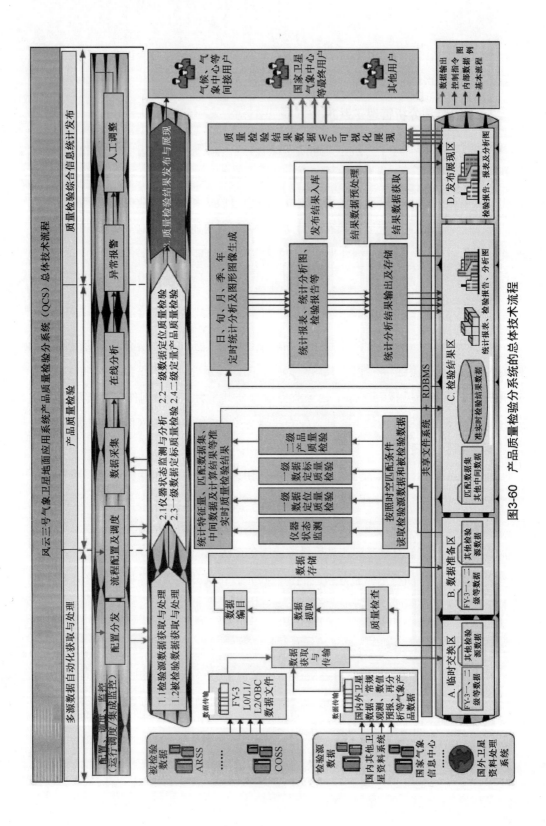

图3-60 产品质量检验分系统的总体技术流程

2. 软硬件环境

1）硬件环境

风云三号气象卫星地面应用系统产品质量检验分系统的服务器由 1 台高性能处理计算机和 6 台 PC 服务器构成。高性能处理计算机主要用于部署产品质量检验与评价平台相关子系统的功能部件。6 台 PC 服务器主要用于部署产品质量检验分系统支撑平台相关子系统的功能部件。各服务器通过 SAN 存储局域网与存储设备群组成一个数据存储专用网络。在各服务器集群内部，通过冗余的千兆位以太网组成了用于数据通信、集群内部通信的信息交互专网。

产品质量检验分系统业务应用支撑软件基础硬件支撑平台的物理结构、连接关系如图 3-61 所示。

如图 3-61 所示，产品质量检验分系统的硬件环境以 SAN 存储局域网为中心，通过 SAN 网络和 IP 以太网进行数据传输和交换；采用 RBDMS 系统和数据管理系统实现对气象数据结构化内容和非结构化内容的管理和存储。采用 IP 以太网和 SAN 存储局域网技术，构建专用存储系统，通过网络域划分满足数据集中、安全存储和访问控制，保证存储系统信息存储的灵活性和可扩展性。不同区域间的数据交换通过安全的数据交换协议和机制实现。

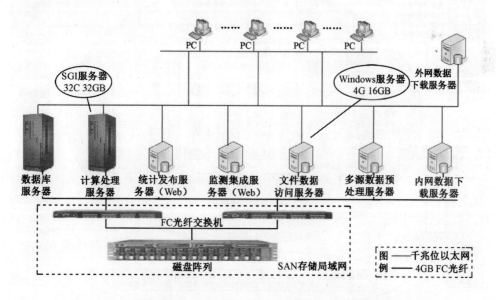

图 3-61　产品质量检验分系统业务应用支撑软件基础硬件支撑平台

2）软件环境

（1）操作系统。

客户端以Windows操作系统为主，服务器端以Windows/Linux/UNIX操作系统为主。

（2）数据存储管理。

数据存储的支撑软件为共享文件系统和关系型数据库。

（3）文件共享软件。

采用文件共享软件实现SAN存储设备上的数据在各服务器之间的高效共享。

（4）程序设计语言。

UNIX 和 Linux 系统配置了标准 C、C++、Fortran 等程序设计语言与开发工具；Windows 平台配置了 VC++、Fortran、Java 等程序设计语言。

3. 运行模式

风云三号气象卫星地面应用系统产品质量检验分系统的运行模式主要包括产品质量检验分系统应用支撑软件的业务／单机版本关系、各子系统的布局及相互关系、分系统外部 I/O 界面层的数据／信息流及交换方式。产品质量检验分系统的运行模式架构如图 3-62 所示。

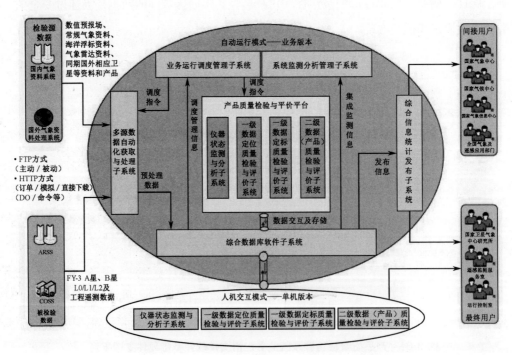

图 3-62 产品质量检验分系统的运行模式架构

3.8 仿真与技术支持分系统

在风云三号气象卫星地面应用系统中，仿真与技术支持分系统主要开发、建设一个与风云三号气象卫星地面应用系统的目标环境在功能上相似、性能上相近的计算机实物、半实物仿真系统，为风云三号气象卫星地面应用系统的联调演练提供平台，为数据预处理和产品处理仿真提供技术支持，为系统运行中的故障分析定位提供一个近似实战的业务运行和仿真系统环境。

3.8.1 概述

风云三号气象卫星地面应用系统工程由五站一中心组成，所建成的系统除完成风云三号气象卫星的气象应用业务外，还要处理同一时期在轨的其他国家的极轨卫星数据，并将其提供给相应的用户。从数据获取、科学计算、存档，到服务提供，整个业务流程具有实时、多站、多星、多载荷、多道业务控制／数据处理作业流并行或交错或汇集运行的特点，给业务运行控制与管理带来了前所未有的复杂性。为了在风云三号气象卫星发射前后验证并确认地面应用系统软硬件设备的技术状态能够满足业务要求，地面应用系统建设了一个完全独立于业务系统的仿真与技术支持分系统（STSS），为地面应用系统的测试、验证和有关人员的训练提供了全面的支持与服务。

3.8.2 主要任务和功能

1. 主要任务

仿真与技术支持分系统开发的目标是建立一个与风云三号气象卫星地面应用系统的真实业务运行环境在功能上相似、性能上相近的计算机实物或半实物系统仿真和软件测试模拟系统。基于此，风云三号气象卫星地面应用系统的业务管理部门与运行支持组织能够为地面应用系统人员与软硬件设备的联调演练提供平台，为业务测控、数据预处理和产品生成软件的仿真测试与验证，以及在业务运行过程中的故障分析、定位和预案制定，提供一个近似真实的系统业务运行和／或软件测试环境。

2. 功能

仿真与技术支持分系统具有 4 个子系统级功能。

（1）实时业务、测控信息仿真功能：用于完成地面应用系统业务在联调演练时所需的业务信息环境仿真任务。

（2）模拟探测数据生成功能：用于完成数据预处理分系统、产品生成分系统应用软件算法验证，以及业务信息实时仿真所需的模拟有效载荷探测数据生成任务。

（3）软件测试环境模拟功能：用于完成应用软件单元集成与确认测试所需的各级软件测试环境模拟任务。

（4）故障报告、原因分析与辅助决策功能：用于完成地面应用系统业务运行期间的故障报告、原因分析、纠正措施，以及可靠性增长、维护性保持等分析与辅助决策任务。

3.8.3　主要技术指标

仿真与技术支持分系统的主要技术指标包括：为用户提供完成地面应用系统业务信息实时仿真所需的计算环境和计算能力；为用户提供完成有效载荷探测数据模拟任务所需的计算环境和计算能力；提供软件测试模拟环境与工具，为用户提供完成应用软件单元集成与确认测试环境模拟任务所需的计算环境和计算能力；有效地为用户提供地面应用系统故障纠正、可靠性增长、维护性保持、新系统改进等方面的信息服务与计算机辅助决策能力，在系统故障纠正、可靠性增长、维护性保持方面发挥积极作用。

3.8.4　分系统组成

仿真与技术支持分系统各项功能按其任务性质、功能特点和应用范围分解为 4 个应用软件子系统。其中，实时业务、测控信息仿真子系统是一个独立的实时应用软件系统，主要目的是为用户提供完成地面应用系统业务信息实时仿真所需的计算环境和计算能力；数据模拟与工具软件子系统是一个工具化应用软件，主要为用户提供完成有效载荷探测数据模拟任务所需的计算能力；测试模拟与工具软件子系统是一个工具化应用软件，为用户提供完成应用软件单元集成与确认测试环境模拟任务所需的计算能力；故障报告、原因分析与辅助决策子系统是一个信息管理与辅助决策应用软件系统，为用户提供地面应用系统故障纠正、可靠性增长、维护性保持、新系统改进等方面的信息服务与计算机辅助决策能力。仿真与技术支持分系统的结构如图 3-63 所示。

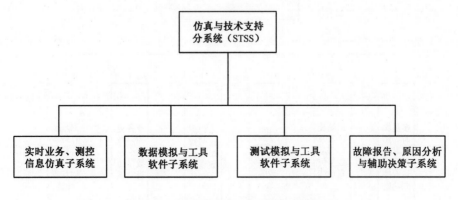

图 3-63　仿真与技术支持分系统的结构

3.8.5　技术方案

仿真与技术支持分系统的技术方案包括各子系统的目的、主要任务、功能模块构成，以及相互间的接口关系、典型的运行剖面等。

1. 实时业务、测控信息仿真子系统

实时业务、测控信息仿真子系统的目的是为系统级的业务运行联调演练提供实时业务测控对象的仿真替代物。这些仿真替代物所针对的对象包括：卫星轨道及其任意时刻的空间位置、姿态，卫星有效载荷及相关支持设备任意时刻工作状态的遥测参数，卫星有效载荷的观测、探测结果，西安卫星测控中心与地面应用系统间的接口和工程测控数据交换，地面应用系统内部各子系统间（主要是各卫星地面站、运管中心和预处理中心）的接口和业务数据交换，其他外部系统与地面应用系统间的接口和业务数据交换。

1）功能结构

在实时业务、测控信息仿真子系统中，高精度的仿真（如数据预处理数学模型）采用非实时仿真（或离线的模拟计算）；在该子系统中有实时、超实时两种运行模式，交替应用于可测轨道段（境内轨道段）和不可测轨道段（境外轨道段）。实时业务、测控信息仿真子系统的功能分解结构如图 3-64 所示，功能间控制关联如图 3-65 所示，功能间数据关联如图 3-66 所示。其中，虚线框部分已作为数据接收子系统的配套设备，不包含在本子系统中。

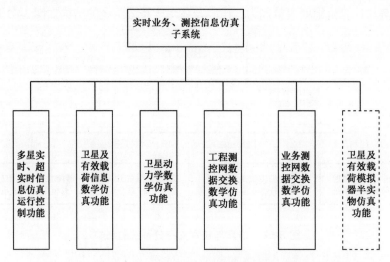

图 3-64　实时业务、测控信息仿真子系统的功能分解结构

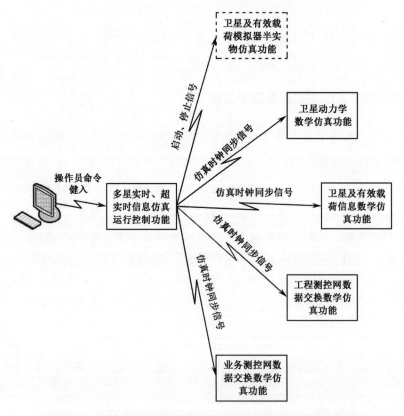

图 3-65　实时业务、测控信息仿真子系统的功能间控制关联

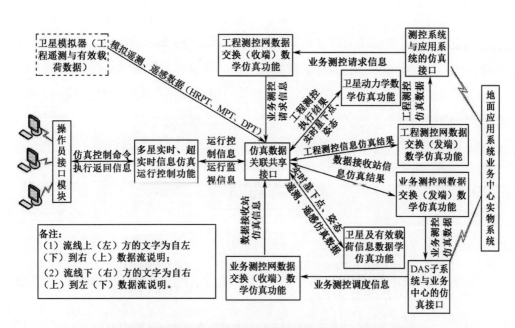

图 3-66　实时业务、测控信息仿真子系统的功能间数据关联

2）多星实时、超实时信息仿真运行控制功能

多星实时、超实时信息仿真运行控制功能模块是实时业务、测控信息仿真子系统的计算机软件运行支持模块。该功能由配置在仿真计算机上的多星实时／超实时信息仿真操作员接口、多星实时／超实时信息仿真调度器、单星实时／超实时信息仿真执行器等内核软件模块实现（见图 3-67）。

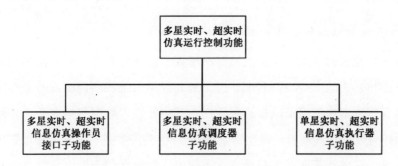

图 3-67　多星实时、超实时信息仿真运行控制功能的分解结构

3）卫星及有效载荷信息数学仿真功能

卫星及有效载荷信息数学仿真功能由配置在仿真计算机上的卫星及有效载荷信息数学仿真软件实现，提供卫星及有效载荷在地面应用系统联调演练中的仿真替代物。该仿真替代物由多通道全球天气数字拼图生成器、遥测遥控信息仿真器和实时观测数据仿真器等软件模块组成。在一个多星信息仿真调度器和相应的单星信息仿真执行器的控制下，按照卫星的飞行程序、轨道、姿态，以及星上测量设备的采样周期、时间，该功能实时或超实时生成通过卫星数据传输信道下行的有效载荷遥测、遥感CCSDS 数据包。

卫星及有效载荷信息数学仿真功能的分解结构如图 3-68 所示。

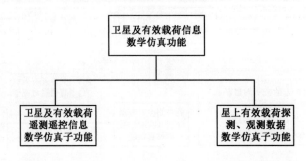

图 3-68　卫星及有效载荷信息数学仿真功能的分解结构

4）卫星动力学数学仿真功能

卫星动力学数学仿真功能由配置在仿真计算机上的卫星动力学数学仿真软件实现，提供卫星动力学平台在地面应用系统联调演练中的仿真替代物。其主要输入数据包括：精轨根数与姿态参数，有效载荷实时工作状态与参数，各设备规定的采样周期与开始时间。其主要输出参数为卫星轨道空间位置、姿态，以及卫星实时星下观域中心位置。

5）工程测控网数据交换数学仿真功能

工程测控网数据交换数学仿真功能由配置在仿真计算机上的工程测控网数据通信仿真软件和必要的支持硬件实现，提供地面应用系统在联调演练时工程测控网对地面应用系统数据通信设备的仿真替代物。其主要输入数据包括业务测控计划、有效载荷遥控与数据注入请求，以及初始轨道根数、姿态参数。其主要输出数据包括工程测控计划、有效载荷遥控与数据注入时间表、精轨根数与姿态参数、即时执行的有效载荷遥控指令与注入数据，以及业务测控计划请求的有效载荷遥控指令与数据注入执行情况。

6）业务测控网数据交换数学仿真功能

业务测控网数据交换数学仿真功能由配置在仿真计算机上的业务测控网仿真软件和必要的支持硬件实现，提供地面应用系统内部在联调演练时所需的业务测控网内各节点数据通信的仿真替代物。该替代物包括业务（测控）中心数据通信仿真器、卫星地面站数据通信仿真器等软件模块。

业务测控网数据交换数学仿真功能的分解结构如图 3-69 所示。

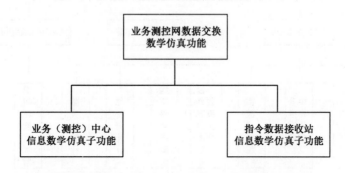

图 3-69　业务测控网数据交换数学仿真功能的分解结构

7）卫星及有效载荷模拟器半实物仿真功能

卫星及有效载荷模拟器是一个半实物仿真设备，由硬件和嵌入式软件实现相应功能。其为卫星地面站内的数据接收设备提供一个模拟的卫星有效载荷的遥测、遥控、遥感信息源，使得卫星地面站内除天线、伺服、馈源之外的主要测控设备都能够参加地面应用系统业务运行的联调演练。

8）其他外部系统信息数学仿真设计功能

其他外部系统信息数学仿真设计功能主要是指一些与地面应用系统具有互操作或数据交换要求的用户系统，其根据需要进行相关信息仿真，以验证向用户提供信息的正确性和有效性。

2. 数据模拟与工具软件子系统

数据模拟与工具软件子系统拥有各种仿真数学模型和配套的基础数据，能够满足数据预处理、产品生成等系统开发、调试所需的各种类型的探测仪器（见图 3-70）的各级（主要是零级和一级）数据、产品的模拟、仿真要求，具有很强的易用性（包括互操作性）。软件的安装和使用工具化、导航化，具有很强的维护性，支持各种来源的数学模型和基础数据的引进，并对数据模拟、仿真系统进行相应的升级或扩展。数据模拟与工具软件子系统结构如图 3-71 所示，数据模拟与工具软件子系统功能化体系结构如图 3-72 所示，数据模拟与工具软件子系统数据流程如图 3-73 所示。

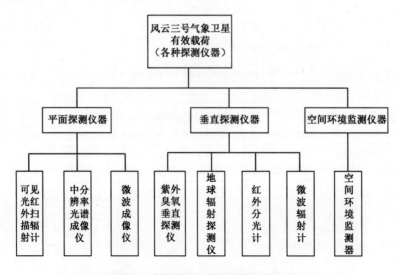

图 3-70　数据模拟、仿真的仪器对象

1）可见光红外扫描辐射计模拟数据生成功能

风云三号气象卫星搭载可见光红外扫描辐射计的任务是获取 10 个可见光、红外探测通道（包括 4 个可见光通道、1 个近红外通道、2 个短波红外通道和 3 个热红外通道）的地球昼夜间二维景象信息。这些信息经数据处理后，白天的 10 个可见光、红外探测通道（高分辨率，分辨率可达 1.1km）将转换成 HRPT1、HRPT 2 数字信号数据，送到发射机实时下行发送给过境的卫星地面站和／或星上信息处理机进行全球记录；夜间的 3 个红外通道将转换成 HRPT3、HRPT 4 数字信号数据，发送给星上信息处理机进行全球记录。

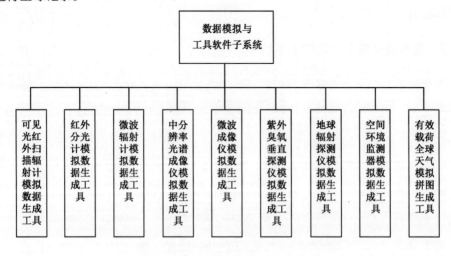

图 3-71　数据模拟与工具软件子系统结构

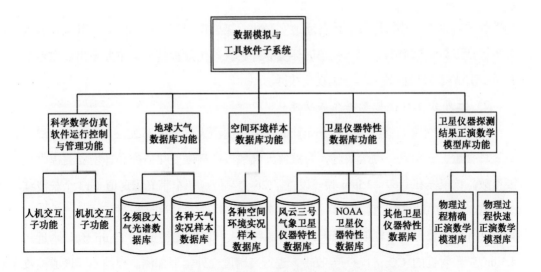

图 3-72 数据模拟与工具软件子系统功能化体系结构

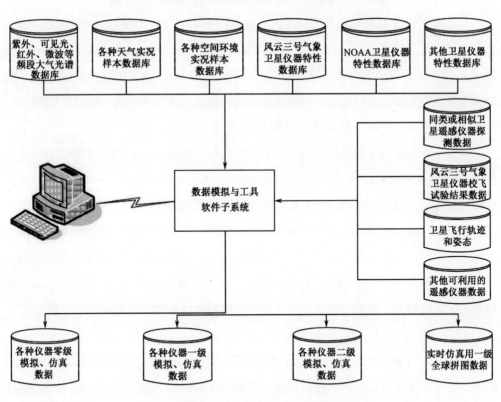

图 3-73 数据模拟与工具软件子系统数据流程

可见光红外扫描辐射计模拟数据生成工具的目的是为用户提供以手动交互方式预先批量编程或以非交互方式（调用工具提供的 API 程序）实时生成风云三号气象卫星

所搭载的可见光红外扫描辐射计各通道零级和一级模拟观测数据的能力。其主要输入参数包括卫星轨道数据、大气和地球环境参数、仪器定标参数；其主要输出参数包括10个通道的零级模拟数据和一级观测数据。

2）红外分光计模拟数据生成功能

风云三号气象卫星搭载红外分光计的任务是探测大气温度廓线、大气湿度廓线、臭氧总含量、云参数、气溶胶等，为数值天气预报、气候变化研究和环境监测提供重要参数。该仪器在 $0.69 \sim 15\mu m$ 频段设置了 26 个窄带、超窄带光谱通道（13 个长波红外通道、7 个中波红外通道和 6 个短波红外通道），对地球和大气进行长波、中波、短波红外辐射及可见光辐射的探测，特别是利用大气吸收比稳定的 $14\mu m$ 频段附近和 $4.5\mu m$ 频段附近的 CO_2 / N_2O 吸收带，进行高精度红外辐射探测。根据不同通道接收的红外辐射随高度或压力的变化关系，可以反演出大气温度与大气湿度的垂直分布。

红外分光计模拟数据生成工具为用户提供以手动交互方式预先批量编程或以非交互方式（调用工具提供的 API 程序）实时生成风云三号气象卫星所搭载的红外分光计26 个通道零级和一级模拟观测数据的能力。其主要的输入参数包括卫星轨道数据、地球和大气参数数据、定标数据；其主要输出为各通道的零级和一级观测模拟数据。

3）微波温度计模拟数据生成功能

风云三号气象卫星搭载的微波温度计在氧气吸收频段工作，共有 4 个工作频点：50.30GHz、53.596GHz、54.94GHz、57.290GHz，可以获取 20km 以下大气的垂直温度分布数据。其主要任务是进行全天候的大气垂直温度探测。

微波温度计模拟数据生成工具为用户提供以手动交互方式预先批量编程或以非交互方式（调用工具提供的 API 程序）实时生成风云三号气象卫星所搭载微波温度计 4 个工作频点零级和一级模拟观测数据的能力。其主要输入数据包括卫星轨道数据、地球和大气环境数据、定标数据等；其主要输出数据包括各频段的零级和一级数据。

4）微波湿度计模拟数据生成功能

风云三号气象卫星搭载的微波湿度计的任务是对全天候大气湿度的垂直分布进行探测。微波湿度计工作在水汽吸收频段，采用 183.31GHz 频点作为主探测通道，包括 3 个频段，分别为（183.31±1）GHz、（183.31±3）GHz、（183.31±7）GHz 的主探测通道，以获取大气层不同高度的湿度分布数据；辅助探测通道频点为 150GHz 的大气吸收窗区，并采用双通道、双极化方式，探测数据除用来修正主探测通道的数据外，还可以用来探测云中含水量、强降雨、卷云等大气参数。

微波湿度计模拟数据生成工具为用户提供以手动交互方式预先批量编程或以非交互方式（调用工具提供的 API 程序）实时生成风云三号气象卫星所搭载的微波湿度计 3 个主探测通道、1 个辅助探测通道的零级和一级模拟观测数据的能力。其主要输入数据包括卫星轨道数据、地球和大气环境数据、定标数据等；其主要输出数据包括各频段的零级和一级数据。

5）中分辨率光谱成像仪模拟数据生成功能

风云三号气象卫星搭载的中分辨率光谱成像仪有 10 个可见光频段、7 个近红外频段、2 个短波红外频段、1 个热红外频段，地面分辨率为 1000m 和 250m 不等，光谱分辨率为 20nm、50nm、2.5μm，可以同时获取丰富的地气辐射景象。其主要任务是对地球的海洋、陆地、大气进行动态监测，并进一步加强对云特性、气溶胶、陆表特性、海面特性、低层水汽的监测，提高我国天气预报、气候变化研究和地球环境监测的能力。

中分辨率光谱成像仪模拟数据生成工具为用户提供以手动交互方式预先批量编程或以非交互方式（调用工具提供的 API 程序）实时生成风云三号气象卫星所搭载的中分辨率光谱成像仪 20 个通道零级和一级模拟数据的能力。其主要输入数据包括卫星轨道数据、地球和大气环境数据、定标数据等；其主要输出数据包括各通道的零级和一级数据。

6）微波成像仪模拟数据生成功能

风云三号气象卫星搭载的微波成像仪在 5 个频点工作，分别为 10.65GHz、18.7GHz、23.8GHz、36.5GHz、89GHz，其主要任务是观测全球降水（特别是中国夏季暴雨）、全球云的液态水含量和云水相态、全球植被、土壤湿度、海冰与雪覆盖等，为大尺度、中尺度灾害性天气预报，以及暴雨诊断、环境监测、军事应用提供数据。

微波成像仪模拟数据生成工具为用户提供以手动交互方式预先批量编程或以非交互方式（调用工具提供的 API 程序）实时生成风云三号气象卫星所搭载的微波成像仪 5 个频点零级和一级模拟数据的能力。其主要输入数据包括卫星轨道数据、地球和大气环境数据、定标数据等；其主要输出数据包括各通道的零级和一级数据。

7）地球辐射探测仪模拟数据生成功能

风云三号气象卫星搭载的地球辐射探测仪有两个探测头，分别提供窄视场扫描方式和宽视场非扫描方式探测地球全波频段（0.2～50μm）和短波频段（0.2～3.8μm）辐射收支情况的能力。其主要任务是探测地气系统和外层空间的辐射收支。

地球辐射探测仪模拟数据生成工具为用户提供以手动交互方式预先批量编程或以非交互方式（调用工具提供的 API 程序）实时生成风云三号气象卫星所搭载的地球辐射探测仪 4 个通道（宽视场全波／短波探测通道各 1 个，窄视场全波／短波探测通道各 1 个）零级和一级观测模拟数据的能力。其主要输入数据包括卫星轨道数据、地球和大气环境数据、定标数据等；其主要输出数据包括各通道的零级和一级数据。

8）太阳辐射监测仪模拟数据生成功能

风云三号气象卫星搭载的太阳辐射监测仪的主要任务是监测太阳辐照度的变化，为气候变化研究提供精确的太阳辐射数据。太阳辐射监测仪包括 3 个相互独立的太阳绝对辐射监测仪（探测范围为 100～2000W·m^{-2}，视场为 3°～37°、6°～39°、9°～43°）。在卫星从地球阴影飞出的北极附近，太阳在其视场上扫过的时间内测量太阳辐照度。其中，2 个视场用于例行测量，1 个视场用于定期测量，以监测前 2 个通道工作的长期稳定性。

太阳辐射监测仪模拟数据生成工具为用户提供以手动交互方式预先批量编程或以非交互方式（调用工具提供的 API 程序）实时生成风云三号气象卫星所搭载的 3 个相互独立的太阳绝对辐射监测仪（探测范围为 100～2000W·m^{-2}，视场为 3°～37°、6°～39°、9°～43°）零级和一级观测模拟数据的能力。其主要输入数据包括卫星轨道数据、定标数据等；其主要输出数据包括各通道的零级和一级数据。

9）紫外臭氧总量探测仪模拟数据生成功能

风云三号气象卫星搭载的紫外臭氧总量探测仪的主要任务是测量大气臭氧总量的全球分布，为气候预测和全球变化研究提供重要参数。紫外臭氧总量探测仪采用波长对法，选取吸收有强弱之分而散射效应大致相同的一对波长，利用这对波长的相对衰减对大气臭氧非常敏感这个特性，测量并反演大气臭氧总量。其中，所选的波长对分为 6 个通道，波长分别为（308.68±0.15）nm、（312.59±0.15）nm、（317.61±0.15）nm、（322.40±0.15）nm、（331.31±0.15）nm、（360.11±0.25）nm。

紫外臭氧总量探测仪模拟数据生成工具为用户提供以手动交互方式预先批量编程或以非交互方式（调用工具提供的 API 程序）实时生成风云三号气象卫星所搭载的紫外臭氧总量探测仪 6 个通道零级和一级观测模拟数据的能力。其主要输入数据包括卫星轨道数据、地球和大气环境数据、定标数据等；其主要输出数据包括各通道的零级和一级数据。

10）紫外臭氧垂直探测仪模拟数据生成功能

风云三号气象卫星搭载的紫外臭氧垂直探测仪的任务是获取太阳紫外光谱辐照度、太阳后向散射紫外光谱辐亮度数据。这些数据经数学反演，可以得到星下点臭氧总量垂直分布，为气候预测和全球变化研究提供重要参数。紫外臭氧垂直探测仪具有3 种工作模式。

（1）太阳模式：测量 160～400nm 频段太阳紫外-真空紫外光谱辐照度。

（2）大气模式：测量 250～340nm 频段 12 个特征频点处的地球大气太阳后向散射紫外光谱辐亮度。

（3）标准灯模式：测量汞灯 253.7nm 光谱线，用于仪器自身波长定标及前置漫反射器漫反射率监测。

紫外臭氧垂直探测仪模拟数据生成工具为用户提供以手动交互方式预先批量编程或以非交互方式（调用工具提供的 API 程序）实时生成风云三号气象卫星所搭载的紫外臭氧垂直探测仪在 3 种模式（大气模式、太阳模式、标准灯模式）下零级和一级观测模拟数据的能力。其主要输入数据包括卫星轨道数据、地球和大气环境数据、定标数据等；其主要输出数据包括各通道零级和一级数据。

11）空间环境监测器模拟数据生成功能

风云三号气象卫星搭载的空间环境监测器的主要任务是监视卫星轨道空间的高能电子、质子和重离子，实时测量这些粒子引起的辐射剂量效应、表面电位效应，检验国产CPU 在轨抗辐照的能力。空间环境监测器所获监测结果，不仅要为卫星的在轨安全运行提供服务，而且要为新的在轨运行设备的抗辐照加固设计提供参考和依据。全套设备由 5 种空间环境及其效应探测仪器，以及 1 台空间环境监测数据远置采集、缓存单元（RTU）共 9 台单机组成。其中，5 种空间环境及其效应探测仪器如下。

（1）12 个通道高能离子探测器（1 台），可以探测 6 个能谱范围（He：12～110MeV；Li：24～220MeV；C：60～570MeV；Mg：0.2～1.2GeV；Ar：0.3～2.0GeV；Fe：0.5～12.0GeV）内的重离子和 6 个能谱范围（3.0～5.0MeV、5.0～10MeV、10～26MeV、26～40MeV、40～100MeV、100～300MeV）内的质子。

（2）5 个通道高能电子探测器（1 台），可以探测 5 个能级范围（0.15～0.35MeV、

0.35～0.65MeV、0.65～1.2MeV、1.2～2.0MeV、2.0～5.7MeV）内的电子。

（3）辐射剂量仪（3台），分高精度和大量程两类，可以探测星内0～104rad的辐射剂量。

（4）表面电位探测器（2台），向阳面和背阳面各安装1台，用于测量卫星阳、阴两面的电位差。

（5）单粒子事件探测器（1台），由国产1750A及其外围电路组成一个独立工作的试验系统；以80C31为核心组成对国产1750A的监测系统，定时监测试验系统的工作情况，并把相关信息记录下来，如1750A寄存器的单粒子翻转、工作电流、软件流程标识等。

高能离子探测器模拟数据生成工具为用户提供以手动交互方式预先批量编程或以非交互方式（调用工具提供的API程序）实时生成模拟风云三号气象卫星空间环境监测器RTU混合采样数据包的能力。

12）有效载荷全球天气模拟拼图生成功能

有效载荷全球天气模拟拼图生成功能模块以人工控制的交互方式运行，用于将各种来源的一级产品经格式或数值定标转换后，拼接生成卫星有效载荷各仪器、各通道一级全球天气二维景象数值模拟拼图。

3. 测试模拟与工具软件子系统

测试模拟与工具软件子系统为用户和应用场合（主要是单元测试、部件功能确认、系统集成验证3个级别的软件）提供必要的调试、测试模拟与工具软件，为各级软件提供模拟测试环境。

1）功能与结构

作为测试模拟或工具使用的软件具有很强的易用性和维护性，能够在各种应用场合为被测试对象提供运行支持环境，或者为测试人员提供必要的测试监控与管理功能等。图3-74为测试模拟与工具软件子系统的功能与结构。

2）软件单元测试模拟与工具

软件单元测试模拟与工具主要提供平台化的单元测试与部件集成软件运行模拟环境和执行工具。软件单元测试模拟与工具能够方便、快捷地生成所需的驱动和模拟软件被测试的软件单元，并将其与各级被测试的软件单元（CSU）组装在一起，以运行测试用例。软件单元测试模拟与工具的主要输入数据包括被测试的软件单元（源程序或目标模块）、间接输入的测试用例（统一格式的测试用例数据文件）、直接输入的测试用例（由被测试对象直接读取的数据文件）、测试执行与结果探测、显示和保存的人机交互命令；其主要输出数据包括通过测试的软件单元（源程序或目标模块）、间接输出的测试结果（统一格式的测试结果数据文件）、直接输出的测试用例（由被测试对象直接写的数据文件）、人机交互命令的执行情况与帮助信息。

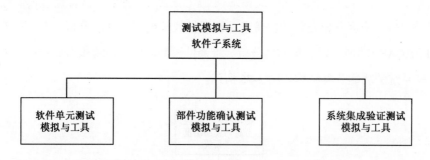

图 3-74　测试模拟与工具软件子系统的功能与结构

3）部件功能确认测试模拟与工具

部件功能确认测试模拟与工具提供平台化的部件集成与功能确认测试的模拟环境和执行工具。部件功能确认测试模拟与工具能够方便、快捷地生成所需的驱动和模拟软件被测试的软件单元，并将其与各级被测试的软件部件（CSC）组装在一起，以运行测试用例。部件功能确认测试模拟与工具的主要输入数据包括被测试的软件部件（源程序或目标模块）、间接输入的测试用例（统一格式的测试用例数据文件）、直接输入的测试用例（由被测试对象直接读取的数据文件）、测试执行与结果探测、显示和保存的人机交互命令；其主要输出数据包括通过测试的软件部件（源程序或目标模块）、间接输出的测试结果（统一格式的测试结果数据文件）、直接输出的测试用例（由被测试对象直接写的数据文件）、人机交互命令的执行情况与帮助信息。

4）系统集成验证测试模拟与工具

系统集成验证测试模拟与工具提供平台化的软件配置项或系统集成与功能确认测试的模拟环境和执行工具。系统集成验证测试模拟与工具能够方便、快捷地生成所需的驱动和模拟软件被测试的软件单元，并将其与各级被测试的软件部件（CSCI）组装在一起，以运行测试用例。其主要输入数据包括被测试的软件配置项（源程序或目标模块）、间接输入的测试用例（统一格式的测试用例数据文件）、直接输入的测试用例（由被测试对象直接读取的数据文件）、测试执行与结果探测、显示和保存的人机交互命令；其主要输出数据包括通过测试的软件配置项（源程序或目标模块）、间接输出的测试结果（统一格式的测试结果数据文件）、直接输出的测试用例（由被测试对象直接写的数据文件）、人机交互命令的执行情况与帮助信息。

4. 故障报告、原因分析与辅助决策子系统

故障报告、原因分析与辅助决策子系统提供故障模拟、原因分析、纠正措施闭环管理（FRACAS）功能，以及可靠性分析、维修性预测功能。故障报告、原因分析与辅助决策子系统的功能分解结构如图 3-75 所示。

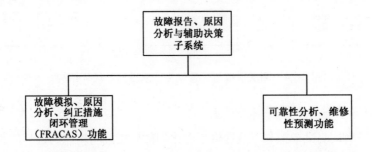

图 3-75　故障报告、原因分析与辅助决策子系统的功能分解结构

3.9　数据存档与服务分系统

数据存档与服务分系统是风云三号气象卫星地面应用系统 10 个技术分系统之一。本节介绍其主要任务和功能、主要技术指标、分系统组成、技术方案等。

3.9.1　概述

数据存档与服务分系统（ARSS）采用当今先进、成熟的计算机技术、存储技术、网络数据检索技术、数据库技术、信息动态发布技术、地理信息技术，建立了新一代国家级环境卫星数据存档与服务分系统，完成了卫星数据的存档，并为全国用户提供

了完善的卫星数据服务，构筑了一个功能完整、运行可靠的分布式气象卫星和环境卫星数据存储与服务分系统。

数据存档与服务分系统主要完成风云三号气象卫星数据的存档与服务，同时实现数据处理和服务中心接收、处理的其他极轨气象卫星（NOAA 卫星、EOS 卫星、风云一号气象卫星等）的数据存档与服务，并与风云二号气象卫星的数据存档与服务分系统兼容运行。

随着气象应用领域的不断拓展，气象卫星数据的用户应用需求越来越多，其对气象卫星数据共享服务的需求也越来越迫切。风云三号气象卫星地面应用系统建设的数据存档与服务分系统已成为国家级气象卫星数据存档中心的重要组成部分，也是实现气象卫星数据共享服务的基础平台。

3.9.2　主要任务和功能

1. 主要任务

数据存档与服务分系统的主要任务是：

（1）建立国家级气象卫星数据存档中心，对风云三号气象卫星、风云一号气象卫星、NOAA 卫星、EOS 卫星等极轨气象卫星的数据和产品进行存档，对卫星及其地面应用系统的运行状态进行存档；

（2）建立数据联机检索服务系统，可以基于网站提供各类卫星数据的浏览、检索、定购、下载服务，并支持内外部用户在获取卫星数据和产品时的数据检索服务；

（3）可以基于空间管理方式实现部分卫星数据和产品的管理；

（4）基于 WebGIS 进行卫星数据发布；

（5）提供完善的用户服务功能，以及用户使用卫星数据的辅助手段；

（6）具备全系统运行监控与管理能力；

（7）对所有数据进行长期维护。

2. 功能

数据存档与服务分系统实现的主要功能如下。

1）数据存档管理功能

（1）对存档数据的质量进行检验，提取各类数据和产品的元数据信息及快视图，进行编目存档管理。

（2）对在线、近线、离线3级的数据实现自动流转和管理。

（3）实现基于数据请求的自动数据回调。

（4）进行数据安全管理，所有数据和产品均应存储在双份介质中。

2）运行监控和统计功能

（1）运行参数配置管理：对数据存档管理的各种策略、运行参数、统计参数进行配置管理。

（2）监视各子系统硬件、软件的运行情况，包括：数据存档状态、质量、完成情况的监视，用户、订单、数据下载和回调状态等的监视，空间数据库、元数据库及其他数据库状态的监视，各种运行信息的查询。

（3）统计每日的数据存档与服务的情况，生成日报、旬报、月报或任意时间段的统计结果。

3）数据检索与下载功能

（1）数据检索与获取：通过国家卫星气象中心卫星数据服务网站（网址：http://satellite.cma.gov.cn），为用户提供实时、历史卫星数据和产品的联机交互检索与获取服务。另外，数据检索可以通过目录检索、图形检索、分类检索等检索方式进行，并可同时为100个用户提供数据联机检索服务。

（2）直接数据获取：为内部用户与中国气象局院内用户提供最新的卫星数据和产品的联机直接获取服务。另外，生命期在7天内的数据可以不必通过检索操作而直接下载。

（3）人工数据服务：为用户提供人工数据服务和帮助。当有重大灾害、灾情的应急数据服务，或者重点科研工程项目的数据保障服务时，用户可以向国家卫星气象中心提出数据申请，由数据服务人员提供数据人工下载和转存服务。

（4）注册用户管理：用户通过订购方式得到需要下载的数据。系统每日为每个注册用户提供累计不小于5GB的数据缓冲存储空间；最长数据缓冲存储时间为5天；系统可注册的用户数不受限制。

4）空间数据管理与服务功能

（1）利用卫星遥感数据具有的空间属性，将实时业务系统处理的数据和产品经过精细几何校准等步骤后放入空间模型遥感数据库，同时实现时间序列、空间范围的查询与检索，以及数据的处理。

（2）实现基于 WebGIS 的数据和产品的发布。

（3）提供基于 WebGIS 的数据下载，注册用户通过国家卫星气象中心卫星数据服务网站的"全球数据发布"页面，在选择自己感兴趣的地理范围或矩形区域后，系统可自动挖取选定区域所对应的数据和产品，并按照指定的数据格式存储到 FTP 服务器，通过 E-mail 通知用户下载。这种按照区域定制卫星数据和产品的方式，大大减小了从网上下载的数据流量。

5）用户支持和服务功能

（1）对用户服务流程和多种服务手段进行统一管理，包括门户、用户、订单状态等功能。

（2）具有移动用户信息点播、短信／彩信发布、支持 WAP 的手机用户上网浏览等功能。

（3）提供了一个供卫星数据用户进行卫星数据处理、遥感监测方法、大气探测手段等方面交流的论坛。

（4）为用户提供卫星数据格式文档、软件使用手册、卫星遥感应用培训数据等。

（5）开通了 400 客服电话（4006-121-701）和用户服务电子邮箱（datasever@nsmc.cma.gov.cn），为用户答疑解惑。

6）数据共享功能

国家卫星气象中心向授权用户提供全球延时观测数据；向授权用户提供可见光红外扫描辐射计、中分辨率光谱成像仪、微波温度计、微波湿度计、红外分光计的数据预处理软件；向国内非商业用户提供全部遥感仪器的各级产品；向国外非商业用户提供可见光红外扫描辐射计、中分辨率光谱成像仪、微波温度计、微波湿度计、红外分光计的各级产品；通过科研项目合作方式，向国内外用户提供微波成像仪、紫外臭氧总量探测仪、紫外臭氧垂直探测仪、地球辐射探测仪、太阳辐射监测仪的各级产品；商业用户需要签订数据服务协议，以向其提供相应服务。

7）极轨卫星数据格式及获取方法

极轨卫星数据格式及获取方法如表 3-21 所示。

表 3-21　极轨卫星数据格式及获取方法

数据格式	获取方式	备　注
风云三号气象卫星 HDF 格式	http://satellite.cma.gov.cn/jsp/basic/onlinehelp.jsp	风云三号气象卫星 HDF 5.0 格式
AWX 卫星数据格式	http://satellite.cma.gov.cn/jsp/basic/onlinehelp.jsp	AWX 卫星数据分发格式
风云一号气象卫星 1B 格式	http://satellite.cma.gov.cn/jsp/basic/onlinehelp.jsp	风云一号气象卫星轨道数据格式
NOAA 卫星 1B 格式	http://satellite.cma.gov.cn/jsp/basic/onlinehelp.jsp	NOAA 系列极轨气象卫星轨道数据格式
EOS / MODIS 卫星 1B 格式	http://satellite.cma.gov.cn/jsp/basic/onlinehelp.jsp	EOS/MODIS 卫星 HDF 4.3 格式

3.9.3　主要技术指标

1. 数据分级定义

气象卫星产品按照数据处理程度分为 4 级：零级数据、一级数据、二级数据、三级数据。零级数据是指卫星地面站接收的经过解码、解包后的原始卫星观测数据；一级数据是指零级数据经过质量检验、定位和定标处理得到的数据产品；二级数据是指对一级数据进行反演处理，生成的能反映大气、陆地、海洋和空间天气变化特征的各种地球物理参数、基本图像产品、环境监测产品、灾情监测产品等；三级数据是指在二级数据的基础上生成的候、旬、月格点产品和其他分析产品。

2. 数据存档能力

数据存档与服务分系统对风云三号气象卫星数据及国外同类卫星数据提供永久存档管理，同时为业务系统所产生的业务产品提供长期存档管理。另外，对需要永久保存的数据采用两份磁带介质备份。

1）在线数据保存时限

按照风云三号气象卫星数据存档和共享服务的需求，以及内外网分离的安全要求，数据存档与服务分系统的在线数据存储区分为存档数据区、内网 FTP 数据区、外网 FTP 数据区、空间数据库区、磁带库下载缓冲区、数据交换区等。风云三号气象卫星的在线数据存储区及数据保存时限如表 3-22 所示。

表 3-22　风云三号气象卫星的在线数据存储区及数据保存时限

序　号	数据存储区名称	数据保存时限
1	存档数据区	零级数据保存 7 天
		一级数据的 1B 数据滚动保存 1 个月
		投影分块数据滚动保存 1 个月
		二级数据滚动保存 1 个月
		三级数据滚动保存 3 个月
2	内网 FTP 数据区	零级数据滚动保存 1 个月
		一级数据的 1B 数据滚动保存 3 个月
		投影分块数据滚动保存 3 个月
		二级数据滚动保存 3 个月
		三级数据滚动保存 1 年
		用户订单 FTP 下载缓冲区的数据保存时限根据磁盘文件系统的水位自动控制
3	外网 FTP 数据区	一级数据的 1B 数据滚动保存 1 个月
		投影分块数据滚动保存 1 个月
		二级数据滚动保存 3 个月
		三级数据滚动保存 1 年
3	外网 FTP 数据区	用户订单 FTP 下载缓冲区的数据保存时限根据磁盘文件系统的水位控制
4	空间数据库区	投影分块数据滚动保存 3 个月
		产品数据滚动保存 3 个月
		图像数据长期保存
5	磁带库下载缓冲区	根据磁盘文件系统的水位控制
6	数据交换区	按照 5 天数据量缓冲，数据实时更新

2）近线存档数据保存时限

风云三号气象卫星数据使用大型自动磁带库作为近线存档设备。近线存档数据的保存时限以 1 年为限，数据生命期超过 1 年的数据从近线存档系统中迁移出去，进行离线保存。近线存档数据使用双份介质保存。

风云三号气象卫星数据存档的近线存储容量如表 3-23 所示。

表 3-23　风云三号气象卫星数据存档的近线存储容量

卫　星	近线存储容量
风云三号气象卫星 A 星	252TB／年
风云三号气象卫星 B 星	324TB／年
总计	1152TB／年（双份介质）

3. 数据检索能力

1）注册用户数量与数据检索处理时效

随着气象卫星数据共享服务工作的不断推进，气象卫星数据共享用户数量相较以前有大幅度增加，因此数据存档与服务分系统具备同时为 100 个用户提供并发数据检索与下载的能力。另外，近线数据提供的总注册用户数量不受限制，近线数据的提供时间为 5 小时。

风云三号气象卫星数据检索处理时效如表 3-24 所示。

表 3-24　风云三号气象卫星数据检索处理时效

用户种类	用户数量	响应时间	数据提供时间	
			在线数据	近线数据
国家卫星气象中心用户	10 个	10 秒	2 分钟	5 小时
中国气象局院内用户	20 个	10 秒	2 分钟	5 小时
气象系统用户	30 个	1 分钟	5 分钟	5 小时
相关部门用户	20 个	1 分钟	5 分钟	5 小时
社会用户	20 个	1 分钟	5 分钟	5 小时

2）数据检索总流量

为满足气象卫星用户共享数据下载流量的高要求，数据存档与服务分系统的数据检索与下载能力达到 2000GB／日。

3.9.4　分系统组成

1. 软件功能组成

数据存档与服务分系统分为数据存档和管理子系统、运行监控和统计子系统、数据检索和订购子系统、空间数据库和 WebGIS 发布子系统、用户支持和服务子系统共 5 个子系统。数据存档与服务分系统的功能组成如图 3-76 所示。

数据存档与服务分系统涉及的主要业务流程包括数据存档业务流程、卫星科学与影像数据入空间数据库存储和 WebGIS 发布业务流程、卫星数据检索订购与订单处理业务流程。业务主线由检索订购业务统一串联起来，并由运行监控和统计子系统统一监视和控制。

数据存档与服务分系统的整体业务流程框架如图 3-77 所示。

1）数据存档业务流程

根据每日入库计划，首先对生产系统送达数据交换区的原始数据进行初检，然后将合格文件移动到滚动存储区，进行元数据提取、质量检查、投影处理、快视图生成等操作，完成数据在线存储。

数据在线存储完成后，隔日通过磁带库归档业务调度模块实现在线数据到近线磁带库的存储，即完成数据近线存储。

数据近线存储达到一定期限后，通过磁带出入库管理模块实现近线磁带到离线磁带的管理，即完成数据离线存储。

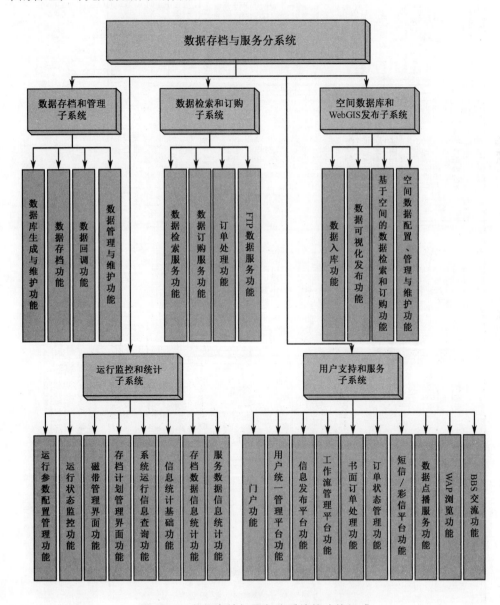

图 3-76　数据存档与服务分系统的功能组成

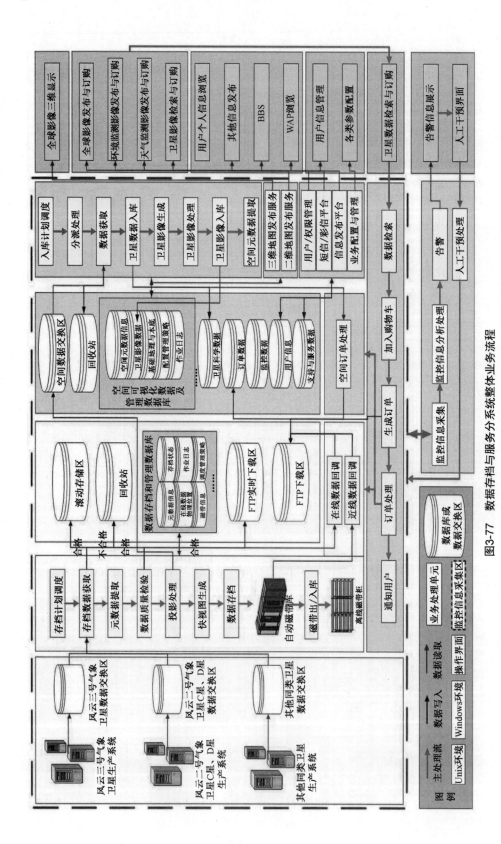

图3-77 数据存档与服务分系统整体业务流程

2）卫星科学与影像数据入空间数据库存储和 WebGIS 发布业务流程

根据空间数据入库单，首先将数据存档和管理子系统送达的数据交换区数据进行文件初检，然后将合格文件进行解析，并进行重复区域处理、空间元数据提取、影像生成、空间索引建立等操作，完成卫星科学与影像数据的入库存储，并将卫星影像数据实时发布。

3）卫星数据检索订购与订单处理业务流程

用户通过卫星数据检索订购页面或卫星影像发布浏览页面检索到需要订购的数据，并进行将数据加入购物车、订单生成等操作，完成数据订购。

订单处理模块将订单进行分派处理，由数据存档和管理子系统、空间数据库和 WebGIS 发布子系统的相关模块进行数据处理，并将处理完的数据按订单要求放置到指定的 FTP 目录下，由数据检索和订购子系统通知用户。

4）运行监控和统计子系统统一监视和控制

运行监控和统计子系统对主要业务流程和硬件环境进行监控，在对各类监控信息进行采集后，将采集的数据存储到监控数据库中；并对采集的各类监控数据进行分析，根据需要按照设定的告警级别进行告警（短信、邮件、屏幕）；管理员可以根据图形化的监控结果，通过人工干预命令对系统进行控制操作。

2. 运行设备环境

数据存档与服务分系统由多台、多种类设备构成运行设备环境。4 台 UNIX 服务器构成 2 对双机高可靠负载平衡系统，运行的系统软件包括 IBM GPFS、IBM TSM、Platform LSF，以负载均衡方式完成数据业务调度、运行管理、数据存档、数据回调、质量检验、元数据提取、数据清理、订单处理、运行监控数据采集等任务。内网存档管理数据库服务器为 2 台 Linux 服务器，运行 Oracle 数据库，主要用于数据管理。4 台 UNIX 服务器构成 FTP 内网服务器，使用负载均衡器将数据访问均衡分配到 4 台 FTP 内网服务器上。在线存储设备使用高端磁盘阵列，裸容量近 300TB，近线设备使用自动磁带库。由 6 台 PC 服务器集群组成空间数据库服务器，用于空间数据管理。由 2 台 PC 服务器集群组成外网数据库服务器，运行 Oracle 数据库，用于外网数据服务与网站管理。由 4 台 PC 服务器集群组成外网 FTP 服务器，用于中国气象局外部用户 FTP 服务。由 2 台 PC 服务器集群组成 Web 服务器。另外，配备监控服务器、短信平台服务器等设备。服务器之间采用千兆位局域网相连，同时提供存储局域网用于数据的在线存储和共享。图 3-78 给出了数据存档与服务分系统的运行设备环境示意。

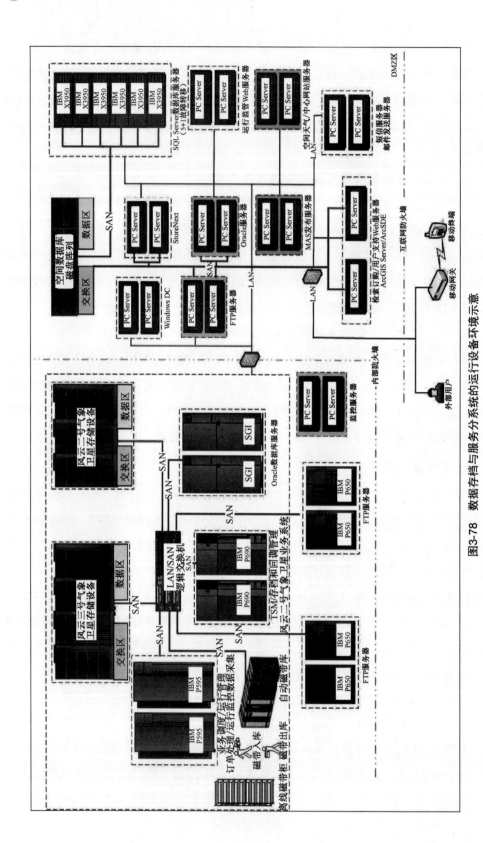

图3-78　数据存档与服务分系统的运行设备环境示意

3. 分系统间接口

在风云三号气象卫星地面应用系统中，数据存档与服务分系统（ARSS）与运行控制分系统、CNS、DAS、PGS、DPPS、MAS、QCS、STSS 等分系统之间均存在数据传输需求，其中，DAS、PGS、DPPS 通过 CNS 与 ARSS 进行数据交换。另外，ARSS 需要与 EOS/MODIS 卫星的接收处理系统、风云一号气象卫星 / NOAA 卫星（极轨卫星）的接收处理系统、风云二号气象卫星 / MTSAT 卫星（静止卫星）的接收处理系统、国家空间天气监测预警中心进行数据交换，因此 ARSS 涉及的主要外部接口包括：

（1）ARSS 与运行控制分系统的接口；

（2）ARSS 与 CNS 的接口；

（3）ARSS 与 MAS 的接口；

（4）ARSS 与 QCS 的接口；

（5）ARSS 与 STSS 的接口；

（6）ARSS 与 NCSW 的接口；

（7）ARSS 与 EOS/MODIS 卫星接收处理系统的接口；

（8）ARSS 与风云一号气象卫星 / NOAA 卫星接收处理系统的接口；

（9）ARSS 与风云二号气象卫星 / MTSAT 卫星接收处理系统的接口。

ARSS 与其他分系统的接口关系示意如图 3-79 所示。

3.9.5　技术方案

1. 数据存档和管理子系统

数据存档和管理子系统是风云三号气象卫星地面应用系统的数据存储中心，为风云三号气象卫星和国外其他极轨气象卫星数据的存档提供支持和服务。数据存档和管理子系统适应风云三号气象卫星发射和日益增长的气象卫星数据产品的存档需要，为整个地面应用系统建立一个具有综合性能优势的在线、近线、离线 3 级框架结构，能够集中存储和管理多系列、多颗气象卫星数据和产品，并且能够提供从数据到各类产品全方位的数据存储服务。

1) 子系统功能

根据数据存档和管理的要求，对数据处理和服务中心处理的风云三号气象卫星各

级产品进行自动实时编目存档管理，分类进行永久存档、长期存档、临时存档管理；并提供手工交互存档方式，以便对存档过程中出现的错误进行补充存档，或者剔除错误的存档数据；实现同一个数据处理和服务中心内不同存储介质之间的数据自动迁移。该子系统能根据订购要求将所需数据从存档介质中进行数据回调，并能对回调任务进行分拆合并，以实现高效的数据回调。根据存储空间限制，该子系统还能够实现对已存档数据的离线管理和回调。该子系统具有数据库生成与维护功能、数据存档功能、数据回调功能、数据管理与维护功能。

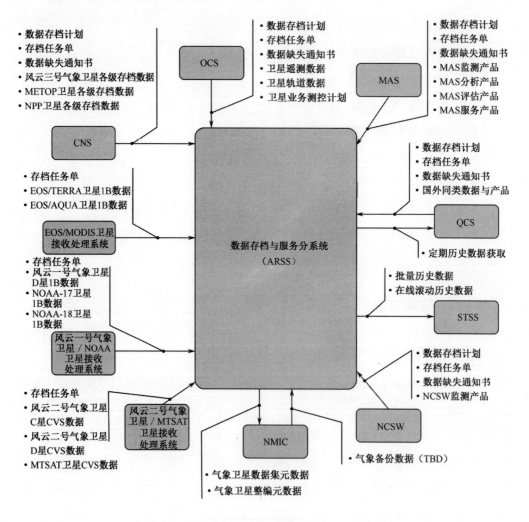

图 3-79　ARSS 与其他分系统的接口关系示意

（1）数据库生成与维护功能。

对每类数据根据其自身特点，以方便检索、提高检索效率为原则生成相应的数据库表，并根据数据存储量的大小优化数据库配置，最大限度地提高数据库性能，使数据库能为业务系统提供更好的后台服务。

（2）数据存档功能。

风云三号气象卫星生产系统和其他卫星生产系统将数据送到数据存档和管理子系统的临时数据交换区，同时送达数据存档单。数据存档功能是指对需要存档的卫星数据进行质量检验、元数据提取、快视图提取、数据分类，并分时限存储到文件系统或磁带库中。

（3）数据回调功能。

数据回调功能为用户提供基于角色的数据下载服务。回调数据主要有 3 种类型，即在线数据、近线数据、离线数据。在线数据可由用户直接获取或直接送达用户指定的目的地。近线数据根据客户数据下载请求提供数据回调处理，即当用户检索数据已超过在线存储期限时，从近线存储设备上进行数据文件回调。离线数据需要人工干预，在数据回调成功后将其直接送达用户指定的地点，或者向用户发送数据准备完毕通知。

（4）数据管理与维护功能。

数据存档和管理子系统中所有数据的存储形态分为 4 种，即存储在文件系统中的在线数据、存储在数据库中的在线数据、存储在磁带库中的近线数据、存储在磁带上已出库的离线数据。数据在其生命周期内不断在这些数据存储形态中流转。文件系统中的在线数据在流转为近线数据存储形态后，以及在达到在线数据存储形态的存留期限时需要进行处理。近线数据在出库后流转为离线数据，需要对离线数据进行管理。数据库存储形态的在线数据，主要是其他 3 种存储形态数据的元数据和管理信息，需要精心维护。需要定时对磁带库中的近线数据进行磁带翻新和整理。

2）信息流程

（1）数据存档流程。

数据存档功能负责风云三号气象卫星数据和产品的存档管理。数据存档流程包括数据获取、质量检验、元数据提取、在线存档、近线存档等主要处理步骤。

风云三号气象卫星生产系统按照约定格式、名称、存放路径将存档数据送达存档数据交换区。数据获取子功能将提取数据的基本信息并写入数据库，根据数据库配置信息将存档数据分类放入滚动存储区在线保存。质量检验子功能对数据质量进行检验，不合格产品放入回收站，并记录在数据库中。质量检验方法按照配置信息进行。元数据提取子功能将提取元数据信息并写入数据库。元数据提取方法按照配置信息进行。数据存档功能将滚动存储区数据与快视图数据建立逻辑关联，分类存入磁带库存储池，并提取存档状态、存档数据在磁带库存放的物理位置存入数据库。数据分类、数据类别与存储池关联存放在配置信息中。

（2）数据回调流程。

数据回调功能负责处理国家卫星气象中心内部用户、中国气象局院内用户、社会用户通过数据订单向数据存档和管理子系统发出的数据请求。

当数据存档和管理子系统收到数据请求后，数据请求处理模块根据数据存档信息订单中每个数据的物理位置，将数据订单中的在线数据列入在线数据列表；在线数据回调模块根据在线数据的物理位置将数据送往数据下载缓冲区。

在数据移入磁带库成为近线数据时，将数据订单中的近线数据列入近线数据列表；近线数据回调模块以数据存档的磁带为单位进一步列出近线数据列表，分别从磁带库中读出数据并送往磁带库下载缓冲区。

在近线数据已出库为离线数据时，通知操作人员进行人工干预，将该磁带库重新入库，再由离线数据回调模块从磁带库中读出数据并送往磁带库下载缓冲区。

3）软件结构

数据存档和管理子系统实现所有数据存档、数据回调、数据管理与维护功能。按照功能划分，数据存档软件分为数据库生成与维护、数据存档、数据回调、数据管理与维护共 4 个功能。每个功能又可划分为若干子功能模块。数据存档和管理子系统的软件结构如图 3-80 所示。

2. 运行监控和统计子系统

运行监控和统计子系统实现风云三号气象卫星数据存档和管理、数据检索和订购、用户支持和服务、空间数据库和 WebGIS 发布等各子系统的硬件和软件的监视，实现对数据存档和管理子系统存档状态的监视，实现对数据存储内容、质量、完成情况的监视和统计，实现对数据检索和订购子系统中用户、订单、数据下载和回调状态等的监视，实现对空间数据库、元数据库及其他数据库状态的监视，实现对用户反馈情况的监视和统计，实现对用户服务情况的跟踪和统计。

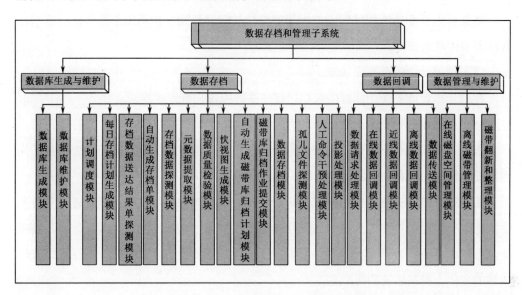

图 3-80　数据存档和管理子系统的软件结构

1）子系统功能

运行监控和统计子系统功能包括运行参数配置管理、运行状态监控、磁带管理界面、存档计划管理界面、系统运行信息查询、信息统计基础、存档数据信息统计、服务数据信息统计。

（1）运行参数配置管理功能。

运行参数配置管理功能提供集中、统一的参数（策略信息）维护和管理界面，供系统管理员对整个地面应用系统运行的相关参数信息进行配置。系统管理员可以通过流程配置的方式定义向导式配置参数流程，以应对未来配置参数流程的变化，提高系统的可配置性。

（2）运行状态监控功能。

运行状态监控功能用于对数据存档和管理子系统、空间数据库和 WebGIS 发布子系统、数据检索和订购子系统、用户支持和服务子系统的运行状态和运行结果进行监控，同时对运行平台的 CPU、内存、FTP 情况、数据库连通性进行监控。通过图形化界面显示监控信息，在遇到异常情况时可以自动通过 E-mail 或短信等方式进行主动告警。

（3）磁带管理界面功能。

磁带管理界面功能提供对磁带操作的维护与管理界面，供系统管理员进行磁带出入库和磁带翻新操作。

（4）存档计划管理界面功能。

存档计划管理界面功能提供对存档计划进行编辑和管理的界面。

（5）系统运行信息查询功能。

数据存档与服务分系统在运行过程中会产生众多信息，系统运行信息查询功能为用户提供快捷、便利的手段进行查询、检索。

系统运行信息查询功能可提供集中、统一的信息查询界面，供系统管理员对各子系统在运行过程中产生的大量信息进行查询、检索，并将查询的数据源、条件和结果等信息作为查询元数据进行管理和维护，便于系统管理员自定义查询，满足未来查询内容的变化，提高系统的可配置性。

（6）信息统计基础功能。

信息统计基础功能为各子系统提供数据统计汇总、统计界面展现、输出报表配置功能，便于应对未来信息统计内容的变化，提高系统的可配置性。系统管理员可以预先定义数据统计汇总的规则，包括数据统计的数据源、时间频度、类别等。系统的统计汇总服务根据数据统计汇总的规则定时获取相应的数据，并进行统计汇总运算，同时将结果写入数据库中。

系统管理员也可以对统计界面展现进行定义和配置，包括统计查询的条件、结果、结果展现方式（是否需要饼图、柱状图等图形化分析图）、输出 Excel 报表的统计内容和格式等。系统根据预先设定的统计展现界面配置，将统计结果输出到 Excel 报表中。

（7）存档数据信息统计功能。

存档日报统计模块统计每日数据存档的情况，获取成功文件数、质量检验成功文件数、元数据提取成功文件数及失败文件数、存档成功和失败文件数、不合格数据文件数等情况，每日定时生成日报存入数据库，并可以对一段时间内的统计情况进行累加，生成旬报、月报或任意时间段的统计结果。将每日的实际存档情况与存档计划进行比较还可以生成对比统计报表。

存档日报统计数据是可以再次累计的累计日统计数据，存档日报统计模块可以通过存档数据信息统计功能来配置和实现。

（8）服务数据信息统计功能。

服务数据信息统计功能用于统计数据服务工作的运行情况，并对实际工作量进行评估，以了解用户的下载需求。统计内容主要包括卫星数据的订购状态、下载情况、下载数据、系统错误、访问流量和数据点播财务。

2）软件结构

运行监控和统计子系统的软件结构如图 3-81 所示。

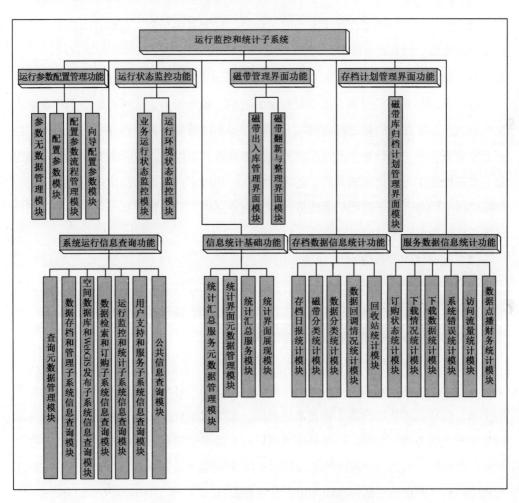

图 3-81　运行监控和统计子系统的软件结构

3. 数据检索和订购子系统

数据检索和订购子系统是基于风云三号气象卫星数据处理和服务中心建立的数据联机检索服务体系，可以基于网站提供各类卫星数据，尤其是充分考虑了风云三号气象卫星数据和产品的特点，提供数据浏览、检索、订购、下载等功能，支持用户获取卫星数据和产品等在内的数据检索和订购服务，为满足日益增长的数据需求提供支持。

1）子系统功能

数据检索和订购子系统的主要功能包括数据检索服务功能、数据订购服务功能、订单处理功能、FTP 数据服务功能。

（1）数据检索服务功能。

数据检索服务功能提供各类卫星数据的浏览、检索服务，支持内外部用户获取卫星数据和产品等在内的数据检索服务。用户选择不同分类条件进行分类检索查询，在分类检索查询后，可针对不同产品同时选择多种查询条件进行复合型查询；用户通过基于电子地图的可视化图形界面，选择检索条件和检索区域，根据用户需求可以查看数据的详细信息。基于数据检索服务功能，用户还可以联机浏览风云三号气象卫星及其他卫星的数据和产品的快视图。

（2）数据订购服务功能。

数据订购服务功能基于网站提供各类卫星数据的订购、下载服务，用户可以对存储在购物车中的数据文档进行订购；支持数据存档和管理子系统中的数据订购，以及空间数据库和 WebGIS 发布子系统中的空间数据订购。

（3）订单处理功能。

订单处理功能处理数据订购系统生成的订单，并将订单转化为系统可以自动处理的工单，包括通知后端准备工单要求的数据、安排数据分发、通知用户处理完成、激活数据推送服务等。另外，订单处理功能以订单为单位向存档系统申请目录，并在数据准备完毕后，根据用户选择的方式开通 FTP 账号或者发送推送命令。最后，在订单处理完成后，调用电子邮件功能向用户发送通知。

（4）FTP 数据服务功能。

FTP 数据服务功能基于现有的 FTP 功能进行二次开发，使其能够存放由数据存档和管理子系统回调后的数据，以及空间数据库和 WebGIS 发布子系统加工处理后的空间数据；并根据数据检索和订购子系统提供的配送方式，选择下载服务或推送服务。根据 IP 范围，可以对内外网用户等进行权限控制；并对服务信息进行记录，为数据统计提供可靠的数据来源。

2）信息流程

数据检索服务功能负责为用户提供风云三号气象卫星数据的检索界面，用户可以在检索界面中选择感兴趣的数据并加入购物车；在提交购物车后，系统通过自动处理回调在线数据或离线数据，并保存在数据下载区，通过自动邮件通知用户，完成整个数据的检索和订购流程。通过网站订购数据的响应时间不超过 1 分钟，在线数据的完成时间不超过 30 分钟。在线数据和离线数据的完成时间由数据量和当时系统的忙碌程度决定。用户还可以根据权限选择不同的数据获取方式，目前包括在线 FTP 下载、离线介质转储两种方式。

3）子系统界面

用户通过选择卫星、遥感仪器、产品类别、时间范围和空间范围等信息确定自己的检索范围。在检索结果页面中，采用异步交互模式，页面实时将用户选择的数据加入购物车，并对购物车的容量进行提醒。

（1）数据检索页面如图 3-82 所示。

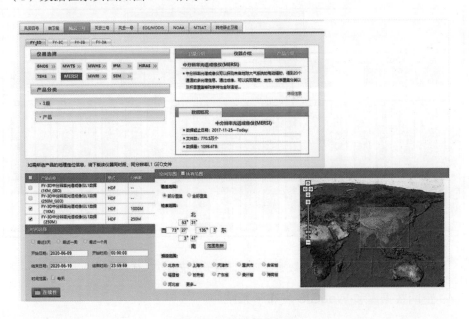

图 3-82　数据检索页面

（2）购物车页面如图 3-83 所示。

图 3-83　购物车页面

4）软件结构

数据检索和订购子系统的软件结构如图 3-84 所示。

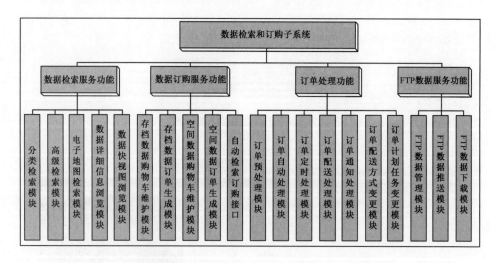

图 3-84　数据检索和订购子系统的软件结构

4. 空间数据库和 WebGIS 发布子系统

空间数据库和 WebGIS 发布子系统将数据存档和管理子系统送达的风云三号气象

卫星全球遥感数据、卫星数值产品存入空间数据库进行管理，以 WebGIS 方式实现卫星影像、卫星数值产品的可视化显示，以及多颗卫星数据的叠加显示、三维显示，以时空一体化方式检索和获取卫星遥感数据。

1）子系统功能

空间数据库和 WebGIS 发布子系统的主要功能为：数据入库功能，数据可视化发布功能，基于空间的数据检索和订购功能，空间数据库配置、管理与维护功能。

（1）数据入库功能。

数据入库功能实现风云三号气象卫星投影数据集空间化处理、全球影像生成、二级数值产品矢量化处理、二级格点数据等值线提取功能，并将上述结果存入空间数据库，按照金字塔方式实现数据和影像管理。

（2）数据可视化发布功能。

以 WebGIS 方式实现风云三号气象卫星全球影像数据、二级数据和产品的发布，实现卫星影像和数值产品的空间检索，以及全球影像三维地球的显示和卫星云图的动画展示。

（3）基于空间的数据检索和订购功能。

数据选择采用向导式页面进行，首先选择所需的卫星名、数据名，在进入详细选择页面后选择时间范围、空间范围、所需格式、投影、通道值，在生成订单后交给后台处理，从空间数据库中下载用户所需数据，再传送至指定位置。

（4）空间数据库配置、管理与维护功能。

建立风云三号气象卫星科学数据、影像空间数据库，以及二级产品空间数据库，实现对空间数据库结构的维护、空间数据库中数据（卫星科学数据、影像数据、卫星数值产品、本底数据等）的手动维护，同时对空间数据入库、可视化发布、空间订单处理等功能模块的执行策略进行配置。空间数据库配置、管理与维护功能包括空间数据库生成与维护、数据入库及数据处理扩展服务配置、卫星数据入库配置管理、卫星科学数据处理、卫星数值产品处理、本底数据管理、空间数据库清理、空间数据交换区清理、空间数据发布模板维护、卫星影像或数值产品发布配置管理、业务配置管理等。

2）信息流程

数据入库信息流程为：将数据存档和管理子系统送达的风云三号气象卫星投影数据集进行空间化处理，并生成全球影像，同时将二级数值产品矢量化处理，将二级格点数据进行等值线提取，并将上述空间化数据和影像存入空间数据库，按照金字塔方式实现数据与影像管理。

3）子系统界面

（1）数据可视化发布页面。

数据可视化发布页面是向用户展示卫星影像、产品数据的主要应用平台，以WebGIS 方式实现卫星影像发布。数据可视化发布示例如图 3-85 所示。

图 3-85　数据可视化发布示例

（2）基于空间的数据检索和订购页面。

基于空间的数据检索和订购页面主要为用户提供时空一体化的数据检索和订购服务，同时为订购空间数据库中存储科学数据的用户提供拼接、切割、多通道融合、输出格式选定等支持。数据选择采用向导式页面进行，首先选择所需的卫星名、数据名；然后进入详细选择页面选择时间范围、空间范围、所需格式、投影、通道值，在生成订单后交由后台处理；最后从空间数据库中下载用户所需数据，并传送至指定位置。基于空间的数据检索和订购页面如图 3-86 所示。

图 3-86　基于空间的数据检索和订购页面

4）软件结构

空间数据库和 WebGIS 发布子系统的软件结构如图 3-87 所示。

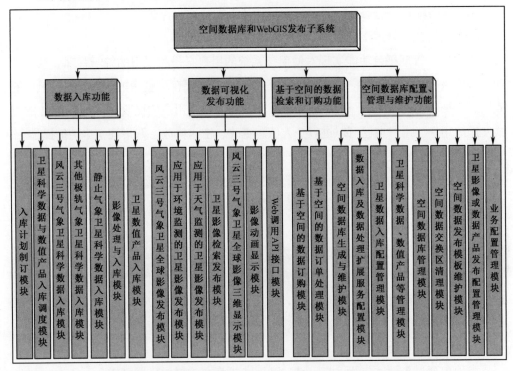

图 3-87　空间数据库和 WebGIS 发布子系统的软件结构

5. 用户支持和服务子系统

用户支持和服务子系统实现整个用户服务流程和多种服务手段的统一管理。用户支持和服务子系统的功能包括：对服务用户提供注册、信息点播、在线交流和在线支持等功能；对数据服务部门提供客户关系管理、特定方式数据服务、服务流程控制、特定信息服务、用户反馈信息管理、服务质量分析等功能。

1）子系统功能

用户支持和服务子系统具体包括门户功能、用户统一管理平台功能、信息发布平台功能、工作流管理平台功能、书面订单处理功能、订单状态管理功能、短信／彩信平台功能、数据点播服务功能、WAP 浏览功能、BBS 交流功能。

（1）门户功能。

所有数据应用与管理通过统一的门户系统进行展示。门户功能分为一般用户使用的前台门户、系统管理员使用的系统管理门户。一般用户使用的前台门户是国家卫星气象中心对外进行数据服务的统一门户，为用户提供一个使用现有系统的统一入口，所有的用户都可以在这里对系统内的数据进行检索、订购等，方便用户使用。系统管理门户是为系统管理员提供的统一管理配置入口，系统管理员可以在这里统一对系统的数据、业务流程进行监控，对系统的运行环境进行配置管理。

（2）用户统一管理平台功能。

用户统一管理平台功能实现对使用该系统的用户身份和权限的统一管理。系统管理员使用该平台实现对用户信息、用户权限、Web 点播预付费用的管理，包括用户的查询、添加、级别变更、修改、删除等操作，同时要将用户的更改信息以 E-mail 的方式发送给用户。用户自己可以进行个人信息更改、密码修改、账户注销申请等操作。

（3）信息发布平台功能。

信息发布平台功能对系统信息进行统一管理、发布，并且为了保证信息的正确性和严谨性，系统使用工作流对信息的发布进行逐级审批。

（4）工作流管理平台功能。

工作流管理平台功能为 Web 信息发布、订单处理等过程提供工作流控制。通过工作流，系统管理员可以根据实际工作情况，自由、灵活地定义 Web 信息发布、订单处理等工作内容的审批流程的处理过程，以及每个处理环节的办理人，保证系统内容信息发布及订单处理过程的规范性、及时性。

（5）书面订单处理功能。

当用户通过电话、书面、E-mail、口头描述等方式提出订购请求后，首先由操作员验证订购的合法性；然后将此类订购需求手工录入系统中，生成手工订单；最后经领导审批后，交由订单系统进行数据回调，并分期、分批地通知用户获取数据。用户可以通过一个界面来确认收到数据的情况，并通知系统管理员发送下一批次的数据。

（6）订单状态管理功能。

订单状态管理功能包括订单查询与订单后台控制。订单查询：系统管理员登录，并根据订单类型、完成情况、时间、检索条件查看所有订单，以及订单的详细情况。订单后台控制：负责完成订单执行情况监视、订单删除、订单优先级调整、订单执行失败处理、订单定时执行时间调整等一系列订单控制功能。订单状态管理功能各子功能集成在一个客户端管理界面，并以人机交互的方式执行。

（7）短信／彩信平台功能。

短信／彩信平台功能支持短信和彩信发送，同时提供系统管理、系统监控、查询统计、接口服务等功能。

（8）数据点播服务功能。

数据点播服务功能利用短信／彩信平台为移动设备用户提供实时数据。对注册用户可以通过网站点播数据业务，系统可以利用短信、彩信等方式将用户点播的数据发送至移动设备。

（9）WAP 浏览功能。

WAP 浏览功能提供简单的支持手机浏览的网站功能。WAP 网站提供静止的卫星图片及文字信息，以支持 WAP 手机用户上网浏览。

（10）BBS 交流功能。

建立专业的在线 BBS，用户可以通过 Web 访问。围绕卫星遥感数据的特点和应用，BBS 交流功能针对科研、业务等部门提供使用卫星遥感数据所需要的数据格式、应用示范、科学原理、处理算法等知识信息，同时为广大数据用户提供交流的平台。

2）子系统界面

（1）门户页面。

门户页面支持中、英双语，在权限许可的前提下，用户可以通过门户网站检索和订购存档数据和入库数据。门户页面中文版、英文版分别如图 3-88 和图 3-89 所示。

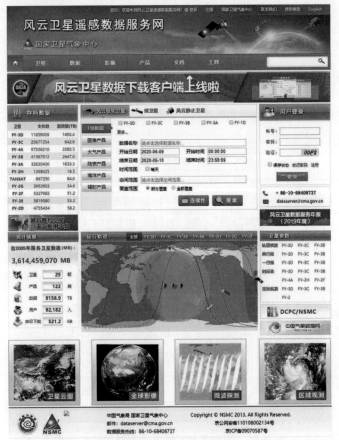

图 3-88　门户页面（中文版）

图 3-89　门户页面（英文版）

3. 软件结构

用户支持和服务子系统的软件结构如图 3-90 所示。

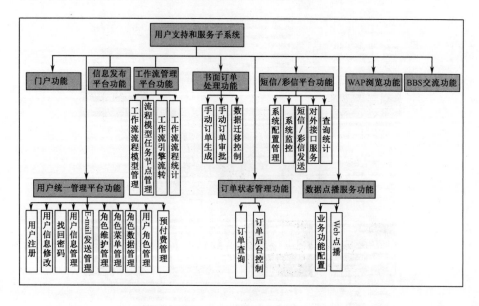

图 3-90　用户支持和服务子系统的软件结构

3.10　计算机与网络分系统

计算机与网络分系统（Computer Network Sub-System，CNS）是风云三号气象卫星地面应用系统工程的 10 个技术分系统之一，为整个地面应用系统提供基本支撑与运行平台。此外，它还负责卫星观测数据汇集、数据预处理、产品生成业务调度、数据重处理调度、产品分发等业务应用软件设计，负责设备系统集成、系统软件配置、业务软件集成等工作。本节主要对计算机与网络分系统的主要功能和任务、主要技术指标、分系统组成、技术方案进行详细介绍。

3.10.1　概述

计算机与网络分系统的主要功能可以从两个方面进行阐述。一方面，它是地面应用系统的基本支撑系统与运行平台，负责为数据汇集、业务调度、数据预处理、产品生成、产品分发、数据存档与服务、质量检验、监测分析服务提供承载其业务软件运行的计算机、网络、数据存储环境等运行支撑资源与环境，为业务调度、数据预处理和产品生成等关键业务应用软件的设计开发提供仿真、测试和技术支持。另一方面，它又是一个功能系统，负责卫星观测数据汇集、数据预处理、产品生成业务调度、产品分发等业务应用的软件设计，负责设备系统集成、系统软件配置、业务软件集成等工作。

计算机与网络分系统基础支撑平台的建设目标是，采用成熟的计算机技术、存储技术、网络技术、数据库管理技术设计新一代气象卫星数据处理业务系统，为多星数据接收和传输、数据预处理、产品生成、监测分析服务、产品分发等提供计算机资源，提供数据临时存储、永久存储的存储系统，提供网络接入与数据传输通道，为地面应用系统内部数据交换、系统间数据交换提供快速传输路由。

风云三号气象卫星建成的基础支撑平台有如下特点。

（1）计算能力：地面应用系统提供了约 10TFlops/s 的计算能力。

（2）存储资源：地面应用系统在线存储容量近 1PB，关键服务器之间通过共享文件系统实现大数据文件的快速共享。

（3）网络系统：万兆位核心业务系统，千兆位到终端，关键服务器网络连接使用多链路捆绑技术。

计算机与网络业务应用软件的研发和集成达到了既定目标，即按照卫星运行轨道及数据接收时间，及时、完整地完成了数据汇集，组织调度风云三号气象卫星多星数据预处理，产品处理作业自动、有序运行，及时分发数据和产品，按照预设方案进行意外事件处理，形成了一个自动运行的多星业务系统，并提供了必要的业务监视界面和控制接口。风云三号气象卫星计算机与网络分系统的数据处理规模如下。

（1）每日传输、汇集的卫星遥感数据量约 300GB。

（2）每日完成数据预处理、产品生成作业 7 万～8 万个，生成各级数据、产品约1.5TB。

3.10.2　主要任务和功能

计算机与网络分系统的主要功能可以归纳为两类，即基本支撑平台功能、业务软件功能。

1. 基本支撑平台功能

计算机与网络分系统基本支撑平台功能主要包含 4 项基本功能。

（1）计算机支撑平台功能：提供地面应用系统计算机资源并配置适用的软件，为风云三号气象卫星多星数据传输汇集、业务调度、数据预处理、产品生成、监测分析服务、产品分发、数据服务、仿真与技术支持等技术系统或应用提供计算机及相应的系统软件、工具软件运行平台。

（2）存储支撑平台功能：提供风云三号气象卫星多星地面应用系统数据的存储系统和管理支撑平台。

（3）网络互联功能：通过局域网络系统与数据传输广域网系统，为地面应用系统内部数据交换、指令传达、状态上报等任务提供畅通的传输通道。

（4）系统集成与配置管理功能：按照业务需求和设备特点完成系统集成整合，合理设置系统参数、数据交换区大小、文件系统部署、网络 VLAN 划分等，使基础支撑平台能够协调运转，为业务系统提供性能满足要求的、稳定的、可靠的运行平台，并根据应用需求调整系统参数设置、优化系统运行性能。

1）计算机子系统

计算机子系统的建设以技术先进、性能高效、稳定可靠为基本原则。风云三号气象卫星计算机与网络分系统计算机子系统主要包括业务调度和数据预处理服务器、仿真与技术支持服务器、产品质量检验分系统服务器、空间数据／Web／FTP 等服务器、监测分析服务分系统工作站、交叉定标应用计算机等。计算机与网络分系统计算机子系统的具体功能和建设内容如下。

（1）部署了地面站计算机，为风云三号气象卫星多星数据接收、缓冲存储、传输及地面站运行管理等提供基本的计算机平台。

（2）部署了运行控制服务器，为风云三号气象卫星多星应用系统的任务调度、运行状态监视、卫星业务测控等提供计算机支持。

（3）部署了业务调度和数据预处理服务器，专门负责接收各地面站发送的风云三号气象卫星数据，为数据预处理、业务调度等提供计算机平台。

（4）部署了产品质量检验分系统服务器，为风云三号气象卫星多星遥感仪器定标结果、定位结果，以及某些定量产品进行质量检验和评价提供支撑。

（5）部署了监测分析服务分系统工作站，为卫星数据和遥感产品的人工交互分析与遥感监测应用服务提供综合处理平台。

（6）部署了空间数据服务器、FTP 服务器和 Web 服务器。

（7）部署了产品分发服务器，进行风云三号气象卫星多星产品的专线分发。

（8）部署了仿真与技术支持服务器，包括业务调度和数据预处理应用仿真开发服务器、产品生成仿真服务器、并行算法研发仿真服务器，为业务软件开发和仿真测试、业务更新、系统集成调试提供模拟环境。

2）存储子系统

计算机与网络分系统的存储子系统为风云三号气象卫星多星各技术分系统提供满足其容量和性能要求的数据存储服务，为用户提供便捷的数据访问服务。

（1）建成了地面站在线缓冲存储平台，为地面站数据接收、缓冲存储、传输提供数据滚动存储空间。

（2）建成了数据处理和服务中心业务在线存储平台，为风云三号气象卫星多星安全管理、实时业务提供在线存储空间，为遥感数据和产品的存储与存档管理、内部用户数据共享、产品分发提供在线存储空间，为关键业务仿真提供必要的在线存储空间。

（3）建成了遥感应用在线存储平台，满足质量检验、监测分析服务、交叉定标、

空间天气等业务运行的数据在线存储需求。

（4）建成了数据服务在线存储平台，为新建的公众服务空间数据库提供在线存储资源，以便为公众用户提供空间可定制的多星数据检索和获取服务。

（5）建成了近线存储平台，以满足多星遥感数据和产品长期存档管理的要求。

（6）建成了仿真与技术支持在线存储平台，为业务应用软件仿真开发、算法并行研发、业务故障模拟定位、业务优化、仿真测试等业务仿真与技术支持功能提供在线存储空间。

3）网络子系统

网络子系统的主要功能是构筑可靠的数据传输通路，从而保证指令、状态信息、数据、产品的高速、及时、稳定传输。网络子系统的主要建设内容包括数据处理和服务中心局域网建设、北京地面站与数据处理和服务中心冗余网络传输链路建设、京外地面站和海外地面站网络传输链路建设等。

4）系统集成与配置管理子系统

系统集成与配置管理子系统协调组织计算机网络和存储系统软硬件、工具软件的安装和部署，使之能够协调、协同工作，充分发挥资源能力，提高基本支撑平台的系统性能，保障系统运行的稳定性、可靠性。

2. 业务软件功能

业务软件以良好的性能扩充、优化为设计目标，以保证可以协调、统筹多星的业务工作，并能够完备地获取数据、高效地处理各级数据、灵活地配送数据产品。业务软件功能主要涉及的基本功能如下。

1）数据传输和管理

数据实时、延时优化拼接传输软件设计双路数据选优算法，从地面站接收的所有卫星观测数据、遥测数据中筛选出最优质的原始数据传输到数据处理和服务中心，将地面站接收、生成的有关数据传输到当地气象局；从国家气象中心获取完备的常规观测数据、数值预报数据等，并从国外网站获取卫星数据和产品；充分利用地面应用系统多地面站、多重复接收区的特点，对地面站主站送达数据处理和服务中心的原始数据进行二次质量优选，实现数据在数据处理和服务中心汇集、处理过程中自动判识源包数据质量，以及非主地面站是否存在可替换数据，并实时向符合条件的地面站发出原始数据订单，提高系统最大限度地获取优质数据的可能性。

2）业务调度与服务

研发风云三号气象卫星多星业务运行计划制订、业务调度控制功能软件，设计风云三号气象卫星业务系统的并行调度算法，使多星业务能够协调、合理地并行运行在统一的硬件平台上。业务调度与服务使应用程序协调完成各项任务，形成一个自动业务系统；根据产品生成分系统的设计要求，设计高空间分辨率、高时效的卫星监测二级区域产品即时收工调度模式，以及相关控制软件和调度流程。

3）产品分发与服务

根据卫星运行轨道与地面应用系统产品处理日程安排，设计产品网络分发时间表，定时、自动向国家气象局、总参谋部气象水文局、中国气象科学研究院等单位的应用系统发送数据和产品；通过 GTS 线路以 BUFR、GRID 码进行报文编排，向世界气象组织（WMO）成员国分发数值预报产品；通过 Web、FTP 等基于互联网服务的方式，为广大用户提供数据和产品信息服务；根据卫星运行轨道与地面应用系统产品处理日程安排，设计产品广播分发时间表，定时、自动通过 DVB 广播分发系统向授权用户广播风云三号气象卫星产品，以及其他极轨卫星产品、静止卫星产品。

4）数据重处理调度

在卫星数据延时、实时处理异常的情况下，设计灵活、方便的数据重处理软件，按照既定原则调度重处理软件使作业正常运行，并将重处理的产品回传到业务系统。另外，设计相应方案，确保重处理过程与实时业务的逻辑隔离，避免重处理作业影响实时业务系统。

5）流程与状态监视

设计统一监视界面，提供对业务调度系统的集中监视。实时显示地面应用系统业务流程中的关键节点状态信息，并且在发生故障情况下用声音、颜色或者邮件告警。所有实时监视的状态信息都实时存入数据库，供操作员事后检索；通过直观图形界面，实时显示定期采集的关键服务器资源使用情况、业务负载分布情况。

3.10.3　主要技术指标

计算机与网络分系统的主要技术指标如下。

（1）作为风云三号气象卫星地面应用系统的软硬件支撑和运行平台，计算机与网络分系统应满足数据传输、产品生成与服务的时效要求，并满足数据存储和检索服务的安全性、准确性、持久性要求。

（2）具有科学、高效、灵活的系统作业运行调度能力（考虑资源共享和任务优先级），业务作业调度损耗不应超过被调度作业用时的10%。

（3）国内地面站间接收的数据向数据处理和服务中心传输的重复数据量不超过30秒时长的观测数据量。

（4）网络传输效率不低于65%。

（5）国内地面站 HRPT、MPT 数据在接收结束后5分钟内全部传到数据处理和服务中心，DPT 数据在接收结束后30分钟内全部传到数据处理和服务中心；国外地面站接收的数据在接收进机后1小时内传到北京。

（6）建立各业务产品的运行故障对策预案，在出现业务产品运行故障时，能在10分钟内恢复运行状态。

（7）计算机集群整体运行成功率不低于99.99%。

（8）万兆位骨干网络运行成功率不低于99.99%。

（9）关键业务服务器运行成功率不低于99.99%。

（10）核心存储设备运行成功率不低于99.999%。

3.10.4 分系统组成

计算机与网络分系统按照硬件、软件的区别可划分为基本支撑平台和应用业务软件两大部分。

基本支撑平台包括计算机子系统、存储子系统、网络子系统、系统集成与配置管理子系统。

应用业务软件包括数据传输和管理子系统、业务调度与服务子系统、产品分发与服务子系统、数据重处理调度子系统、流程与状态监视子系统。

计算机与网络分系统的组成结构如图3-91所示。

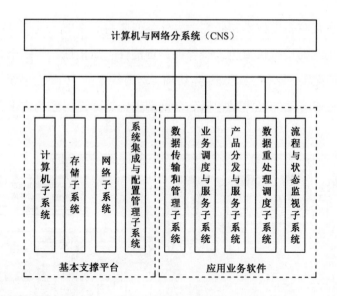

图 3-91 计算机与网络分系统的组成结构

3.10.5 技术方案

计算机与网络分系统是风云三号气象卫星地面应用系统工程的主要功能分系统之一，它为风云三号气象卫星地面应用系统提供运行支撑，包括基本支撑平台、业务应用软件两大部分。基本支撑平台，是指为完成风云三号气象卫星数据接收、数据传输、数据预处理、产品处理、产品分发、数据存档与共享服务所必需的基本硬件设备、系统软件、管理工具、软件开发工具等，包括计算机、存储设备、网络、系统软件，以及相应的系统集成等方面的内容。业务应用软件是实现具体业务任务的功能系统，它的主要业务功能是：实现卫星遥感数据的传输和汇集，以及数据处理和服务中心的数据预处理、产品生成作业的调度；各类产品的内外线分发，意外情况的应对，数据的重处理 / 补处理；集中式作业状态及关键服务器资源和负载的监视；等等。

1. 基本支撑平台技术方案

计算机与网络分系统的基本支撑平台由计算机、存储设备、网络及相应的系统 / 工具软件等组成，其组成与逻辑层次结构如图 3-92 所示。计算机与网络分系统的基本支撑平台涉及风云三号气象卫星（01）批地面应用系统各分系统的计算机网络和存储资源的配置，需要对各分系统的资源需求（包括计算能力、存储空间、传输时效等）进行分析和确认。计算机与网络分系统涉及的计算机技术、网络技术和存储技术发展很快，因此要在跟踪先进技术和研究国内外类似应用的基础上进行设计，以数据为中心全面考虑系统的"可扩展性、兼容性、智能性、衔接性"等多个方面的技术要求，并通过合理配置、部署，建成整体协调、运行稳定的 IT 平台系统。该平台系统在性能、可靠性等方面均能满足多星生命周期内的地面应用系统需求，并具有一定的扩充性。

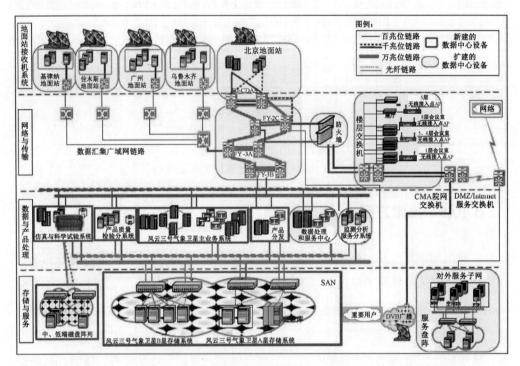

图 3-92　计算机与网络分系统基本支撑平台的组成与逻辑层次结构示意

1）计算机子系统

计算机是风云三号气象卫星地面应用系统工程项目中各技术分系统运行的载体，各分系统各司其职，通过存储设备、网络、软件等设施、资源实现相互协作，最终完成地面应用系统的各项功能。

按照业务运行的时效性要求，计算机子系统分为实时业务配置计算机与非实时业务配置计算机。在各地面站，所有业务配置计算机作为一个紧密耦合系统进行设计。在数据处理和服务中心，运行控制、数据汇集、业务作业调度、数据预处理、产品生成和分发等业务构成一个紧密耦合的实时业务系统。数据存档管理和服务业务，自身耦合成一个系统，实时性要求相对低一些。产品质量检验分系统目前只要求用于事后分析、反馈，还没有与实时业务系统紧密耦合的需求。监测分析服务、数据存档与服务等分系统与实时业务系统仅存在数据需求关系，需要及时获取实时业务系统产生的数据和产品，并按照用户的时效要求提供服务。

实时业务系统与非实时业务系统之间松散耦合，通过网络、文件系统共享等多种方式实现数据交互。

数据处理和服务中心的主机系统结构如图 3-93 所示，为了达到业务系统的可靠性等要求，对于运行控制、实时业务数据汇集、数据预处理、产品分发、数据库服务等关键业务，采用双机高可用设计来实现系统的可靠运行；除数据处理与存档管理数据库服务器由一对高性能 Linux 服务器承载外，其他高可用主机全部采用高性能 UNIX 服务器。

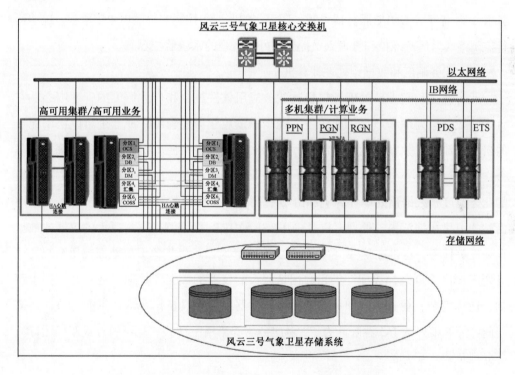

图 3-93　数据处理和服务中心的主机系统结构

这些关键业务功能系统通过分区设计在两台高性能主机上，实现双机集群结构，双机集群系统采用主动式运行方式。在正常情况下，双机同时运行，承担不同的处理任务；在异常情况下，由定义中的备用机接替主机维持业务运行。对于计算业务，如产品生成、仿真与技术支持等应用，采用多机、多节点集群构建，通过一备多的方式实现系统冗余，确保满足业务高可用指标要求。业务功能系统自投入运行以来，运行稳定，能够满足设计性能指标要求。

（1）国内地面站计算机。

按照北京、广州、乌鲁木齐和佳木斯 4 个国内地面站的功能设置，配置数据接收、数据传输、地面站运行管理、存档管理、遥测遥控等计算机。其中，每个地面站配置性能高、可靠性好的 2 台 UNIX 服务器作为多星数据传输和本地数据管理服务器，双机采用热备份运行方式；每个地面站配置 2 台 Linux 服务器作为本站共享文件系统元数据服务器，其他计算机由各地面站自行配置。

（2）运行控制计算机。

为了提高风云三号气象卫星运行控制的可靠性，多星安全管理和业务运行控制业务由 2 台高可用 UNIX 服务器承载，图形化的监视和控制客户端由 PC 承载，这些运行控制终端为运行维护和管理人员提供友好、直观的系统监控界面。

（3）业务调度和数据预处理计算机。

业务调度和数据预处理计算机是业务应用软件整合和作业调度的管理中心。它负责将数据预处理和产品生成的各处理步骤按照业务逻辑组织成一个可以协调配合的自动化流程，并根据运行控制时间表的安排和设备资源情况，合理安排每天、每个作业的运行，充分发挥资源效益，确保业务处理流程按时、成功完成。每颗卫星的业务调度和数据预处理计算机都由 2 台高可用 UNIX 服务器承担。国内外 5 个地面站的卫星数据汇集、处理，以及 MERSI、VIRR 等观测数据量巨大的仪器的数据预处理等任务，也都在这 2 台服务器上完成。风云三号气象卫星地面应用系统的业务调度严谨、复杂，数据汇集和数据量巨大的仪器的数据预处理任务对时效要求苛刻、运算复杂，业务调度和数据预处理服务器除需要具备出色的计算能力外，还需要同时拥有很好的 I/O 吞吐能力。2 台服务器都采用主动式、高可用方式双机运行，并分担负载、互为备份。

（4）数据库服务计算机。

实时业务数据库服务由 1 对高可用 UNIX 服务器担当，为多星运行控制、业务调度等关键实时业务提供数据库服务。数据存档管理与服务业务的数据库服务，则由 1 对高性能服务器承载。面向互联网公众的空间数据服务，则使用由 x86 架构机服务器承载的基于 Windows 的数据库提供服务。

（5）产品生成处理计算机。

产品生成处理计算机是计算机与网络分系统的主干计算机平台，主要负责卫星遥感产品的生成处理。产品生成处理计算机既要有很高的计算能力，又要有快速的 I/O 吞吐能力。因此，计算机与网络分系统配置了由 4 台高性能计算机组成的集群，并由 2 台元数据服务器支持该集群的文件共享访问。在集群软件调度下，计算机与网络分系统形成了一个均衡分担负载且具备容错能力的计算机集群，一方面确保满足数据预处理分系统的时效性要求；另一方面尽可能发挥系统资源的作用，以最快的速度生成各种卫星数据增值产品，以便在最短的时间内将这些产品发送给客户，发挥产品的即时效用。

（6）数据质量检验计算机。

产品质量检验分系统需要通过多种渠道收集地面常规观测数据、国外同步卫星数据、再分析数据等，以便对风云三号气象卫星装载的各遥感仪器的定位结果、定标结果及一些二级定量产品进行比对分析、质量检验和评价。这是随着遥感技术和遥感应用需求提升而开展的新业务领域，产品质量检验分系统在风云三号气象卫星地面应用系统工程建设中第一次成为一个独立的技术分系统。产品质量检验分系统每日需要检验的数据量达 80GB 以上，参考数据量大于 240GB，数据处理量较大。但是，考虑到目前尚不要求产品质量检验分系统与实时业务系统紧密耦合，因此，配置 1 对企业级 UNIX 小型服务器作为多星质量检验系统服务器，配置 1 对 x86 架构机服务器作为质量检验业务和数据管理服务器。

（7）数据存档管理和服务计算机。

风云三号气象卫星多星数据存档管理和服务计算机由 1 对高可用 UNIX 服务器担当。数据永久存档管理和服务计算机对每日 800GB 的增量数据进行质量检验、归档存储和编目管理，并完成用户对 TB 级内容空间的查询检索，因此数据存档管理和服务计算机应具备较高的计算能力和快速的 I/O 吞吐能力。数据服务由 PC 服务器集群承载。

（8）产品分发计算机。

产品分发计算机负责分发风云三号气象卫星 A 星、B 星的全部产品，包括常规观测数据和数值预报产品的获取，需要较快速的 I/O 吞吐能力。在 2 台关键业务服务器上面，产品分发业务与其他关键业务采用分区技术分配所需资源，采用主动或被动方式、高可用方式分区双机运行。

（9）监测分析服务计算机。

监测分析服务（MAS）是地面应用系统对外服务的窗口，是数据处理和服务中心的重要任务之一。监测分析服务计算机为监测分析服务分系统及时、可靠地提供数据。监测分析服务计算机从实时业务系统获取各级遥感数据，通过遥感专家人机交互分析，输出遥感信息分析报告，为专业用户提供决策支持。监测分析服务计算机主要由 PC 服务器和图形工作站组成。

（10）同化、仿真、测试和技术支持计算机。

数据同化处理是卫星遥感数据在数值预报中应用的前提和基础。数据同化是一门崭新的技术，鉴于其要求较高的数据处理能力，因此要研究算法级并行处理软件以进行高效并行处理。数据同化应用由 PC CLUSTER 的集群系统承载。

应用开发仿真测试系统为产品软件研制、业务软件开发、业务软件系统集成测试、外部数据接口和内部数据接口模拟等提供完备的开发运行环境。

调度和大数据量仪器数据预处理仿真服务器由 1 对与业务运行环境类似的高可用服务器组成，产品生成仿真测试计算机则是与业务运行环境相仿的高性能服务器集群，这样才能很好地模拟仿真环境。业务处理系统与仿真系统动态分配资源，CPU 和内存资源根据业务需要渐进式分配。初期业务处理系统分配得少，科研仿真系统分配得多；后期科研仿真系统分配得少，业务处理系统分配得多。在技术上划分 2 个逻辑计算机集群，1 个集群负责业务处理，1 个集群负责科研仿真。集群的划分以 CPU 为单位，以保证业务需要的资源动态调度和绝对占有。在应用研发阶段，风云三号气象卫星的数据预处理和产品处理的研发任务很繁重，数据预处理的算法研究十分复杂，系统需要处理的图像和定量产品种类繁多。数据处理软件大致分为业务数据处理软件和试验数据处理软件两类。业务产品必须成熟、可靠，试验产品在成熟后可转为业务产品。业务数据处理软件在进入业务调度系统后还有工程化、高效并行计算的一个长期试验仿真的过程。因此，在风云三号气象卫星地面应用系统中，仿真与技术支持分系统发挥了很好的作用，用于数据预处理算法的调试和改进优化、新产品算法研究试验和研发试验、并行算法的试验和试算；在系统调试过程中，仿真与技术支持分系统还需要模拟出近似实际应用的运行环境，并测试和检验整个地面应用系统中关键业务流程的正确性。

2）存储子系统

按照各类业务应用的不同需求，计算机与网络分系统配置了不同性能、不同层次的在线存储资源。高端在线存储资源用于支持多星的数据汇集、业务调度、数据预处理、产品生成和分发、数据存档和服务、关键业务仿真等应用需求；针对监测分析服务分系统、产品质量检验分系统、数据存档与服务分系统等的应用需求，存储子系统为其配置了中端在线存储资源。为了避免单一故障点，高性能磁盘阵列实际上由 2 台在线存储磁盘阵列构成，关键的数据和文件还可以在另一台磁盘阵列上进行镜像或备份。此外，存储子系统还配置了中端、低端的存储资源，为仿真与技术支持分系统提供数据存储空间。存储子系统配置了相应的光纤交换机，用于连接存储资源和使用资源的主机，并组成光纤存储网络；升级扩展风云二号气象卫星近线磁带库系统，以满足风云三号气象卫星多星长期数据存档的需求。

（1）在线存储。

在线存储主要采用 SAN 技术构建，磁盘阵列与主机之间的数据传输速率不低于 4Gbps，满足核心业务系统、关键业务仿真等应用对数据高速存取的要求。在关键服务器之间，通过共享文件系统实现大数据文件的快速共享。在各地面站，风云三号气象卫星多星共享基于 SAN 技术的中端在线存储系统，数据接收计算机与传输计算机通过共享文件系统实现卫星观测数据的快速传输。

① 基本业务在线存储。基本业务在线存储局域网（SAN）由 2 台存储光纤导线器组成，用来连接服务器、磁盘阵列，并通过分区技术（Zone）将交换端口逻辑分割成多个数据交换区。基本业务在线存储磁盘阵列由 4 台高端磁盘阵列组成，总容量为 720TB，为运行控制分系统、数据预处理分系统、产品生成分系统、计算机与网络分系统、数据存档与服务分系统等基本业务分系统提供在线存储资源。此外，为确保关键业务仿真工作所需要的实时业务数据能够及时送出，也为了保障关键业务仿真工作能够顺利开展，基本业务在线存储磁盘阵列也为应用开发仿真测试（仿真与技术支持分系统）适当预留了存储空间。

② 遥感应用在线存储。遥感应用在线存储磁盘阵列由 1 台中端磁盘阵列组成，总容量为 150TB，为产品质量检验、监测分析服务、交叉定标和空间天气等业务提供数据在线存储空间。该磁盘阵列和相关的计算机由关键业务在线存储局域网的光纤导线器实现连接。

③ 数据与信息服务在线与近线存储。数据与信息服务在线与近线存储磁盘阵列由 1 台中端磁盘阵列组成，总容量为 90TB。其中，80TB 为风云三号气象卫星多星空间数据库的数据存储和互联网用户的数据下载缓冲等服务提供存储空间，以便为用户提供地理区域可定制的、形式丰富的遥感数据服务；5TB 用于遥感信息发布；5TB 用于产品质量检验及其他信息发布。数据与信息服务在线与近线存储磁盘阵列及其相关的计算机由 2 台存储光纤交换机连接组成数据服务存储网络系统。

④ 仿真与技术支持在线存储。配置 30TB 中端磁盘阵列、40TB 低端磁盘阵列，为仿真与技术支持分系统提供在线存储空间。其中，低端磁盘阵列可供事后统计分析、临时仿真测试等对存储性能和可靠性要求不高的应用使用。这样既能满足其对存储资源的需求，又能有效降低成本。

（2）近线存储。

近线存储设备以自动磁带库为主进行构建。由于风云二号气象卫星 C 星的存储系统采用的 IBM 3494 自动磁带库具有很好的可扩充性，因此风云三号气象卫星没有新建近线存储系统，而是共享了风云二号气象卫星的近线存储设备，仅适当增加了磁带机、磁带存储介质等部件。

多星遥感数据和关键的数据产品，需要永久存档。数据存档提供数据记录双备份功能，根据数据的重要程度，设置数据记录备份数量，其中自动对重要数据进行双备份存储。采用分区管理技术划分带仓，将磁带库中的磁带划分为不同的存储池，针对不同的存储池分配不同的磁带机资源与带仓资源。

目前的近线存储设备全面兼顾了数据存档、数据服务、历史数据整编等功能。每天约有 5TB 的数据需要从在线存储系统备份到自动磁带库中，另外有 1TB［按 61000GB／保留周期（4 天）估算］的数据需要从磁带库中读取，以向用户提供服务。

3）网络子系统

（1）数据传输流程。

在风云三号气象卫星地面应用系统工程项目中，计算机与网络分系统负责地面站、数据处理和服务中心、监测分析服务分系统等之间所有数据的传输，以及对外产品分发任务。计算机与网络分系统是驱动数据在多个分系统之间流动的中枢，负责从原始数据汇集到产品分发的全部业务流程。

卫星过境广播在发送数据时，运行在地面站的数据接收程序实时进行数据接收。

为提高数据的处理时效，国内地面站将每接收 10 秒的数据形成一个独立的文件，并立即转发给数据处理和服务中心；而业务作业调度软件根据遥感仪器的数据量分别按照分块、分弧段和整轨的原则启动相应数据的预处理、产品生成软件。当各级别遥感数据、产品等处理完毕后，由计算机与网络分系统通过网络向内外部用户发送，并根据预先设定的数据存档管理规则，将数据发送给数据活动存档中心。

地面应用系统之间的信息交换，以及国内地面站与数据处理和服务中心之间遥测数据的传输、指令的传达、状态的上报等均采用网络编程的方式进行；国外高纬度基律纳地面站与数据处理和服务中心之间的数据传输采用文件传输的方式进行，程序之间控制命令的交互则采用消息队列、共享内存等 UNIX 通信机制。

（2）核心层网络。

风云三号气象卫星地面应用系统的数据交换量较大，网络速度对业务处理的时效性有较大影响，因此交换设备的性能、网络传输线的特性等因素都会影响网络速度。基于此，在已有局域网系统的基础上，适当进行网络硬件设备、网络管理、网络应用服务的技术改造与升级，并对现有网络结构进行一定的调整。在网络系统设计方面，依据数据的传输特性，将网络分为核心交换层、边缘交换层、办公接入；在网络系统实现方面，采用新购部分设备与现有部分设备技术改造相结合的方式，构筑风云三号气象卫星高性能网络系统。

风云三号气象卫星核心层网络由 2 台高性能的万兆位网络交换机构成，其中运行高可用热备协议以提高核心层网络的可用性，并通过冗余光纤链路连接，利用以太网技术提高网络带宽，同时使之具备容错功能。改造风云二号气象卫星 C 星的核心层网络交换机，并建立风云三号气象卫星的核心交换机与风云二号气象卫星 C 星的核心交换机之间的万兆位链路。风云三号气象卫星的核心层网络结构如图 3-94 所示。

（3）北京地面站网络。

北京地面站部署了 2 台 CDAS 核心交换机，通过光缆与风云二号气象卫星 C 星的核心交换机连接。北京地面站的 OA 子网，在风云二号气象卫星 C 星的工程建设中初步建立，它通过与数据处理和服务中心的连接光纤，接入中心主 OA 交换机，从而共享中国气象局院内网络的互联网访问出口。CDAS 系统涉及的设备厂商、软硬件系统集成单位众多，因此，作为会务网络子系统的一部分，特地在地面站的 2 个会议室架设了 2 个无线接入点，为地面应用系统调试期间多方会议构建便捷的网络环境。为确

保北京地面站与数据处理和服务中心数据链路的稳定，铺设了两者之间的迂回光纤（2Gbps 带宽），通过链路进一步提高了两者之间数据传输的稳定性。

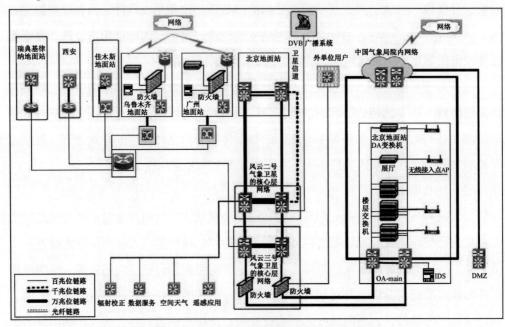

图 3-94　风云三号气象卫星的核心层网络结构

（4）京外地面站网络。

位于北京的数据处理和服务中心与北京之外各地面站的连接采用租用电信公司广域网服务的方式。为满足国内地面站 HRPT、MPT 数据在接收结束后 5 分钟内全部传到数据处理和服务中心，DPT 数据在接收结束后 30 分钟内全部传到数据处理和服务中心的时效要求，广州地面站、乌鲁木齐地面站与数据处理和服务中心的连接采用双向 100Mbps 带宽，佳木斯地面站与数据处理和服务中心的连接为 66Mbps 带宽。为满足国外地面站接收数据在接收进机后 1 小时内传到北京的时效要求，瑞典基律纳地面站自主租用相关服务商地面光缆 45Mbps 线路与地面应用系统主网络连接。

（5）其他相关网络。

风云三号气象卫星（01）批网络建立了运行控制分系统与西安卫星测控中心、上海卫星总体单位等相关单位之间的双向数据传输、语音通信网络链路——运行控制关联信息传输网络子系统。其中，运行控制分系统与西安卫星测控中心的物理链路在风云二号气象卫星 C 星工程建设中建立，相关应用软件在风云三号气象卫星地面应用系统中建设完成。通过租用 2Mbps SDH 链路满足运行控制关联信息的传输需求。在风云三号气象卫星业务子网和 26 个基地航天数据网之间，利用 1 对路由器实现网络连接和必要的网络信息隔离，并通过网桥式的 1 对加密机实现数据加密传输，满足了数据安全保密需求；风云三号气象卫星网络和上海卫星总体单位等相关单位之间的网络连接也通过类似方式实现。

（6）网络高可用和高性能设计实现。

为满足万兆位骨干网络运行成功率不低于 99.99% 的性能指标要求，风云三号气象卫星（01）批核心骨干网络设备均采取双机系统。在出现故障时，双机可以自动切换，以确保骨干网络的持续、稳定运行。风云三号气象卫星采用 2 台 Catalyst 6509 分别作为主核心交换机、备份核心交换机。Catalyst 6509 采用双交流电源，电源本身负载均担，互为备份。

风云三号气象卫星的核心交换机上配置了冗余的系统引擎，并将它们配置成热备份形式（RPR+）。这样，当主板出现故障时，备份板不需要重新启动即可接替工作。

风云三号气象卫星所有关键业务服务器采用双链路分别连接到主核心交换机（Catalyst 6509）和备份核心交换机（Catalyst 6509），形成核心交换设备到关键主机的冗余双链路。其中一条链路、一台交换机 / 端口或者一块网卡发生故障，都不会影响关键主机的网络通信。双机的关键交换机之间采用 GigaEtheChannel 通过千兆位端口实现高速、可靠连接。

两台风云二号气象卫星的业务核心交换机和两台风云三号气象卫星的业务核心交换机之间通过 10GB 模块连接，构成高速、可靠的网络核心。主核心交换机、备份核心交换机路由模块采用 HSRP 技术，可靠地提供 VLAN 间的三层路由。两台风云三号气象卫星的业务核心交换机分别通过防火墙与主 OA 交换机连接，通过两台主 OA 交换机分别接入中国气象局院内网络。

二级交换机（如应用服务中心交换机、数据处理和服务中心交换机等）通过独立的链路分别与主核心交换机、备份核心交换机连接，保证了二层线路的冗余性。

风云三号气象卫星网络按照业务要求划分为多个 VLAN，分配在 VLAN 内的工作站与其他 VLAN 内工作站的通信需要由核心交换机的第 3 层路由功能实现。为了保证三层路由可靠工作，在主核心交换机和备份核心交换机上针对每个 VLAN 都创建了一个 VLAN 接口，分配该 VLAN 所属网段的两个 IP 地址。这两个接口配置了高可用热备协议，对外共同使用一个虚拟 IP 地址。该虚拟 IP 地址即 VLAN 内工作站的 IP

默认网关。

风云三号气象卫星新布的双绞线信息点，采用 6 类双绞线，确保线路能够支持千兆位甚至更高带宽的网络传输；关键链路设备之间的连接全部采用光纤链路。网络主核心交换机全部采用思科的 6000 系列，每台核心交换机都配备了 720Gbps 交换矩阵以提供无阻塞线速交换。核心交换机可以提供万兆位交换端口，也可以根据应用需求捆绑多个千兆位端口，进而拓展连接链路带宽。

（7）网络安全和网络管理。

为了确保地面站网络系统的安全，计算机与网络分系统配置了 3 个高性能的防火墙系统，作为地面站互联网接入的安全防护，在业务网络、内部办公网络、互联网接入网络之间建立有效隔离。同时，系统内部各关键子网之间也通过防火墙连接。

调整了风云二号气象卫星 C 星的网络整体结构，通过 IP 地址的适当规划和 VLAN 划分，使风云三号气象卫星（01）批各业务网络经主 OA 交换机接入中国气象局院内网络。只有明确被允许的网络流量才能够穿过防火墙到达业务网络，避免互联网访问流量流经业务交换机。利用业务交换机的访问控制机制进一步限制真正能够到达某个业务网络的网络流量，提高了业务网络的安全级别。

风云三号气象卫星（01）批计算机与网络分系统从网络硬件设备、网络协议、子网规划、IP 地址管理、网络安全访问控制等多个层次奠定了网络的可管理性基础；通过核心设备和链路的冗余配置增强了网络的可靠性，提高了网络的可用性；通过交换机 OS 软件和商用网管工具的配合，提供了有效的网络管理界面。

4）系统集成与配置管理子系统

软件平台的建设，以充分发挥硬件资源的作用、最大限度地方便用户的使用、满足各项应用对资源的需求为目标，配合计算机网络和存储设备的配置，配置相应的操作系统、高可用软件、数据库系统、存储管理软件、文件系统共享软件、集群系统负载平衡软件、程序开发调试工具等系统软件或者平台工具，为各技术分系统提供良好的、可管理的运行支撑。

系统集成与配置管理子系统负责协调、组织计算机与网络分系统基本支撑平台的安装、实施。从业务需求出发，综合考虑多个厂商的多种设备，合理实施各设备的安装、配置及参数调优，形成了一个协调的整体，更好地发挥了设备性能及其优越性，提供了稳定、可靠且满足应用需求的支撑平台。

　　系统集成与配置管理子系统还负责基本系统软件的安装、管理、维护，以及按照应用需求设置、调整参数。按照地面应用系统所配置系统软件的类型，系统软件配置系统可以划分为基本系统软件、专用系统软件、系统应用支持管理软件 3 个部分。基本系统软件是计算机在引进时由计算机公司提供的，如操作系统；专用系统软件也是计算机在引进时由第三方厂商提供的，如存储管理、集群负载共享系统软件等；系统应用支持管理软件在基本系统软件和专用系统软件支持下，结合实际应用，实现客户化配置和管理。

　　系统集成与配置管理子系统在操作系统和支撑软件平台的外层工作，即系统软件配置系统的分层结构第 3 层。系统软件配置系统的分层结构如图 3-95 所示。

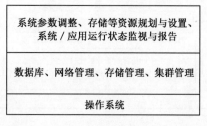

图 3-95　系统软件配置系统的分层结构

2. 应用软件技术方案

　　根据应用软件的功能分析，计算机与网络分系统应用业务软件可划分为数据传输和管理、业务调度与服务、产品分发与服务、数据重处理调度、流程与状态监视 5 个子系统，分别实现卫星遥感数据的传输和管理、卫星遥感数据处理作业的调度与管理、各类产品的外线分发与服务、异常数据的重处理、作业流程的状态监视 5 个主要业务功能。计算机与网络分系统应用业务软件的各子系统之间的数据流和控制流关系如图 3-96 所示。

1) 数据传输和管理子系统

　　数据传输和管理子系统是风云三号气象卫星地面应用系统的数据处理和服务中心业务系统与地面站卫星广播数据收发、不同系统之间数据交换的桥梁。在各地面站，数据传输和管理子系统需要对实时、延时的卫星遥感数据、遥测数据进行双路优选筛选，选取优质、去干扰的原始数据，以高速、安全的并行传输机制传输到数据处理和服务中心；在数据处理和服务中心，需要实现多种遥感仪器数据的并行汇集处理。此外，数据传输和管理子系统还要设计原始数据文件自动订制回放软件，以获取最优质的原始数据。

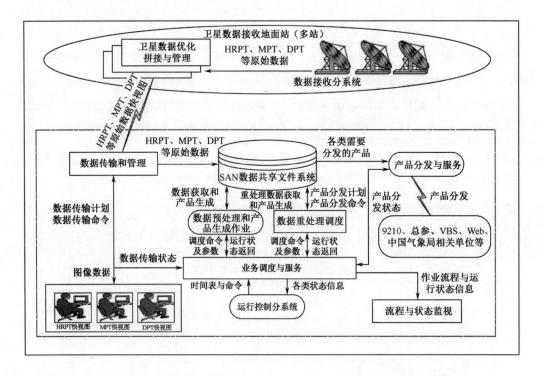

图 3-96　计算机与网络分系统应用业务软件的各子系统之间的数据流和控制流关系

风云三号气象卫星（01）批多星每天有 30 轨约 300GB 观测数据需要从各卫星地面站传送到数据处理和服务中心。为了提高观测数据应用的时效性，数据传输和管理子系统对数据传输时效有严格要求。HRPT（4.2Mbps，最长轨道时间长度为 14 分钟）、MPT（18.7Mbps，最长轨道时间长度为 14 分钟）数据需要准实时传输，在数据接收结束后 5 分钟内必须全部传到数据处理和服务中心；DPT（93Mbps，最长轨道时间长度为 12 分钟）数据在接收后 30 分钟内传输到数据处理和服务中心。为了满足数据传输时效的要求，数据传输和管理子系统设计了并行数据传输机制，通过多线程、多路并行传输的方式同时传输风云三号气象卫星 HRPT 数据、MPT 数据、DPT 数据及相应的分块数据，并按照时效优先次序传输。

卫星数据接收地面站系统不仅接收风云三号气象卫星（01）批各种数据，还兼容接收美国 NOAA / NPP 卫星、欧洲 METOP 卫星、美国 EOS 系列卫星和相应环境卫星的数据。风云三号气象卫星在地面站至少配置了两套数据接收系统。在与其他卫星接收时间不冲突的情况下，两套数据接收系统可以同时接收同一颗星、同一时次的数据，以保证接收数据的高质量和高可靠性。但是，接收到的两套数据如果都传输到数据处理和服务中心会大大增加网络传输的压力，为了减少传输到数据处理和服务中心的重复数据，在地面站设计了数据优化拼接软件对双机接收的同一轨数据进行优化拼接处理。

根据数据传输和管理子系统的功能和技术要求，数据传输和管理子系统划分了单站数据优化拼接去重复和数据管理、多站数据汇集、传输状态上报和图像监视、实时业务系统数据文件管理等功能模块，以实现数据传输和管理功能。目前，数据传输和管理子系统能够稳定运行，数据传输的时效也能够满足设计要求。

2）业务调度与服务子系统

业务调度与服务子系统负责按照业务运行时间计划表和调度命令调度数据预处理分系统数据处理与产品处理程序的运行。风云三号气象卫星（01）批多星计算机与网络分系统业务运行平台是一个业务复杂、性能要求高、数据吞吐量大的计算机集群系统，拥有 20 台高性能主机，每天有 7 万多个作业需要按照各自的平台和时效要求运行。在业务系统运行过程中，业务作业调度损耗不应超过被调动作业用时的10%；在出现数据处理作业运行故障时，业务系统应能在 10 分钟内恢复运行状态。为了充分利用各种资源，以及满足各种调度时效要求，业务调度与服务子系统必须设计科学、高效、灵活的系统作业运行调度机制，来实现多机负载均衡和作业异常快速处理等功能。

（1）多机系统运行管理。

业务调度与服务子系统设计了在分布式集群环境下子系统的初始化和运行守护服务；设计了关键业务系统的资源管理和高性能计算系统的资源管理软件；设计了应对计算机系统故障和应用系统故障的处理预案。

（2）多机负载均衡业务调度。

业务调度与服务子系统设计了自适应并行调度算法，以实现多星调度，并通过业务调度策略解析业务运行时间计划表和各分系统的调度接口关系；确定了从数据汇集、数据预处理、产品处理、数据应用到产品服务各运行环节的合理、流畅的业务调度流程；设计了即时收工流程；确定了多星优先级策略、降级标准，降低了对作业流程的调度等级，包括数据质量问题和系统资源问题，以实现在正常运行情况下更新软件模块、修改数据的接口，从而提高业务系统的可维护性、易扩展性。

（3）接口控制与公共服务。

业务调度与服务子系统根据业务需求确定各类接口的说明、性质和结构，并且当需求变化时，及时更改接口的说明、性质和结构，使接口处于控制之中；设计了多线程并行处理方案，提高业务产品软件的重用性和软件运行的效率；设计了公共服务，包括进程间通信、内存段共享、信号灯、运行参数获取、网络文件公共传输、产品生成、文件管理、数据库管理、日志管理、格式转换、时间转换、字符串处理等。

（4）应用系统软件集成。

按照业务流程要求，完成系统软件的安装与协调配置，包括基本系统软件、专用系统软件、系统应用支持管理软件 3 个部分，实施应用系统软件集成。

目前，业务调度与服务子系统能够稳定运行；资源使用负载和作业调度，以及作业异常处理时效可以满足设计和业务要求。

3）产品分发与服务子系统

产品分发与服务子系统作为国家卫星气象中心各种实时数据、产品对外分发服务的统一出口，负责实时产品分发，主要任务包括产品国内分发、产品国际分发。产品分发的内容包括风云三号气象卫星（01）批地面应用系统所处理的所有产品。所有待分发的产品，在风云三号气象卫星（01）批数据处理和服务中心（PGS）处理完毕后，自动发送到产品分发服务器的规定目录下，由产品分发软件控制分发。

按照产品分发与服务子系统的功能设置，产品分发与服务子系统划分为同城和内外线产品分发、基于 DVBs 的产品分发、常规数据和数值预报产品获取、实时分发状态监视和用户管理 4 个功能模块。

4）数据重处理调度子系统

数据重处理调度子系统设计灵活、方便的数据重处理软件，在卫星数据不能按时到达、实时处理异常的情况下，按照既定原则调度重处理作业运行，并将重处理的产品回传到业务系统中。当资源允许时，数据重处理调度子系统与实时业务系统分别运行于相互独立的计算机与网络支撑平台，避免重处理过程对实时业务系统带来的各方面影响。当资源紧张时，单个作业或者单轨数据的重处理，可以在实时业务系统运行负载相对较小的时间窗口内，在实时业务系统主机平台上进行，通过严密设计确保重处理过程与实时业务的逻辑隔离。批量的重处理可以考虑基于单机版的处理，即临时采用业务系统之外的其他服务器完成。

按照数据重处理调度子系统的功能设置，数据重处理调度子系统划分为重处理数据获取、重处理作业流程设计、重处理作业调度、重处理作业异常管理 4 个功能模块。

5）流程与状态监视子系统

流程与状态监视子系统设计一个统一的监视界面，提供对业务调度与服务子系统的集中式监视，及时对作业运行异常事件的告警；实时显示应用系统业务流程中的关键节点状态信息（单击某个节点可以了解该节点的详细信息），以及在故障情况下用声音、颜色或者邮件告警。所有实时监视的状态信息都实时存入数据库，供操作员事后检索；通过直观图形界面，实时显示定期采集的关键服务器的资源使用情况、业务负载分布情况。

按照流程与状态监视子系统的功能设置，流程与状态监视子系统划分为计算机网络状态监视、系统计算与存储资源监视、作业运行状态监视、产品监视 4 个功能模块。

第 4 章

地面应用系统的外部接口

4.1 地面应用系统与卫星的接口

在风云三号气象卫星中，有效载荷数据和卫星工程遥测参数通过数据接收分系统的 3 条射频链路下行传输。其中，高分辨率图像数据通过一条 L 波段射频（简称 HRPT）链路传输，码速率为 4.2Mbps，全球实时广播；中分辨率光谱成像仪数据通过 X 波段射频（简称 MPT）链路传输，码速率为 18.7Mbps，国内和国际合作地区程控广播；全球数据流，包括有效载荷数据和卫星工程遥测参数通过 X 波段射频（简称 DPT）链路传输，码速率为 93Mbps，在指定区域延时广播。本节介绍 HRPT、MPT 和 DPT 这 3 条链路的星地接口，以及卫星遥测数据的网络传输接口。

4.1.1 高分辨率图像传输（HRPT）信道星地接口

1. HRPT 链路的广播内容

风云三号气象卫星在过站时，进行 L 波段的高分辨率图像传输（HRPT）。HRPT 链路传输的内容包括可见光红外扫描辐射计（VIRR）、红外分光计（IRAS）、微波温度计（MWTS）、微波湿度计（MWHS）、紫外臭氧垂直探测仪（SBUS）、紫外臭氧总量探测仪（TOU）、微波成像仪（MWRI）、太阳辐射监测仪（SIM）、地球辐射探测仪（ERM）、空间环境监测器（SEM）等仪器的数据，以及卫星遥测的数据。

2. HRPT 数据广播流程

风云三号气象卫星在广播 HRPT 数据时，按照以下流程进行：

（1）按照 CCSDS 标准生成各种有效载荷的源包数据；

（2）按照多路复用技术对各载荷数据进行打包，多路复用，并对数据进行 RS 编码和加扰，形成传输帧数据流；

（3）对传输帧数据流进行串并变换、差分编码；

（4）对串并变换后的数据进行卷积编码；

（5）对卷积编码后的数据进行调制、上变频、放大、滤波和发射。

3. 多载荷信息处理

1）源包数据

风云三号气象卫星上的载荷包括高速数据载荷和低速数据载荷。

高速数据载荷有 4 种高速载荷数据流，分别是中分辨率光谱成像仪数据流、可见光红外扫描辐射计白天数据流、可见光红外扫描辐射计黑夜数据流、微波成像仪数据流，按照如表 4-1 所示的格式生成源包。

表 4-1　高速数据载荷源包数据格式

遥感仪器	包主导头（6 字节）			用户数据
	应用过程标识（2 字节）	包计数	包长度（2 字节）	
中分辨率光谱成像仪	098F		/	
可见光红外扫描辐射计（白天）	09CE	2 字节	65BB	**字节
可见光红外扫描辐射计（黑夜）			1FBB	
微波成像仪	0950		3A75	

低速数据载荷分别是红外分光计、微波温度计、微波湿度计、紫外臭氧垂直探测仪、紫外臭氧总量探测仪、太阳辐射监测仪、地球辐射探测仪、空间环境监测器，按照表 4-2 所示的格式生成源包。

表 4-2　低速数据载荷源包数据格式

遥感仪器	包主导头（6 字节）			包副导头时间标志	用户数据
	包标识（2 字节）	包序控制	包长度（2 字节）		
红外分光计	0803	2 字节	03F9	6 字节	**字节
紫外臭氧垂直探测仪	080B		01F9		

续表

遥感仪器	包主导头（6 字节）			包副导头 时间标志	用户数据
	包标识（2 字节）	包序控制	包长度（2 字节）		
紫外臭氧总量探测仪	0809		0339		
地球辐射探测仪	0805		03F9		
太阳辐射监测仪	080D		01F9		
微波温度计	0807	2 字节	00F9	6 字节	**字节
微波湿度计	0810		03F9		
空间环境监测器	080F		01F9		
卫星工程遥测仪器	0801		00F9		

2）多路复用传输技术

按照表 4-3 中的参数将源包数据进行多路复用，形成虚拟信道 5（VC5）。

表 4-3　信息处理虚拟信道分配

遥感仪器	虚拟信道	VC-ID	APID	包长度（字节）	数据类型
中分辨率光谱成像仪	VC1	000011		可变	位流
可见光红外扫描辐射计	VC2（白天）	000101		可变	位流
	VC3（黑夜）	001001		可变	位流
微波成像仪	VC4	001010		可变	位流
红外分光计			00000000011	1024	多路复用
紫外臭氧垂直探测仪	VC5	001100	00000001011	512	多路复用
紫外臭氧总量探测仪			00000001001	832	多路复用
地球辐射探测仪			00000000101	1024	多路复用
太阳辐射监测仪			00000001101	512	多路复用
微波温度计			00000000111	256	多路复用
微波湿度计			00000001010	1024	多路复用
空间环境监测器			00000001111	512	多路复用
卫星工程遥测仪器			00000000001	256	多路复用

3）数据传输帧的生成

按照表 4-3 中的参数将 5 个虚拟信道的数据形成数据传输帧。

数据传输帧的格式如表 4-4 所示。

数据传输帧的格式符合 CCSDS 标准，具体如下。

（1）版本号置为"01"B，表示版本 2，符合 CCSDS 结构。

（2）飞行器与 VC-ID（虚拟信道标识符）一起组成 VCDU-ID，"00110001"B。

（3）对每个虚拟信道上传输的 VCDU 的总数的顺序计数（模 16777216），与 VC-ID 一起用来对每个虚拟信道维持单独的计数，填充 CADU 的 VCDU 计数为顺序计数（模 16777216）。

（4）在信号域，回放标识置为"0"B，代表 L 波段／X 波段实时 VCDU；回放标识置为"1"B，代表 X 波段延时 VCDU；备用回放标识置为全"0"B。

（5）插入区用于加密控制。

（6）备用／导头指针的规定：备用 2 比特全"0"B，位流数据指针 14 比特全"1"B；备用 5 比特全"0"B，11 比特标识 M-PDU 首导头指针。

表 4-4　风云三号气象卫星 A 星数据传输帧的格式

4 字节	2 比特	8 比特	6 比特	3 字节	1 字节	2 字节	1012 字节		
							数据区		
同步	版本	飞行器	VC-ID	计数	回放	插入区	指针 （2 字节）	数据 （882 字节）	RS （128 字节）
1A CF FC 1D		4C	中分辨率光谱成像仪 VC1	43	实时：00；延时：80	加密：FF+密钥号；明传：0000	MPT/ HRPT： 3F FF； DPT： 3F FF		
			可见光红外扫描辐射计（白天）VC2	45					
			可见光红外扫描辐射计（黑夜）VC3	49					
			微波成像仪 VC4	4A					
			红外分光计等 VC5	4C			5 比特"0"+11 比特		

4．加扰

加扰使用的伪随机序列生成的多项式为

$$F(x) = x^8 + x^7 + x^5 + x^3 + 1$$

伪随机序列从码块或传送帧的首位开始，255 比特后重复。在每个同步标识周期内，该序列产生器重新初始化为全"1"状态。

发生器产生的伪随机序列的前 40 位的最左位是序列的首位，它将与码块或传送帧的首位相异或；第 2 位将与码块或传送帧的第 2 位相异或；后面的位依次进行。

5. 数据纠错编码

1）RS 编码

风云三号气象卫星 HRPT 星地数据传输采用了交错深度为 4 的 RS（255，223）级联编码方式，在编码中对数据进行加扰处理。数据帧进入 RS 编码模块，除了同步头（1ACFFC1D）共 892 字节，分成 4 组信息数据，经过 RS 交织编码后，将 4 组共 128 字节的校验位添加在该帧数据区，使之符合 CCSDS 标准。

2）卷积编码

HRPT 链路卷积编码器采用码率为 3/4（比特／符号）、约束长度为 7 比特的编码方式，符合 CCSDS 标准。

6. 数据传输位转换

1）串并转换

在 HRPT 链路中，HRPT 发射机将串行数据流分为奇、偶两路并行数据，并将其中一路进行 1 比特延迟，使前后两个码元对齐，形成一对码元。经过上述数据处理，L 波段实时信息处理模块输出码速率为 4.2Mbps、码型为非归零码的数据到 HRPT 发射机。

若输入为 $m_1m_2m_3m_4m_5m_6m_7m_8\cdots\cdots$

则输出如下。

I：m_1,m_3,m_5,m_7；

Q：m_2,m_4,m_6,m_8。

2）差分编码

当前一对输出码元相同时，即当 $X_{out}(i-1)+Y_{out}(i-1)=0$ 时，有

$X_{out}(i)=X_{in}(i)+X_{out}(i-1)$

$Y_{out}(i)=Y_{in}(i)+Y_{out}(i-1)$

当前一对输出码元不同时，即当 $X_{out}(i-1)+Y_{out}(i-1)=1$ 时，有

$X_{out}(i)=Y_{in}(i)+X_{out}(i-1)$

$Y_{out}(i)=X_{in}(i)+Y_{out}(i-1)$

式中：

$X_{out}(i)$ 和 $Y_{out}(i)$ 是编码器当前输出；

$X_{in}(i)$ 和 $Y_{in}(i)$ 是编码器当前输入；

$X_{out}(i-1)$ 和 $Y_{out}(i-1)$ 是编码器前一时刻输出。

7. 调制

采用 QPSK 调制。星上 QPSK 调制用相差为 $\pi/2$ 的两路 BPSK 调制实现，I 路和 Q 路输入数据采用格雷码相位逻辑，调制规则如下。

格雷码次序四相调制规则：双比特码组 AB 为 00、01、11、10，分别对应载波相位 0°、90°、180°、270°。

8. HRPT 实时传输信道主要指标

（1）码速率：4.2Mbps，这是 RS 编码后的速率，其中交错深度为 4。

（2）载波频率：L 波段 1704.5MHz±34kHz。

（3）调制方式：QPSK 调制。

（4）EIRP：41dBm，仰角 5° 以上的最小 EIRP。

（5）信号占用带宽（零点到零点）：5.6MHz。

（6）卫星天线极化：RHCP（右旋圆极化）。

（7）卫星天线增益（包括射频电缆损耗）：在天线波束±61.71°，不小于 2.5dBi；在天线波束 0°，不小于-4.0dBi 。

（8）卫星天线轴比：在±62° 范围内不大于 5dB。

（9）卫星天线方向图：赋形波束，轴向旋转对称。

（10）工作方式：在全球范围内实时发送，并具有程控开关机功能；功率放大器前加窄带滤波器，信号经过放大、滤波后送至 HRPT 数传天线对地发送。

4.1.2　中分辨率图像传输（MPT）信道星地接口

1. MPT 实时数据广播内容

风云三号气象卫星在过站时，将进行 X 波段的中分辨率图像传输（MPT）。MPT 传输的内容为中分辨率光谱成像仪（MERSI）数据。

2．MPT 数据广播流程

风云三号气象卫星在广播 MPT 数据时，按照以下流程进行：

（1）将 MERSI 数据进行格式化处理；

（2）按照多路复用技术对载荷数据进行打包，多路复用，在选择加密工作方式时进行加密处理，并对数据进行 RS 编码和加扰，形成传输帧数据流；

（3）对传输帧数据流进行串并变换、差分编码；

（4）对串并变换后的数据进行卷积编码；

（5）对卷积编码后的数据进行调制、上变频、放大、滤波和发射。

3．多载荷信息处理

1）源包数据

中分辨率图像传输信道的源包数据只有 MERSI 数据。

2）多路复用传输技术

MPT 只有 1 路中分辨率光谱成像仪数据，数据首先在 FIFO 中缓存，当存满 882 字节后就进行 VCDU 汇编，在必要时进行数据填充，按照 CCSDS AOS 协议的 CADU 格式分别组帧，以保证物理信道的连续。其他与 HRPT 类似。

3）数据传输帧的生成

MPT 数据传输帧的生成与 HRPT 类似。

4．基带处理

1）加扰

加扰与 HRPT 类似。

2）加密

在 X 波段实时传输模式中，MPT 链路的信息传输具有密传、明传切换功能。在数传 CADU 插入区内填充加密控制。风云三号气象卫星数据接收分系统加密采用数据加密体制（DES），符合 DES 加密技术。

5．数据纠错编码

1）RS 编码

MPT 数据 RS 编码与 HRPT 类似。

2）卷积编码

MPT 链路卷积编码器采用码率为 1 / 2（比特/符号）、约束长度为 7 比特的编码方式。

6. 数据传输位转换

1）串并转换

MPT 数据的串并转换与 HRPT 类似。

2）差分编码

MPT 数据的差分编码与 HRPT 类似。

7. 调制

MPT 数据的调制与 HRPT 类似。

8. MPT 链路应满足的传输指标

（1）码速率：18.7Mbps（在 RS 编码后，交错深度为 4）。

（2）载波频率：X 波段为 7775MHz±156kHz。

（3）调制方式：QPSK 调制。

（4）信号占用带宽（零点到零点）：37.4MHz。

（5）EIRP：46dBm（当仰角等于 5° 时，寿命末期的发射功率）。

（6）卫星在发射前，功率放大器前加窄带滤波器。

（7）极化：RHCP（右旋圆极化）。

（8）天线增益（包括射频电缆损耗）：在天线波束±62.0° 时，不小于 5.0dBi；在天线波束±60.0° 时，不小于 5.5dBi；在天线波束 0° 时，不小于-4.5dBi。

（9）卫星天线轴比：在±62° 范围内不大于 8dB。

（10）卫星天线方向图：赋形波束，轴向旋转对称。

（11）在国际合作地区非实时传送；在国内接收区域实时传送，具有地域可程控传输能力、加密传输能力。

4.1.3　存储回放图像传输（DPT）信道星地接口

1. DPT 延时数据广播内容

当风云三号气象卫星进入指定回放区域时（EL≥7°），X 波段延时链路将记录的

延时数据(DPT)传送到地面站。DPT 传输的内容包括可见光红外扫描辐射计(VIRR)、红外分光计（IRAS）、微波温度计（MWTS）、微波湿度计（MWHS）、紫外臭氧垂直探测仪（SBUS）、紫外臭氧总量探测仪（TOU）、微波成像仪（MWRI）、太阳辐射监测仪（SIM）、地球辐射探测仪（ERM）、空间环境监测器（SEM）等的数据，以及卫星遥测的数据。

2. DPT 数据广播流程

风云三号气象卫星在广播 DPT 数据时，按照以下流程进行：

（1）按照 CCSDS 标准生成各载荷源包数据；

（2）按照多路复用技术对载荷数据进行打包，多路复用，并对数据进行 RS 编码和加扰，送入固态记录器；

（3）所有 DPT 链路传输的载荷数据经信息处理器 DPT 模块处理，经固态记录器存储，形成传输帧数据流；

（4）对传输帧数据流进行串并变换、差分编码；

（5）对串并变换后的数据进行卷积编码；

（6）对卷积编码后的数据进行调制、上变频、放大、滤波和发射。

3. 多载荷信息处理

1）源包数据

DPT 信道的源包数据与 HRPT 信道类似。

2）数据复接

DPT 链路对星上所有下行数据信息都要处理，DPT 链路复接原理与 HRPT 链路类似。与 HRPT 链路复接不同的是：输出到固态记录器的数据不一定是固定码速率的连续码流，不需要使用填充数据；可以屏蔽中分辨率光谱成像仪的数据信息。

3）传输帧数据

DPT 信道的传输帧数据与 HRPT 信道类似。

4. 基带处理

DPT 数据的基带处理与 HRPT 数据类似。

5. 数据存储

经过上述数据处理，X 波段延时信息处理模块输出码速率为 28Mbps、位宽为 4 比特、码型为非归零码的数据到固态记录器并进行存储。

6. 差分编码

DPT 信道差分编码与 HRPT 信道类似。

7. 数据纠错编码

1）RS 编码

DPT 信道 RS 编码与 HRPT 信道类似。

2）卷积编码

DPT 信道卷积编码与 HRPT 信道类似。

8. 调制

DPT 信道调制与 HRPT 信道类似。

9. DPT 链路应满足的传输指标

（1）码速率：93Mbps（在 RS 编码后，交错深度为 4）。

（2）载波频率：X 波段为 8145.95MHz±163kHz。

（3）调制方式：QPSK 调制。

（4）信号占用带宽（零点到零点）：124MHz。

（5）EIRP：46dBm（EL=7°），在回放区域将延时数据传送到地面站。

（6）极化：RHCP（右旋圆极化）。

（7）天线增益（包括射频电缆损耗）：在天线波束±62.0° 时，不小于 5.0dBi；在天线波束±60.0° 时，不小于 5.5dBi；在天线波束 0° 时，不小于-4.5dBi。

（8）卫星天线轴比：在±62° 范围内不大于 8dB。

（9）卫星天线方向图：赋形波束，轴向旋转对称。

4.1.4　卫星遥测数据网络传输接口

卫星实时遥测数据从 L 波段通过 HRPT 链路传输至地面站，卫星延时遥测数据从

X 波段通过 DPT 链路传输至地面站。

地面站接收软件从接收数据中分出遥测数据，通过 VC5 数据包传输到运行控制分系统，再由运行控制分系统分发到卫星研制部门等单位。

4.2 地面应用系统与测控系统的接口

根据任务分工，风云三号气象卫星的测控分为工程测控和业务测控。西安卫星测控中心负责工程测控任务的实施，而业务测控任务由地面应用系统和西安卫星测控中心共同承担。西安卫星测控中心根据地面应用系统提出的要求实施风云三号气象卫星的业务测控任务，西安卫星测控中心与地面应用系统之间存在数据交换。

地面应用系统通过航天用户数据网与西安卫星测控中心交换数据，两端加保密机。地面应用系统负责编制有效载荷工作计划、业务测控上载任务更改申请和应急任务申请报告等。西安卫星测控中心负责精密轨道根数的生成、全部直接遥控指令的发布、载荷注入数据的生成、数据质量检验和加密发送等工作。

1．轨道参数传输接口

风云三号气象卫星地面应用系统与西安卫星测控中心的轨道参数传输采用文件传输方式。西安卫星测控中心每日对风云三号气象卫星进行 4 次（2 次升轨和 2 次降轨）轨道跟踪，并同时进行测轨、测角，获取星上 GPS 数据，采用联合定轨的方法计算得到轨道参数文件，以 FTP 的方式每日定时向国家卫星气象中心自动传送一组世界时零点的卫星瞬时轨道根数和平均轨道根数。

（1）风云三号气象卫星瞬时轨道根数基本信息如表 4-5 所示。

表 4-5　风云三号气象卫星瞬时轨道根数基本信息

产品名称：风云三号气象卫星瞬时轨道根数		
文件名约定：　FY3A/B_GDS_YYYYMMDD.txt　　FY3B_GDS_YYYYMMDD.txt		
栏目	值	备注
卫星名称	FY3A、FY3B	
数据类型	GDS	
数据时间	YYYYMMDD	数据生成时间
数据格式	txt	
数据量	122 字节	

（2）风云三号气象卫星瞬时轨道根数的数据结构如表 4-6 所示。

表 4-6　风云三号气象卫星瞬时轨道根数的数据结构

参数序号	参数名称	小数点后有效位数	单　　位
1	卫星标识		FY3A、FY3B
2	圈号		圈
3	历元日期		年、月、日
4	历元时间	3	秒（s）
5	半长轴	6	米（m）
6	偏心率	8	
7	倾角	6	度（°）
8	升交点赤经	6	度（°）
9	近地点辐角	6	度（°）
10	平近点角	6	度（°）
11	大气阻尼系数	8	
12	光压反射系数	8	

注：（1）轨道历元为世界时，轨道坐标系为 J2000.0 惯性系。根数历元时间为次日世界时 0:00。
（2）轨道根数文件为文本文件，各参数之间用空格隔开，参数顺序为卫星标识、圈号、历元日期、历元时间（积秒）、半长轴、偏心率、倾角、升交点赤经、近地点辐角、平近点角、大气阻尼系数、光压反射系数。

（3）风云三号气象卫星平均轨道根数基本信息如表 4-7 所示。

表 4-7　风云三号气象卫星平均轨道根数基本信息

产品名称：风云三号气象卫星平均轨道根数		
文件名约定：FY3A/B_GDP_ YYYYMMDD.txt　　FY3B_GDP_ YYYYMMDD.txt		
栏目	值	备注
卫星名	FY3A、FY3B	
数据类型	GDP	
数据时间	YYYYMMDD	数据生成时间
数据格式	txt	
数据量	131 字节	

（4）风云三号气象卫星平均轨道根数的数据结构如表 4-8 所示。

表 4-8　风云三号气象卫星平均轨道根数的数据结构

参数序号	参数名称	小数点后有效位数	单　位
1	卫星标识		FY3A、FY3B
2	圈号		圈
3	历元日期		年、月、日
4	历元时间	3	秒（s）
5	半长轴	6	米（m）
6	偏心率	8	
7	倾角	6	度（°）
8	升交点赤经	6	度（°）
9	近地点辐角	6	度（°）
10	平近点角	6	度（°）
11	轨道周期	6	分钟
12	大气阻尼系数	8	
13	光压反射系数	8	

注：（1）轨道历元为世界时，轨道坐标系为 J2000.0 惯性系。根数历元时间为次日世界时 0:00 后第 1 个升交点时刻。

（2）轨道根数文件为文本文件，各参数之间用空格隔开，参数顺序为卫星标识、圈号、历元日期、历元时间（积秒）、半长轴、偏心率、倾角、升交点赤经、近地点辐角、平近点角、轨道周期、大气阻尼系数、光压反射系数。

2. 遥测遥控数据传输接口

风云三号气象卫星地面应用系统与西安卫星测控中心的遥测遥控数据是通过航天用户数据网采用实时 UDP／IP 传输方式传输的。

西安卫星测控中心每日向风云三号气象卫星地面应用系统提供测控站跟踪计划、跟踪轨道的遥测数据原码、遥测数据处理结果、载荷任务数据、载荷程控指令、业务遥控指令序列、未成功注入数据说明、遥控指令发送情况报告等信息。

（1）业务测控的基本工作流程。

每周五上午 12 时前，西安卫星测控中心生成下一周地面测控站的跟踪计划和用户接收站的观测预报，并发至航天用户数据网，供风云三号气象卫星地面应用系统自行获取。

地面应用系统根据地面测控站的跟踪计划、用户接收站的观测预报，制订卫星有效载荷业务测控计划。该计划应包括相应指令数据和注入参数说明，并应在注入参数前 24 小时发至航天用户数据网。

西安卫星测控中心正确接收业务测控计划后 1 小时内电话确认,并且按照业务测控计划要求,生成任务轨道预报、有效载荷注入数据(包括载荷程控指令、载荷任务数据)、业务遥控指令序列。

西安卫星测控中心按计划执行测控任务,注入载荷注入数据,同时将接收到的实时遥测数据通过航天用户数据网实时转发给风云三号气象卫星地面应用系统。西安卫星测控中心事后向地面应用系统提供业务遥控指令序列发送情况、卫星瞬时精确轨道根数。在载荷注入数据注入不成功时提供未成功注入情况说明、实际注入的载荷注入数据;在地面应用系统提出需求时提供遥测事后处理结果、遥测原码文件。

风云三号气象卫星地面应用系统在需要临时进行业务测控时,应在计划实施注入前 8 小时向西安卫星测控中心提出任务申请;其工作流程同上。

风云三号气象卫星地面应用系统在需要临时取消业务测控计划时,应在计划实施注入前 3 小时向西安卫星测控中心提出业务测控更改申请。

在特别情况下,风云三号气象卫星地面应用系统必须根据现场遥测、遥感信息状态,逐步调整遥感仪器到最佳工作状态。这时,西安卫星测控中心应该根据风云三号气象卫星地面应用系统指令数据实时同步发送既定指令。

(2)风云三号气象卫星地面应用系统与西安卫星测控中心遥测遥控数据传输内容如表 4-9 所示。

表 4-9　风云三号气象卫星地面应用系统与西安卫星测控中心遥测遥控数据传输内容

编　号	数据文件名称	传输方向	传输方式	备　　注
1	地面测控站的跟踪计划	西安卫星测控中心→地面应用系统	文件传输	在长期管理期间,西安卫星测控中心根据网管中心的一周设备跟踪计划,生成西安卫星测控中心所属各地面测控站对风云三号气象卫星的跟踪计划(Execel 格式)
2	接收站的观测预报	西安卫星测控中心→地面应用系统	文件传输	西安卫星测控中心生成的下周各用户接收站对风云三号气象卫星的观测预报(XML 文件)
3	用户载荷注入数据	西安卫星测控中心→地面应用系统	文件传输	西安卫星测控中心根据业务测控计划生成的载荷程控指令和载荷任务数据(XML 文件)
4	用户指令管理序列	西安卫星测控中心→地面应用系统	文件传输	西安卫星测控中心把生成的载荷任务数据加工成用户归档格式,发送给用户(XML 文件)

续表

编　号	数据文件名称	传输方向	传输方式	备　　注
5	未成功注入情况说明	西安卫星测控中心→地面应用系统	文件传输	在未成功注入的情况下,西安卫星测控中心对实际载荷注入数据、载荷程控指令注入情况的说明（XML 文件）
6	实时遥测原码	西安卫星测控中心→地面应用系统	实时 UDP Socket 编程	西安卫星测控中心通过航天用户数据网实时发送的遥测数据
7	遥测原码文件	西安卫星测控中心→地面应用系统	文件传输	航天用户数据网用户端软件在接收实时遥测数据时，自动记录的原码；如果用户提出需求，西安卫星测控中心则在跟踪后提供记盘文件，格式相同
8	遥测事后处理结果	西安卫星测控中心→地面应用系统	文件传输	如果用户提出需求,西安卫星测控中心则在跟踪后处理遥测数据,并且把处理结果发送到航天用户数据网
9	遥控指令发送情况	西安卫星测控中心→地面应用系统	文件传输	西安卫星测控中心整理的一周遥控指令发送情况（XML 文件）
10	卫星轨道根数	西安卫星测控中心→地面应用系统	文件传输	XML 文件
11	卫星异常报告	西安卫星测控中心→地面应用系统	文件传输	XML 文件
12	工程测控计划	西安卫星测控中心→地面应用系统	文件传输	XML 文件
13	工程测控结果	西安卫星测控中心→地面应用系统	文件传输	XML 文件
14	用户载荷注入签名数据说明	地面应用系统→西安卫星测控中心	电话传真	用户要求发送注入数据的说明（签名传真）
15	用户签名指令单	地面应用系统→西安卫星测控中心	电话传真	用户根据任务要求发送的指令的说明（签名传真）
16	业务测控更改申请	地面应用系统→西安卫星测控中心	文件传输	用户对已经发送到西安卫星测控中心的业务测控计划、用户载荷注入数据等的更改、取消申请（XML 文件）

编　号	数据文件名称	传输方向	传输方式	备　　注
17	业务测控计划	地面应用系统→西安卫星测控中心	文件传输	用户给出卫星载荷测控计划（XML 文件），内容是业务测控任务说明、指令数据、注入参数和执行时间等
18	数传遥测数据	地面应用系统→西安卫星测控中心	文件传输	根据西安卫星测控中心的要求，运行控制分系统向西安卫星测控中心传送遥测数据
19	MPT 加密密钥文件	运行控制分系统→西安卫星测控中心	文件传输	文件需要加密传输

第 5 章

大型试验

5.1 新型遥感仪器航空校飞试验

5.1.1 试验目的与内容

我国新一代极轨气象卫星——风云三号气象卫星有效载荷航空校飞试验具有非常重要的意义，具体如下。

首先，通过航空校飞试验，测试有效载荷在不同环境状况下的工作情况、性能和有关功能，检验其稳定性和可靠性。这也是进一步改进和提高星载仪器性能设计指标的重要手段。

其次，通过收集航空校飞试验数据，建立物理参数反演算法所需的模拟数据集。模拟数据集对于仪器性能的检验，以及算法的发展和完善都是非常重要的。在一般情况下，航空校飞试验数据具有星载仪器所观测的各种下垫面，因此可以较全面地检验算法是否可靠、有效，及早发现算法中存在的问题并对其进行改进和完善，为卫星入轨正常运行后能尽快利用卫星数据及发挥效益创造必要的条件。

最后，对模拟数据集内数据的处理和分析，可以了解有效载荷的信噪比、定标和空间分辨率情况。这不仅为未来传感器的优化设计和改进提供了依据，而且可以检验仪器的某些性能，从而减少仪器上星后的风险。

航空校飞试验的内容包括：检验风云三号气象卫星有效载荷的基本仪器性能，了解仪器工作状态的稳定性，分析仪器对地气系统辐射的响应特性；获取有效载荷的模拟数据集；开展风云三号气象卫星有效载荷定标试验，探讨有效载荷在轨定标技术；进行反演算法的检验和应用试验。

5.1.2　试验技术方案

1. 航空校飞试验选用航空测量平台及其改装要求

1）航空校飞试验选用航空测量平台

根据航空校飞试验载荷的要求，结合我国现有飞行器的实际情况，经详细调研，风云三号气象卫星 3 个有效载荷的航空校飞选用中国航空试飞院的运-8 飞机，其主要技术参数如表 5-1 所示。

表 5-1　运-8 飞机主要技术参数

尺寸数据		翼展	38.0m
		机长	34.02m
		机高	11.16m
		展弦比	11.85
		机翼面积	121.86m^2
	客舱	长	13.5m
		宽	3.5m
		高	2.6m
质量及载荷		空机质量	35488kg
		最大起飞质量	61000kg
		最大着陆质量	58000kg
		最大载油量	22909kg
		最大有效载量	20000kg
性能数据		最大平飞速度	662km/h
		巡航速度	550km/h
		起飞离地速度	238km/h
		着陆速度	240km/h
		起飞滑跑距离	1270m
		着陆滑跑距离	1050m
		海平面爬升率	10m/s
		升限	10400m
		最大续航时间	10.5h
		航程	5620km

2）航空测量平台改装要求

为了保证航空校飞试验顺利进行，有必要针对 3 个有效载荷的技术特点，对要采用的航空测量平台进行以下适应性改装。

（1）对地观测窗口。

综合考虑 3 个有效载荷对地扫描成像的特点，要求在运-8 飞机货舱前部开设对地观测窗口，其具体技术参数如下。

窗口尺寸：1500mm（飞机横向）×500mm（飞机纵向）。

窗口位置：窗口横向前沿距离密封舱 500～1500mm。

窗口安装面：配备有效载荷转接板，窗口安装面与机身底部外表面的距离不大于 300mm。

窗口安装面承重：小于等于 100kg。

（2）机上有效载荷供电。

装载在运-8 飞机上的 3 个有效载荷在航空校飞试验期间由飞机提供（28±0.6）V、1000W 电源。

（3）辅助导航、定位、姿态测量与记录。

导航定位精度：1m。

三轴姿态测量精度：0.05°。

采样、记录频率：1 次／s。

经与中国航空试飞院初步协商，在运-8 飞机货舱前部开设了 1500mm×500mm 的对地观测窗口，用于风云三号气象卫星 3 个有效载荷的航空测量观测窗口。

2. 对地观测目标

为了完成风云三号气象卫星有效载荷校飞任务，选择敦煌、青海湖和思茅 3 个校飞试验区，并设计航空校飞测量航线。

校飞试验安排在 2007 年 7—8 月，校飞试验同时穿插风云一号气象卫星 D 星、风云二号气象卫星 C 星和 D 星，以及国外卫星的星地同步观测试验。

3. 飞行高度要求

飞行高度为 8000m，按卫星 836km 轨道高度模拟，以保证成像的完整性。

4. 校飞数据记录格式

校飞数据记录格式模拟星上仪器，以及机上同步记录的定位、飞行姿态、航速、航向等信息。

5. 飞行过程中的气象数据记录

在飞行过程中，机上同步记录空气湿度、气压、温度等气象数据。

6. 地面准同步观测

为了配合做好仪器的校飞工作，需要进行航线上典型地面点同步观测。观测内容主要包括地物光谱、大气状态、太阳辐射、地面常规气象要素、海洋水色、水体光学特性、地表微波辐射量等。

7. 同类传感器卫星准同步观测

风云三号气象卫星校飞数据将与 EOS 卫星的 MODIS 数据，以及 NOAA-16 / 17 卫星的 AMSU-A、AMSU-B 数据进行同步对比分析。

5.1.3　试验数据处理

1. 校飞数据地理编码与一级模拟数据生成

利用航空测量获取的零级源包数据、GPS 数据和陀螺三轴姿态测量数据，恢复航空测量测线航迹，对有效载荷测量数据进行逐点地理编码，基于 MERSI 预处理原型软件经过定位、定标处理生成 MERSI 一级数据。

2. 性能参数评估

基于对校飞数据的处理分析，对比合同中仪器参数的性能要求，制作分析报告，具体处理分析评价内容如下。

（1）空间分辨率。

根据观测目标的几何特性分析仪器的空间分辨特性。

（2）探测灵敏度。

探测灵敏度可以利用青海湖十分均匀的地面暗目标试验场数据进行探测噪声计算，并最终评价仪器的探测灵敏度。

（3）动态范围。

结合中分辨率光谱成像仪的校飞数据和辐射定标系数，推算仪器在航飞条件下的动态范围。

（4）图像的 MTF。

利用图像中湖面和陆地的刀刃状分界数据分析仪器图像的 MTF。

（5）单通道多探元的均匀性。

利用湖面和均匀的沙漠目标评价仪器单通道多探元的均匀性。

（6）通道间的配准。

利用校飞对地观测数据评价通道间的配准情况。

（7）图像质量。

基于图像傅里叶分析，分析校飞数据的图像质量。

3. 校飞数据辐射定标处理

针对选定的辐射校正场目标区，开展地面辐射测量设备（包括地表、大气的光学辐射特征测量设备）及星载、机载遥感仪器的同步观测。利用地面观测值，通过辐射传递计算得到传感器入瞳处的辐射值，并与卫星图像的计数值进行对比，获得仪器通道的定标系数。

另外，与同时过境的其他星载遥感仪器的遥感数据进行光谱匹配、时间匹配、几何匹配和视场匹配，实现交叉定标。

4. 产品生成算法的检验

利用航空校飞得到的模拟数据和地面同步观测数据，检验相应产品生成算法，并及早发现算法中存在的问题，对其进行改进和完善。

5.1.4　试验结论

1. 风云三号气象卫星 3 个有效载荷航空校飞试验概述

风云三号气象卫星 3 个有效载荷航空校飞试验采用运 -8 飞机，在经过加 / 改装后，于 2007 年 8 月 20 日开始在陕西阎良机场进行了 3 个架次的本场检飞，以验证对运-8 / 076 飞机进行的加 / 改装效果。其后，分别于青海省青海湖地区、甘肃省敦煌地区和云南省思茅地区对风云三号气象卫星的中分辨率光谱成像仪（MERSI）、微波湿度计（MWHS）和微波温度计（MWTS）这 3 个主要有效载荷进行了 16 个架次的航空校飞测量试验。在航空测量的同时，还同步获取了相关卫星遥感仪器的观测数据、大气探空数据和地面测量数据等一大批极其宝贵的试验数据。

将除卫星数据外的所有相关数据汇集一处，制作了航空校飞试验数据集和数据索引。航空校飞试验数据集的简要说明如下。

（1）该数据集按照测量地区分为 4 个部分，即阎良检飞数据、青海湖校飞数据、敦煌校飞数据和思茅校飞数据。

（2）阎良检飞数据包括 MWTS 的 1 个架次和 MERSI 的 2 个架次的测量数据，总文件数达 89 个，数据量约 104GB。在检飞期间未安排大气探空和地面同步测量。

（3）青海湖试验区航空校飞测量航线分布如图 5-1 所示，测量数据包括 MERSI 的 2 个架次、MWHS 的 2 个架次、MWTS 的 1 个架次的原始测量数据（包括惯导+GPS 测量的平台位置和姿态数据），以及 GPS 大气探空数据和地面同步测量数据。其中，航空测量数据共 300 个数据文件，数据量约 153GB；大气探空数据共 8 个时次；地面同步测量数据包括湖面走航式水温计数据、湖面红外辐射测量数据、湖岸陆表反射率测量数据、大气光学厚度测量数据等，共计 5554 个数据文件，数据量约 655MB。

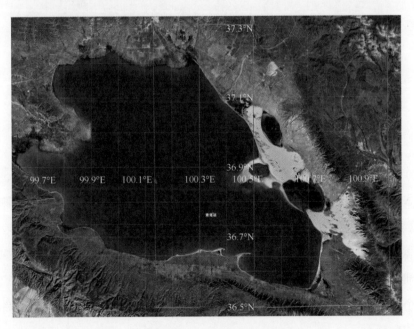

图 5-1　青海湖试验区航空校飞测量航线分布

（4）敦煌试验区航空校飞测量航线分布如图 5-2 所示，测量数据包括 MERSI 的 2 个架次、MWHS 的 3 个架次、MWTS 的 1 个架次的原始测量数据（包括惯导+GPS 测量的平台位置和姿态数据），以及 GPS 大气探空数据和地面同步测量数据。其中，航空测量数据共 355 个数据文件，数据量约 57GB；大气探空数据达 45 个时次；地面同步测量数据包括陆表温度测量数据、陆表红外辐射测量数据、陆表反射率测量数据、大气光学厚度测量数据等，共计 2192 个数据文件，数据量约 125MB。

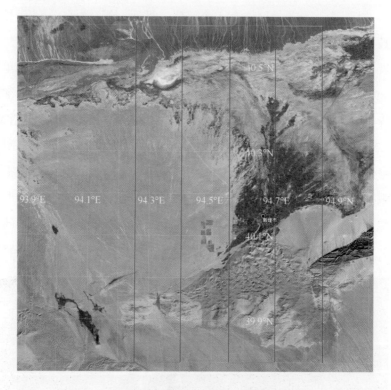

图 5-2　敦煌试验区航空校飞测量航线分布

（5）思茅试验区航空校飞测量航线和地面同步测量点分布如图 5-3 所示，测量数据包括 MERSI 的 2 个架次、MWHS 的 2 个架次、MWTS 的 1 个架次的原始测量数据（包括惯导+GPS 测量的平台位置和姿态数据），以及 GPS 大气探空数据和地面同步测量数据。其中，航空测量数据共 116 个数据文件，数据量约 112GB；大气探空数据共 10 个时次；地面同步测量数据主要来自位于呈现正六边形分布的 6 个测量点及其中心共 7 个森林测量点的近地表大气干湿球温度计测量数据，共计 37 个数据文件，数据量约 1MB。

图 5-3　思茅试验区航空校飞测量航线和地面测量点分布

（6）全部航空校飞试验，共计进行检飞 3 架次，进行测量飞行 16 架次；共获取数据文件 8706 个，数据量约 426.8GB，其中包括 63 个时次的大气探空数据和约 800MB 的地面同步测量数据。

2. MERSI 航空校飞结论

风云三号气象卫星中分辨率光谱成像仪航空校飞试验利用中分辨率光谱成像仪初样产品的升级产品在青海湖、敦煌、思茅 3 个场地进行飞行试验。每个场地均飞行了 2 个架次，同一条航线每个架次至少飞行 2 次，共计获取了近 150GB 中分辨率光谱成像仪 20 个通道的图像数据。从航空图像目视判断，除预先知道的地面目标漏扫带来的图像不连续外，中分辨率光谱成像仪各通道原始图像清晰，地物目标能清楚识别，地面铺设的方形黑色靶标清晰可见。

总体来说，观测时间、观测地域、观测内容、获取数据质量等诸多方面均表明风云三号气象卫星 MERSI 航空校飞试验获取的观测数据基本完备、充分、有效，但限于飞机搭载环境，未能完全、充分、可靠地获取 MERSI 定标处理所需的遥测工程数据。另外，研制方目前没有提供中分辨率光谱成像仪航空校飞件的光谱参数和定标参数，这给定量处理带来了困难。

从航空校飞多次试验判断，风云三号气象卫星中分辨率光谱成像仪对地观测的各项功能基本正常。虽然飞机的快速降落使中分辨率光谱成像仪镜面和仪器内部出现了凝结水现象，但其图像获取功能仍然正常。模拟冷空间的冷屏由于温度最低只能达到 −27℃，与高空环境温度差不多，达不到预计的低温，因而在敦煌校飞试验时取消了液氮降温，冷屏作为直流恢复信号有一定影响。黑体温度 PRT 测量在−10℃以下就失去功能，这时红外通道扫描的黑体信号也会出现异常。这次航空校飞试验对中分辨率光谱成像仪内部光学支架测温点、辐冷器温度（由于采用斯特林制冷）等遥测数据没有进行功能测试。这次航空校飞试验的中分辨率光谱成像仪的帧同步码、帧序号、时间码等遥测数据都正常。

对中分辨率光谱成像仪航空校飞图像数据进行初步分析，发现各通道地面空间分辨率和通道之间的配准基本满足设计指标，但部分通道有亚像元级（半个像元）匹配误差。各通道青海湖（相对均匀目标）计数值的标准偏差小于 10（满量程计数值为 4095），利用场地定标计算得到定标系数初步满足中分辨率光谱成像仪初样产品灵敏度指标。不过，研制方曾将中分辨率光谱成像仪航空校飞件的增益调整到原来的 1.7 倍，导致云饱和，减小了信号动态变化，人为提高了产品灵敏度。热红外通道由于缺乏冷空数据和黑体定标数据，定标处理难度较大，利用湖面水体和沙地目标进行热红外定标，其动态变化范围太小。

对中分辨率光谱成像仪图像每行均值进行分析，各通道多探元存在不同程度的非均一性现象。有些通道出现探元响应渐变的情况；有些通道出现边缘探元响应差异较大的情况，一般有 2%～6% 的响应差异，响应差异严重的超过 7%，而且图像连续两帧出现响应差异，从而带来图像条纹和条带现象。其中，通道 4、通道 5、通道 6、通道 7、通道 8、通道 14 这 6 个通道的图像条纹现象严重；通道 5 的图像条纹现象最为严重，信号差异超过 30%，可能是探元光谱响应差异带来的辐射响应差异较大所致。在敦煌校飞试验时，通道 5 有一个探元没有信号（出现黑线）。

分析中分辨率光谱成像仪图像发现，两个短波红外通道（通道 6、通道 7）在青海湖水体目标下表现为沿垂直扫描方向（纵向）有忽明忽暗的干扰竖纹，与探元响应差异导致的条纹现象完全垂直。

5.2　星地对接试验

5.2.1　星地有线对接试验

1. 概述

星地有线对接试验是在卫星研制阶段卫星系统研制方、卫星用户验证卫星数据传输链路信号质量、卫星工作频率、数据传输信号调制方式，以及卫星编码格式、遥感仪器源包数据等关键性指标正确性的试验。星地有线对接试验要按照《风云三号气象卫星与地面应用系统有线对接试验大纲》《风云三号气象卫星与地面应用系统有线对接试验细则》的要求完成。在星地有线对接试验前应对地面设备进行质量检查、确认，以便开展试验工作。

2. 试验目的与任务

星地有线对接试验的目的是验证数据传输信道的正确性，测试地面应用系统的处理功能，为地面应用系统联调提供数据。星地有线对接试验的具体任务如下。

（1）根据《风云三号气象卫星与地面应用系统有线对接试验大纲》《风云三号气象卫星与地面应用系统有线对接试验细则》的要求完成各试验项目。

（2）确认参加试验的星地设备之间的频率、码速率、纠错编码 / 译码方式、加扰 / 解扰方式、加密 / 解密方式、调制方式、信息处理等协议的正确性，以及星地接口的匹配性。

（3）验证各有效载荷数据格式是否符合星地约定的要求。

（4）对星地有线对接试验中出现的问题进行分析、处理、验证，达到星地有线对接试验的目的。

风云三号气象卫星 B 星的星地有线对接试验，除完成上述对接内容外，还应着重对风云三号气象卫星 B 星与地面应用系统相关的更改项目进行验证，主要包括：

（1）验证数据接收分系统 HRPT、DPT 链路经 1553B 总线传输的载荷数据，以及卫星工程遥测数据 2 分钟重传 8 次的星地一致性、协调性；

（2）验证 HRPT、DPT 链路卫星工程遥测数据中 GPS 信息的完整性；

（3）验证数据接收分系统 MPT 链路数据加密方案的星地一致性、协调性；

（4）验证数据接收分系统 DPT 链路在回放时引导码及数据回读的星地一致性、协调性；

（5）验证各有效载荷数据格式的一致性、协调性。

3. 试验项目和试验方法

星地有线对接试验是指，使用模样或正样卫星产生传输数据，经卫星数据接收分系统功率放大器前级输出，通过有线方式连接到接收设备入口，接收设备获取卫星数据、检验卫星数据传输链路传输数据的质量，并与卫星地检设备同时接收的数据进行比较，确认数据的完整性、数据格式的正确性，以及星地系统设备之间的匹配性，完成卫星数据传输链路的验证和测试。

风云三号气象卫星星地有线对接原理框架如图 5-4 所示。其中，星上部分原理如图 5-5 所示，地面应用系统原理如图 5-6 所示。

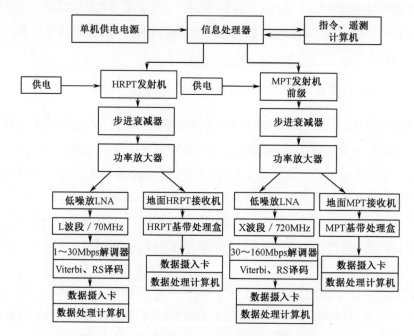

图 5-4 风云三号气象卫星星地有线对接原理框架

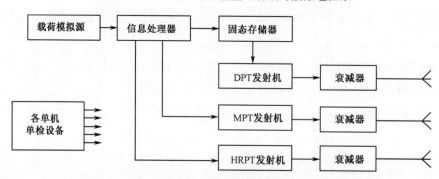

图 5-5 风云三号气象卫星星地有线对接星上部分原理

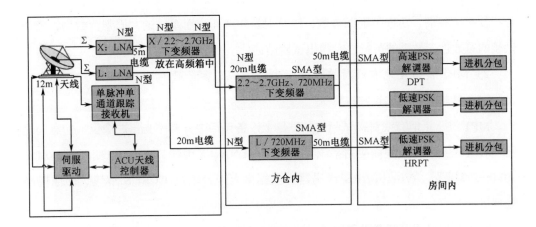

图 5-6　风云三号气象卫星星地有线对接地面应用系统原理

1）HRPT 链路星地有线对接试验

（1）试验项目和试验方法。

HRPT 链路星地有线对接试验的参试星上设备包括可见光红外扫描辐射计、微波成像仪、1553B 低速载荷仪器、信息处理器、HRPT 发射机等；参加的地面应用系统对接设备包括 LNA、L 波段 / 70MHz 变频器、1～30Mbps 解调器、Viterbi / RS 译码器、数据摄入卡，以及 CCSDS 解包、图像快视处理等。

（2）数据接收、解调准备工作。

通过调整与卫星输出端连接的衰减器的衰减量，调整卫星输出的信号电平（从最小电平-126dBW 开始），直至满足数据接收分系统的工作门限。

（3）数据接收和信息处理。

按照《风云三号气象卫星与地面应用系统有线对接试验大纲》《风云三号气象卫星与地面应用系统有线对接试验细则》要求，分别测试如下内容。

（a）数传编码及有效载荷仪器数据格式是否完整、匹配。

（b）验证地面应用系统软件功能，具体包括：可见光红外扫描辐射计通道 10 图像（1∶1 或 1∶2）快视；任意选择显示接收的其他非图像仪器数据特征；数据传输误码率统计、显示；实时显示卫星工程遥测数据；地面应用系统存储数据回放功能测试。

（c）在风云三号气象卫星 B 星星地有线对接试验中，测试 1553B 总线传输的载荷数据，以及卫星工程遥测数据 2 分钟重传 8 次的功能。

（4）综合数据判读。

根据获取的试验数据，结合卫星数据接收分系统的测试数据，包括载荷仪器原始数据及有关频谱、功率等射频参数，以及卫星和地面应用系统的共同判读数据，确认试验的有效性、数据的可行性，得出试验结论。

2）MPT链路星地有线对接试验

（1）试验项目和试验方法。

MPT链路星地有线对接试验的参试星上设备包括中分辨率光谱成像仪、信息处理器、MPT发射机等；地面应用系统对接设备有LNA、X波段/720MHz变频器、0.1～30Mbps解调器、Viterbi/RS译码器、数据摄入卡，以及CCSDS解包、图像快视处理等。

（2）数据接收、解调准备。

MPT数据接收、解调电平方案与HRPT数据接收、解调方案类似。

（3）数据接收和信息处理。

（a）在明传模式下，数据格式和信息处理过程为：星上MPT链路有效载荷仪器中分辨率光谱成像仪开机，信息处理器、MPT发射机前级开机；地面应用系统MPT对接设备有线接收MPT射频信号，并将数据输入数据处理计算机。

通过计算机软件进行MPT链路数据分包，经数据分析判断：数传编码及有效载荷仪器中分辨率光谱成像仪数据格式是否匹配；将接收处理的有效载荷仪器数据与原始数据（可以用卫星数据接收分系统地面设备接收处理的数据代替）比对，核验数据是否完整、一致。

另外，进行地面应用系统软件功能测试，包括：中分辨率光谱成像仪20个通道图像（1:1、1:2或1:4）中任意通道图像快视；数据传输误码率统计、显示；地面应用系统存储数据回放功能测试。

（b）在密传模式下，数据格式和信息处理过程为：星上MPT链路有效载荷仪器中分辨率光谱成像仪开机，信息处理器、MPT发射机前级开机。信息处理器为密传模式。地面应用系统将密钥输入数据处理计算机。

通过计算机软件进行MPT链路数据分包，判识地面站系统数据解密是否正确，以及其他测试项目与在明传模式下的测试项目是否一致。

（4）综合数据判读。

根据获得的试验数据，结合卫星数据接收分系统的测试数据，包括载荷仪器原始数据及有关频谱、功率等射频参数，以及卫星和地面应用系统的共同判读数据，确认试验的有效性、数据的可行性，得出试验结论。

3）DPT 链路星地有线对接试验

（1）测试项目和试验方法。

DPT 链路星地有线对接试验的参试星上设备有中分辨率光谱成像仪、可见光红外扫描辐射计、微波成像仪、1553B 载荷、信息处理器、固态存储器、DPT 发射机等；地面应用系统对接设备有 LNA、X 波段 / 720MHz 变频器、30～160Mbps 解调器、Viterbi / RS 译码器、数据摄入卡，以及 CCSDS 解包、图像快视处理等。

（2）数据接收、解调。

DPT 数据接收、解调电平方案与 HRPT 数据接收、解调方案类似。

（3）数据格式和信息处理。

星上 DPT 链路有效载荷仪器开机（视实际情况可以开部分单机），信息处理器及 DPT 开机，地面应用系统数据输入数据处理计算机。

通过计算机软件进行 DPT 链路数据分包，判识数传编码及有效载荷仪器数据格式是否匹配；验证在固态存储器回放时引导码及数据回读格式的正确性。

地面应用系统软件功能测试，包括：中分辨率光谱成像仪 20 个通道图像（1:1、1:2 或 1:4）中任意通道图像快视；可见光红外扫描辐射计 10 个通道图像（1:1 或 1:2）快视；任意选择显示接收的其他非图像仪器的数据特征；数据传输误码率统计、显示；风云三号气象卫星 B 星改动部分的正确性、符合性判识；接收处理风云三号气象卫星 B 星的有效载荷仪器数据与原始数据（可以用卫星数据接收分系统地面设备接收处理的数据代替）对比，判断是否符合星地约定。

（4）综合数据判读。

根据试验数据，结合卫星数据接收分系统的测试数据，包括载荷仪器原始数据及有关频谱、功率等射频参数，以及卫星和地面应用系统的共同判读数据，确认试验的有效性、数据的可行性，得出试验结论。

4. 星地有线对接试验结论

通过星地有线对接试验，完成了《风云三号气象卫星与地面应用系统有线对接试验大纲》《风云三号气象卫星与地面应用系统有线对接试验细则》中规定的试验内容，经过数据判读得到以下结论。

（1）卫星各数据传输信道频谱符合设计要求。

（2）参试星地设备之间的频率、码速率、纠错编码/译码方式、加扰/解扰方式、加

密/解密方式、调制方式、信息处理等协议正确，星地接口匹配。

（3）各有效载荷数据格式正确，符合星地约定要求。

风云三号气象卫星 B 星，针对（02）批卫星的改变设计部分进行验证，证明：

（1）数据接收分系统 HRPT 链路、DPT 链路经 1553B 总线传输的载荷数据及卫星工程遥测数据星地一致；

（2）HRPT 链路、DPT 链路卫星工程遥测数据中 GPS 信息数据完整；

（3）数据接收分系统 MPT 链路数据加密方案星地一致；

（4）数据接收分系统 DPT 链路在回放时引导码及数据回读格式星地一致；

（5）各有效载荷数据格式一致。

5.2.2 星地无线对接试验

1. 概述

风云三号气象卫星的星地无线对接试验是指，在卫星研制程序中、卫星即将整星测试、卫星准备发射之前，卫星系统研制方、卫星用户组织进行的星地数据传输链路验证试验。通过无线对接，验证卫星数据传输链路与地面应用系统设备之间的匹配情况。星地无线对接试验按照《风云三号气象卫星与地面应用系统无线对接试验大纲》《风云三号气象卫星与地面应用系统无线对接试验细则》的要求，完成风云三号气象卫星与地面应用系统的无线对接试验。在试验前应该对地面设备的质量进行检查、确认，以便开展试验。

2. 试验目的与任务

星地无线对接试验主要是集中对风云三号气象卫星 3 条数据传输链路的对接试验，目的是验证星地链路的匹配性。具体的星地无线对接试验任务包括如下方面。

（1）完成《风云三号气象卫星与地面应用系统无线对接试验大纲》和《风云三号气象卫星与地面应用系统无线对接试验细则》所规定的试验项目，达到星地无线对接试验目的。

（2）验证卫星数据接收分系统 HRPT、MPT、DPT 3 条链路星地数据格式的一致性；验证卫星数据接收分系统 HRPT、MPT、DPT 3 条链路星地数据动态处理方案的一致性；验证卫星数据接收分系统 HRPT、MPT、DPT 3 条链路星地纠错编码方案的一致性；验证卫星数据接收分系统 HRPT、MPT、DPT 3 条链路调制 / 解调方式、射频链路参数等的星地一致性。

3. 试验项目和试验方法

星地无线对接试验是指，使用模样或正样卫星数据接收分系统，选择满足数据无线接收远场条件，并满足地面设备正常工作仰角的地点，放置卫星数据接收设备。地面应用系统大线对准测试点。卫星产生的数据，经卫星数据接收分系统功率放大器前级放大，并根据实际需要的功率，通过衰减器调整发射功率，以满足星地链路关系。地面应用系统天线通过无线方式获取卫星数据，验证卫星数据传输链路的质量，以及数据的正确性、数据格式的正确性、星地系统设备之间的匹配度，完成卫星数传链路的验证和测试。

1）HRPT 链路星地无线对接试验

（1）测试项目和试验方法。

按照星地无线对接试验原理星上部分（见图 5-5）连接好各设备，设置数据模拟源，开启信息处理器、HRPT 发射机，调节步进衰减器、发射天线等。

地面应用系统设备按照如图 5-6 所示连接好 L 波段信道的设备。接收 HRPT 信号，调整卫星 HRPT 信号的发射强度，使接收系统 LNA 的输出为-50dBm，记录卫星 HRPT 信号发射的相关参数。

（2）HRPT 数据的记录、分析、判读。

将地面接收、解调的数据输入数据处理计算机，HRPT 射频信号的频谱如图 5-7 所示。初步判断接收、解调、进机数据的正确性，并进行分包处理和测试。

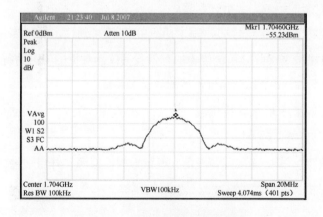

图 5-7　HRPT 射频信号的频谱

另外，验证数传及有效载荷仪器数据格式的星地匹配性；验证有效载荷仪器数据与卫星数据接收分系统传输的有效载荷仪器数据是否一致；具体测试内容与 HRPT 链路星地有线对接试验一致。

2）MPT 链路星地无线对接试验

（1）测试项目和试验方法。

星上部分按照图 5-5 连接好各设备，设置数据模拟源，开启信息处理器、MPT 发射机，调节步进衰减器、发射天线等。

地面应用系统设备按照图 5-6 连接好各设备，使地面站 LNA 的输出为-50dBm，记录卫星 MPT 发射机的相关参数，设置 MPT 解调器的工作状态，使其正常工作。MPT 射频信号的频谱如图 5-8 所示。

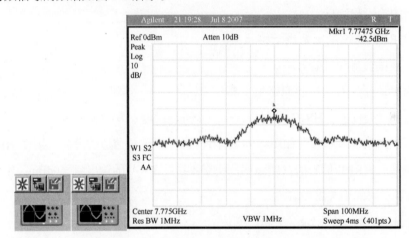

图 5-8　MPT 射频信号的频谱

（2）MPT 数据的记录、分析、判读。

判读数传及有效载荷仪器数据格式的星地匹配性；判读、比较接收处理的有效载荷仪器数据与卫星数据接收分系统传输的有效载荷仪器数据的符合情况。

具体测试内容与 MPT 链路星地有线对接试验相同。

3）DPT 链路星地无线对接试验

（1）测试项目和试验方法。

星上部分按照图 5-5 连接好各设备，设置数据模拟源，开启信息处理器、固态存储器、DPT 发射机，调节步进衰减器、发射天线等。

地面应用系统设备按照图 5-6 连接好各设备，并设置好 X／S 下变频器及 S／720MHz 下变频器的工作状态。

接收 DPT 信号，调整卫星 DPT 信号的发射强度，DPT 前级信号经衰减器衰减后通过天线进行发射。

DPT 在 LNA 输出的频谱如图 5-9 所示。

（2）DPT 数据的记录、分析、判读。

判断数传及有效载荷仪器数据格式是否符合，是否星地匹配，是否有丢包及误码；判断接收处理的有效载荷仪器数据与卫星数据接收分系统接收的有效载荷仪器数据是否相同；判断传输帧的数据格式是否星地匹配。

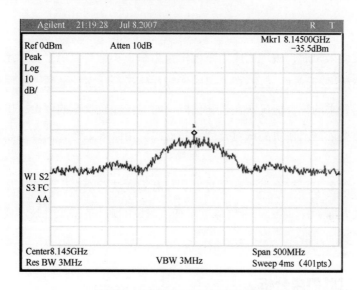

图 5-9　DPT 在 LNA 输出的频谱

具体测试内容与 DPT 链路星地有线对接试验相同。

4）综合测试

卫星的 HRPT 发射机、MPT 发射机、DPT 发射机同时开机。DPT 数据、HRPT 数据的接收、解调及进机分包设备同时接收 15 分钟的数据，并观测数据传输误码率的变化情况。

4. 星地无线对接试验结论

通过星地无线对接试验，完成了《风云三号气象卫星与地面应用系统无线对接试验大纲》《风云三号气象卫星与地面应用系统无线对接试验细则》中规定的测试内容，得到以下结论：

（1）卫星数据传输各信道频谱符合设计要求；

（2）参试星地设备之间的频率、码速率、纠错编码／译码方式、加扰／解扰方式、加密／解密方式、调制方式、信息处理等协议正确，星地接口匹配；

（3）各有效载荷数据格式正确，符合星地约定的要求。

5.3 在轨测试试验

卫星在发射入轨后，由地面应用系统牵头组织、实施对卫星平台和星上载荷各项功能和性能指标进行测试，以检查卫星的实际在轨运行状态，考核这些指标与研制任务和用户使用要求的符合情况。在轨测试既是对卫星在轨状态的评价，也是卫星转入业务运行的重要依据。在轨测试对开展卫星遥感应用服务工作、发挥卫星的应用效益意义重大。

风云三号气象卫星平台技术状态复杂、星载有效载荷众多，按照《风云三号气象卫星在轨测试大纲》和《风云三号气象卫星在轨测试细则》的规范性技术要求完成对卫星在轨工作状态的评价。

5.3.1 试验需求分析

风云三号气象卫星在发射后需要进行两次在轨测试。第一次是卫星交付前的在轨测试，在卫星成功发射并建立正常工作模式后进行，以便评估卫星平台和星上载荷功能、性能指标与研制要求的符合程度及稳定性，并通过星地调试实现星地之间的良好匹配，以交付用户使用。第二次是卫星寿命末期的在轨测试，在卫星运行时间达到考核寿命后进行，以便对卫星功能、性能和寿命进行综合性评价，为后续卫星的改进提供科学依据。在正常情况下，不对星上备份件进行测试，在轨运行阶段根据需求对星上备份件进行测试。

5.3.2　试验目的与内容

1. 交付前在轨测试

交付前在轨测试的目的是对卫星平台和星上载荷的功能、性能指标进行测试，评估各项技术指标的稳定性，以及各项技术指标与研制要求的符合程度。

交付前在轨测试的主要内容如下。

（1）测试卫星平台的功能、性能指标和稳定性。卫星平台包括姿轨控、数传信道、电源、热控、遥测遥控、数据管理、存储回放。卫星平台测试主要内容和数目如表 5-2 所示。

表 5-2　卫星平台测试主要内容和数目

测试分系统名称	测试功能（项）	测试指标数目（个）
姿轨控	2	13
数传信道	3	39
电源	6	24
热控	9	74
遥测遥控	6	18
数据管理	10	110
存储回放	6	
总计	**42**	**278**

（2）测试有效载荷的功能、性能指标和稳定性。有效载荷包括可见光红外扫描辐射计（VIRR）、中分辨率光谱成像仪（MERSI）、红外分光计（IRAS）、微波温度计（MWTS）、微波湿度计（MWHS）、微波成像仪（MWRI）、紫外臭氧垂直探测仪（SBUS）、紫外臭氧总量探测仪（TOU）、太阳辐射监测仪（SIM）、地球辐射探测仪（ERM）、空间环境监测器（SEM），如表 5-3 所示。

表 5-3　有效载荷测试主要内容与数目

小组名称	测试功能（项）	测试指标数目（个）
可见光红外扫描辐射计	12	102
中分辨率光谱成像仪	14	1200
红外分光计	10	249
微波温度计	15	56
微波湿度计	11	62

小组名称	测试功能（项）	测试指标数目（个）
微波成像仪	13	120
紫外臭氧垂直探测仪	6	50
紫外臭氧总量探测仪	8	30
太阳辐射监测仪	4	10
地球辐射探测仪	4	20
空间环境监测器	6	39
合计	**103**	**1938**

（3）测试、调整星地接口匹配状态。

（4）综合评价卫星功能、性能与研制合同及出厂（所）验收技术报告的符合情况，形成交付前的《风云三号气象卫星在轨测试总结报告》和《风云三号气象卫星综合评价意见》。

2. 寿命末期在轨测试

寿命末期在轨测试的目的是在卫星运行时间达到考核寿命后，对卫星功能、性能和寿命进行综合性评价。

寿命末期在轨测试的主要内容如下。

（1）检验卫星平台工作及相关性能指标的稳定性。卫星平台包括姿轨控、电源、热控、数传信道、遥测遥控、数据管理、存储回放。

（2）检验有效载荷工作及相关性能指标的稳定性。有效载荷包括可见光红外扫描辐射计（VIRR）、中分辨率光谱成像仪（MERSI）、红外分光计（IRAS）、微波温度计（MWTS）、微波湿度计（MWHS）、微波成像仪（MWRI）、紫外臭氧垂直探测仪（SBUS）、紫外臭氧总量探测仪（TOU）、太阳辐射监测仪（SIM）、地球辐射探测仪（ERM）、空间环境监测器（SEM）。

（3）检验卫星寿命和业务能力。

（4）综合评价卫星寿命期内的应用情况，形成《风云三号气象卫星综合评价报告》。

5.3.3　试验技术方案

本节主要介绍在轨测试的状态建立、文档准备、范围、组织框架和结构、测试项目和测试条件，具体的测试方法和数据分析过程如《风云三号气象卫星在轨测试大纲》和《风云三号气象卫星在轨测试细则》所示。

1. 在轨测试的状态建立

卫星在轨状态和地面应用系统状态达到在轨测试的基本要求后，方能启动风云三号气象卫星在轨测试试验。

卫星在轨状态要求：卫星太阳帆板展开并对日定向，准确进入预设轨道；各分系统开机，能够获取和传输数据。

地面应用系统状态要求：地面站接收设备（含站管子系统）运行良好，具备数据接收、存储、传输、监视能力；地面宽带通信链路开通，经过测试其数据传输满足要求；海外地面站接收设备就绪、通信链路开通，接口约定经测试正确无误；基地通信网络开通，数据传输接口经测试满足要求；计算机网络和存储设备运行稳定、正常，性能满足使用要求。根据卫星轨道参数，准确制作轨道接收时间表，控制各地面站及时接收风云三号气象卫星数据，具有对遥测数据处理、分析、存档和显示能力。完成 11 个有效载荷的定位、定标业务化工程的软件开发、测试和系统集成工作，并达到试运行要求。具备对风云三号气象卫星数据和产品的存档能力，包括数据获取、数据存档和回调、运行监控等能力。

另外，地面应用系统要前期经过联调联试，确保接口正确、配置合理、作业调度软件功能完善，使系统具备卫星轨道数据去重复、数据预处理、产品生成，以及卫星数据和产品的存档、分发等作业的集成调度能力。

2. 在轨测试的文档准备

在轨测试前，需要撰写《风云三号气象卫星在轨测试组织机构及职责》《风云三号气象卫星在轨测试大纲》《风云三号气象卫星在轨测试细则》等 6 个重要的组织和技术文档，它们是在轨测试的依据。

3. 在轨测试范围

在轨测试范围主要包括卫星平台和遥感仪器两大部分。

卫星平台主要包括姿轨控分系统、电源分系统、热控分系统、数传信道分系统、遥测遥控分系统、数据管理分系统。

遥感仪器的测试范围主要为仪器的功能、性能技术指标。待测试的11个遥感仪器为可见光红外扫描辐射计（VIRR）、中分辨率光谱成像仪（MERSI）、红外分光计（IRAS）、微波温度计（MWTS）、微波湿度计（MWHS）、微波成像仪（MWRI）、紫外臭氧垂直探测仪(SBUS)、紫外臭氧总量探测仪(TOU)、太阳辐射监测仪(SIM)、地球辐射探测仪（ERM）、空间环境监测器（SEM）。

4．卫星平台的测试项目

1）卫星轨道和姿态

（1）轨道。

轨道测试项目包括：①轨道平均高度；②轨道倾角；③轨道偏心率；④卫星降交点地方时；⑤卫星降交点地方时漂移；⑥卫星轨道回归周期；⑦GPS 数据准确性。

（2）姿态。

姿态测试项目包括：①三轴指向精度；②三轴测量精度；③三轴姿态稳定度。

2）电源

电源测试分为功能测试和性能测试两个部分。

功能测试项目包括：①分流功能；②充电功能；③放电功能；④充电解锁功能；⑤$V\text{-}T$ 曲线控制功能；⑥验证太阳电池阵对日定向功能。

性能测试项目包括：①母线电压；②蓄电池电压；③蓄电池充放电电流；④太阳电池阵充电阵电流；⑤太阳电池阵供电阵电流；⑥蓄电池组温度。

3）热控

热控测试项目包括：①推进舱底板温度；②肼系统温度；③镉镍电池组温度；④服务舱底板温度；⑤载荷舱对地板温度；⑥载荷舱下舱底板温度；⑦载荷舱中舱底板温度；⑧载荷舱上舱底板温度；⑨载荷舱上舱顶板温度。

4）遥测遥控

遥测遥控测试项目包括：①测试实时遥测和延时遥测；②测试遥控功能和格式；③跟踪遥控指令、注入，监视发送前后遥测数据变化；④测试主、备份机切换功能（当发生异常情况时）；⑤测试定轨精度。

5）数据管理

数据管理测试项目包括：①星载计算机硬件功能和性能；②1553B 总线功能和性能；③星上时统管理功能和性能；④数管遥测组帧功能和性能；⑤遥控注入数据接收、分发、处理功能和性能；⑥低速遥感数据调度功能；⑦帆板程控展开控制功能；⑧轨道计算与程控实施功能；⑨热控加热器自主闭环控制功能；⑩蓄电池的电量检测计算功能。

6）数传信道

数传信道测试项目包括：①天线增益；②地面站接收通道增益；③HRPT 数传信道；④MPT 数传信道；⑤DPT 数传信道。

7）星上记录存储和回放

星上记录存储和回放测试项目包括：①星上记录存储和回放中分辨率光谱成像仪大于 20 分钟数据的功能；②星上记录存储和回放除中分辨率光谱成像仪外的其他仪器全球数据的功能，并保证其完整性；③在目前地面站配置情况下，数据存储和回放功能及其完整性；④测试星上数据记录与传输程控模式 1；⑤测试星上数据记录与传输程控模式 2；⑥测试星上数据记录与传输程控模式 3；⑦测试工程遥测参数境外记录的完整性；⑧MPT 实时发送，在全球范围内 16 块区域可调，MPT 实时发送时间不短于 400 分钟；⑨HRPT 国内开机或全球开机两种模式的控制；⑩可见光红外扫描辐射计白天模式、黑夜模式切换控制测试。

5. 卫星平台的测试条件

1）卫星轨道和姿态

（1）轨道。

轨道测试的数据要求：①26 个基地每日提供的精确轨道根数；②GPS 测量数据。

（2）姿态。

卫星在发射成功后，能够获得可见光红外扫描辐射计的 10 个通道的遥感数据或中分辨率光谱成像仪 20 个通道的遥感数据，仪器处于正常工作状态，地面接收系统可以正常接收、处理卫星下传数据，获得姿态未修正时的定位结果，以及遥测通道的陀螺、星敏等姿态数据。然后，开始在轨测试，连续获取不短于 2 周的、有效的中分辨率光谱成像仪、可见光红外扫描辐射计数据。

测试数据主要包括可见光红外扫描辐射计 10 个通道的数据、中分辨率光谱成像仪

20 个通道的数据、姿态未修正时定位的一级数据，以及遥测通道陀螺、星敏姿态数据。

2）电源

电源的测试条件要求：

（1）准备好测试期间每日测控通道的实时、延时遥测数据原码、处理结果和状态值。

（2）测控通道遥测数据来源：26 个基地将接收到的实时、延时遥测数据每日通过航天用户数据网传到西安卫星测控中心的运行控制分系统，运行控制分系统每日形成一个遥测数据文件，同时将遥测数据原码、处理结果、状态值录入数据库。

（3）航天 509 所提供的《风云三号气象卫星正样遥测参数处理系数表》。

（4）在必要时，26 个基地协同进行相关业务指令、设备开关机指令的发送工作。

3）热控

热控的测试条件要求如下。

（1）准备好测试期间每日数传通道的实时、延时遥测数据原码、处理结果和状态值。

（2）数传通道遥测数据来源：每日各地面站按轨道接收的实时、延时遥测数据在西安卫星测控中心运行控制分系统以日为单位形成一个 24 小时连续的遥测数据文件，同时将遥测数据原码、处理结果、状态值录入数据库。

（3）准备好测试期间每日测控通道的实时、延时遥测数据原码、处理结果、状态值。

（4）测控通道遥测数据来源：26 个基地将接收到的实时、延时遥测数据通过航天用户数据网每日传到西安卫星测控中心运行控制分系统，运行控制分系统每日形成一个遥测数据文件，同时将遥测数据原码、处理结果、状态值录入数据库。

（5）航天 509 所提供的《风云三号气象卫星正样遥测参数处理系数表》。

（6）在必要时，26 个基地协同进行相关业务指令、设备开关机指令的发送工作。

4）遥测遥控

遥测遥控的测试条件要求如下。

（1）准备好测试期间每日数传通道的实时、延时遥测数据。

（2）准备好测试期间每日测控通道的实时、延时遥测数据。

（3）《风云三号气象卫星 B 星使用手册》（包含遥测波道表、指令表、各指令使用注意事项、卫星各系统的划分，以及各系统参数值的说明）。

（4）《风云三号气象卫星 B 星直接指令与间接指令分配表》。

（5）26 个基地的测轨定轨数据。

5）数据管理

数据管理的测试条件要求如下。

（1）准备好测试期间每日数传通道的实时、延时遥测数据原码、处理结果和状态值。

（2）准备好测试期间每日测控通道的实时、延时遥测数据原码、处理结果和状态值。

（3）航天 509 所提供的《风云三号气象卫星 B 星使用手册》（包含遥测波道表、指令表、各指令使用注意事项、卫星各分系统的划分，以及各分系统参数值的说明）。

（4）连续记录 5 日的全部数据，统计低速遥感包计数的连续性来验证低速数据的调度功能。

（5）对于已经实施的功能任务，无须进行在轨测试，仅通过分析以前的遥测数据进行判断。

（6）轨道和程控功能的测试调用参见程控记录与回放小组的测试结果。

6）数传信道

数传信道的测试条件要求如下。

（1）地面站 12m 天线完成指标测试，天线的程控及自动跟踪功能正常，天线 G/T 值、LNA 的增益，以及 12m 天线的 L 波段、X 波段的 LNA 到光纤发送器输入口的电缆损耗数据等准确。

（2）地面站无线电环境对信号接收不会产生严重干扰。

（3）运行控制分系统发到地面站的作业表及轨道数据正确，站管子系统能正确生成当日的任务调度计划，并能对接收设备进行极化方式、频率等参数的设置。

（4）频谱分析仪、微波频率计、数字示波器标定在有效期内，并且仪器的测试范围覆盖所测试指标的范围。

（5）地面站各信道工作正常。

（6）卫星的 HRPT、MPT、DPT 链路工作正常，并按照卫星程控方案工作。

（7）地面应用系统各设备具备自动对时功能，并且时间误差小于 1s。

（8）卫星按照国家卫星气象中心与上海卫星总体单位确定的 DPT 回放方案进行 DPT 数据的回放。

（9）地面站设备可给出在接收 DPT 数据时各时刻所对应的接收方位角和俯仰角。

7）星上记录存储和回放

数传信道的测试条件要求如下。

（1）地面应用系统时统与 26 个基地对时，时间误差小于 1s。

（2）26 个基地进行必要的数据注入。

（3）地面应用系统提供当日各轨道给定的接收仰角、DPT 数据的接收起止时间表、轨道图、固态记录器回放起止时刻、卫星相对地面站的仰角、地面站接收数据的起止时刻，以及 HRPT 数据、DPT 数据、全球拼图。

（4）地面仿真卫星程控程序。

（5）连续调试、测试 3 个月。

6. 星上载荷的测试项目

1）可见光红外扫描辐射计（VIRR）

测试项目包括：①仪器通道光谱参数；②仪器通道探测灵敏度；③动态范围；④定标精度；⑤星下点地面分辨率；⑥星下点通道间像元配准；⑦扫描抖动；⑧MTF（试验项）；⑨饱和恢复性能；⑩各通道图像质量；⑪通道信号稳定性；⑫仪器性能参数稳定性分析；⑬产品示例。

2）中分辨率光谱成像仪（MERSI）

测试项目包括：①仪器通道光谱参数；②仪器通道探测灵敏度；③动态范围；④定标精度；⑤星下点地面分辨率；⑥通道间像元配准；⑦饱和恢复；⑧扫描抖动；⑨MTF；⑩各通道图像扫描特性一致性检验；⑪各通道图像质量；⑫星上辐冷器等仪器有关特征参数；⑬可见光星上定标器性能测试；⑭仪器性能参数稳定性分析；⑮产品示例。

3）红外分光计（IRAS）

测试项目包括：①仪器通道光谱参数；②仪器通道探测灵敏度；③定标精度；④探测像元地面分辨率；⑤通道间配准；⑥仪器通道动态范围；⑦黑体温度；⑧辐射校准周期、量化等级等性能指标；⑨其他遥测特征参数；⑩仪器性能参数稳定性分析；⑪产品示例。

4）微波温度计（MWTS）

测试项目包括：①仪器通道中心频率；②仪器通道频率宽度；③仪器通道主波率

效率；④通道间配准精度；⑤通道频率稳定度；⑥通道探测灵敏度；⑦动态范围；⑧冷空计数值；⑨黑体 PRT 温度变化分析；⑩定标精度；⑪与国外同类产品的相互比较。

5）微波湿度计（MWHS）

测试项目包括：①对地扫描张角；②扫描带宽度；③对地观测；④通道间配准精度；⑤扫描周期；⑥量化等级；⑦定标精度；⑧通道探测灵敏度；⑨动态范围；⑩星下点像元水平尺度；⑪通道频率特性；⑫黑体温度均匀性；⑬天线扫描时序；⑭冷空观测特性；⑮在轨频率干扰；⑯产品示例。

6）微波成像仪（MWRI）

测试项目包括：①仪器增益稳定性分析评价；②定标黑体稳定性分析评价；③接收机灵敏度分析评价；④定标精度分析评价；⑤动态范围分析评价；⑥仪器非线性分析评价。

7）紫外臭氧垂直探测仪

测试项目包括：①通道光谱参数；②通道探测灵敏度；③漫反射板反射特性；④定标精度；⑤动态范围；⑥星下点分辨率；⑦产品示例。

8）紫外臭氧总量探测仪（TOU）

测试项目包括：①通道光谱参数；②通道探测灵敏度；③漫反射板反射特性；④定标精度；⑤动态范围；⑥星下点分辨率；⑦扫描时间；⑧扫描范围；⑨产品示例。

9）太阳辐射监测仪（SIM）

测试项目包括：①辐照度测量范围；②测量灵敏度；③定标精度；④在轨稳定度（在轨测试期间的稳定性分析）；⑤产品示例。

10）地球辐射探测仪（ERM）

测试项目包括：①辐亮度范围；②定标精度；③通道探测灵敏度；④扫描指向精度；⑤2 年长期稳定度（在轨测试期间的稳定性分析）；⑥产品示例。

11）空间环境监测器（SEM）

测试项目包括：①高能重离子；②高能质子；③高能电子；④辐射剂量；⑤表面电位；⑥单粒子探测。

7. 星上载荷的测试条件

1）可见光红外扫描辐射计（VIRR）

卫星在发射成功以后，可见光红外扫描辐射计经过开机、调试后，辐冷器开始工

作，10 个通道可获取遥感数据，仪器处于正常工作状态。地面接收系统在可以正常接收和处理卫星下传数据后，开始在轨测试，连续获取仪器观测数据不短于 3 个月。

测试数据主要包括：可见光红外扫描辐射计发射前实验室测试得到的各种基本参数和数据；HRPT、DPT 源包全球可见光红外扫描辐射计零级数据；经过定标、定位预处理后的全球一级数据，以及由此反演得到的二级部分定量产品；国外同期类似卫星遥感仪器（如 NOAA、MODIS 等）对地遥感观测数据和遥感产品；同步观测的外场定标数据。

2）中分辨率光谱成像仪（MERSI）

中分辨率光谱成像仪（MERSI）在轨测试的测试数据主要包括：中分辨率光谱成像仪发射前性能测试得到的各种基本参数和测试数据；MPT、DPT 中分辨率光谱成像仪源包零级数据；经过定位、定标、软件预处理后的一级数据，以及由此反演得到的二级部分定量产品；国外同期类似遥感仪器（如 MODIS）对地遥感观测数据和遥感产品。

测试数据的时间覆盖范围：在仪器正常开机工作后，连续获取仪器观测数据 3～6 个月。

3）红外分光计（IRAS）

红外分光计经开机、调试、辐冷工作后，26 个通道进行加电、开通等，红外分光计处于正常工作状态。

测试数据主要包括：红外分光计发射前仪器性能测试得到的各种光谱及性能测试数据；在轨测试期间地面应用系统接收的经过地面订正处理的红外分光计源包零级数据；经过预处理生成的一级数据；产品生成分系统大气参数反演生成的二级定量产品；所需的国外同类卫星遥感仪器数据，包括在轨测试期间 NOAA 卫星 HIRS 一级产品、METOP 卫星 IASI 一级产品等；在轨测试期间与卫星观测时空匹配的探空观测数据等。数据量不短于 3 个月。

4）微波温度计（MWTS）

测试数据主要包括：验收测试时的数据和结果；在轨测试期间获取的微波温度计源包数据；在轨测试期间获取的星上热源 PRT 温度数据；美国 NOAA-18/19 卫星的辐射观测数据；美国 NOAA-18/19 卫星在相同算法下得到的辐射值（或亮温）、大气温度廓线。

5）微波湿度计（MWHS）

在微波湿度计在轨正常稳定运行之后，开始其在轨测试。在轨无法测试的指标依据为卫星发射前测试结果的分析结果。

微波湿度计在轨测试数据需求：微波湿度计有效数据累计不短于 30 天；在轨测试对比分析期间与微波湿度计观测时空匹配的常规探空数据；在轨测试对比分析期间与微波湿度计观测时空匹配的数值预报分析场 NCEP 数据；在轨测试对比分析期间与微波湿度计观测时空匹配的 NOAA-16 卫星 AMSU-B 数据、NOAA-18 卫星 MHS 数据。

6）微波成像仪（MWRI）

微波成像仪在轨测试需要如下条件：在轨测试期间连续 3 个月微波成像仪一级数据；同时期国外同类卫星遥感仪器数据，包括 AQUA 卫星 AMSR-E 一级数据、SSM/I 轨道亮温数据。

7）紫外臭氧垂直探测仪

卫星在发射成功后，紫外臭氧垂直探测仪经过头部加热、开机、调试等程序，各通道可获取遥感数据，各种工作模式处于正常工作状态，地面接收系统在可以正常接收和处理卫星下传数据后，开始在轨测试。紫外臭氧垂直探测仪连续获取观测数据不短于 3 个月。

测试数据主要包括：紫外臭氧垂直探测仪发射前实验室测试得到的各种基本参数和数据；HRPT、DPT 源包全球紫外臭氧垂直探测仪零级数据；经过定标、定位预处理后的全球一级数据，以及由此反演得到的二级部分定量产品；国外同期类似卫星遥感仪器（如 NOAA 卫星 SBUV/2 等）对地遥感观测数据和遥感产品；同步观测的外场定标数据。

8）紫外臭氧总量探测仪（TOU）

卫星在发射成功后，紫外臭氧总量探测仪经过头部加热、开机，可以获得辐射定标数据、波长定标数据和对地观测数据。当仪器处于正常工作状态后，地面接收系统可以正常接收、处理卫星下传数据，开始在轨测试，仪器观测数据不短于 3 个月。

测试数据主要包括：卫星发射前紫外臭氧总量探测仪实验室测试的基本参数和数据；紫外臭氧总量探测仪全球零级数据，经过定标、定位预处理后的全球一级数据，以及在此基础上反演得到的臭氧总量产品；国外同期类似卫星遥感仪器（如

OMI 和 GOME-2）臭氧总量产品、地面臭氧观测数据（如 DOBSON 仪器和 Brewer 仪器观测的臭氧总量）。

9）太阳辐射监测仪（SIM）

卫星在成功进入轨道后，太阳辐射监测仪经加电、开机后开始工作，仪器在处于正常工作状态后，地面接收系统可以正常接收、处理卫星下传数据，开始在轨测试，连续获取仪器观测数据不短于 3 个月。在此期间，还要根据需要进行数据注入。

测试数据主要包括：太阳辐射监测仪发射前实验室，以及外场测试得到的各种基本参数和数据；太阳辐射监测仪的零级数据、经过预处理后的一级数据；国外同期类似卫星遥感仪器（如 SORCE 卫星上的太阳辐射监测仪）的太阳辐照度产品。

10）地球辐射探测仪（ERM）

卫星在轨正常运行后，地球辐射探测仪开机正常工作。测试数据主要包括：3 个月的地球辐射探测仪的一级数据、二级产品；在地球辐射探测仪观测时段 EOS 卫星的 TERRA、METEOROSAT 卫星 GERB 的二级产品。

11）空间环境监测器（SEM）

空间环境监测器各设备开机工作，对累计在轨期间 1 个月以上的探测数据进行在轨测试。

空间环境监测器的探测数据需要经卫星数据管理系统和遥测系统的配合，实现实时、延时下传。

为了完成卫星空间环境监测器工程参数和科学数据的判读和比对，需要配置一系列的软硬件设备。其中，软件设备主要包括数据预处理软件、单机科学数据处理软件、轨道处理软件、姿态处理软件、AP8AE8 模型、空间磁场模型、数据绘图软件等，以及国内外相关探测数据；硬件设备包括数据接收平台和数据预处理平台，各平台均由若干服务器组成，不同服务器分别进行相应软件的操作。

6.1 研制工作和流程简介

6.1.1 概述

风云三号气象卫星地面应用系统工程的地面应用系统是直接体现卫星应用效益的重要系统。系统工程建设按照国防科工委的工程建设管理办法，实行工程"两总"（工程总指挥、工程总师）负责制。为了科学、高效地组织实施工程建设，在建设之初，"两总"带领技术队伍对总体布局及各技术分系统、卫星地面站的建设任务、功能要求、建设内容进行了深入、细致的可行性分析和初步设计。

风云三号气象卫星地面应用系统工程建设主要包括：建成 10 个技术分系统，建成 5 个国内外卫星地面站，建成 1 个数据处理和服务中心；完成技术分系统详细设计、需求分析及软件研制开发和系统集成；完成接收系统与计算机系统硬件设备研制与采购；完成新建卫星地面站征地及配套基础设施建设；完成飞机校飞、外场定标试验和频率协调等大量工程建设任务，确保地面应用系统协调、自洽、高效、稳定运行。考虑到建设项目既包括复杂的技术分系统建设，又包括建安工程，有些设备的研制生产周期达 1 年以上，而建设周期只有 2 年，因此必须按照任务的轻重缓急，围绕重点业务和主线业务系统精心地组织安排。基于此，风云三号气象卫星"两总"编制了分 5 个阶段实施工程建设的方针，明确了各阶段的建设目标和任务；同时，尽可能地把各阶段工作穿插进行。在周密安排建设任务的同时，风云三号气象卫星"两总"

高度重视工程建设质量，引入了军标软件研发标准，制定了 10 个技术分系统业务应用软件的研发标准模板与设计流程，按照工程化、标准化的方式组织研发工作，以提高地面应用系统的运行效率和可靠性。

根据风云三号气象卫星地面应用系统工程建设要求，在完成风云三号气象卫星地面应用系统工程的初步设计后，将工程研制建设划分为 5 个大的阶段，主要包括：算法研制和原型软件开发阶段；软件工程化研发阶段；分系统集成和测试阶段；全系统联调联试阶段；全系统长期运行和管理阶段。

在工程研制建设的各阶段，风云三号气象卫星"两总"明确界定了各阶段目标和不同的工作任务，确定了风云三号气象卫星地面应用系统研制技术流程，如图 6-1 所示。本节概述各阶段的主要工作任务。

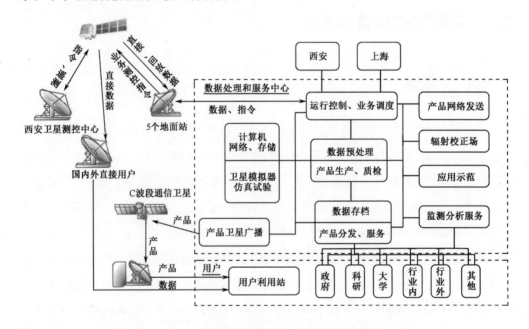

图 6-1　风云三号气象卫星地面应用系统研制技术流程

6.1.2　算法研制和原型软件开发阶段工作

算法研制和原型软件开发阶段的主要工作是解决关键技术和科学问题，提供业务、试验和测试 3 种类型的原型软件。本阶段的主要工作任务如下。

（1）按风云三号气象卫星"两总"确定的总体方案及风云三号气象卫星（01）批关键技术和科学问题，成立专题应用产品研究小组（也可以由个人独立承担），应用科学研究人员在其中独立承担研究任务。

（2）各专题按指定目标进行数学模型和科学计算程序的研究。

（3）在研究过程中，为了对方法进行模拟和试验，需要进行软件设计和测试。

（4）在模拟软件编制过程中，要严格按照软件工程定义的标准格式定义模拟数据和输出结果。

（5）科学计算程序研制人员在条件具备时应在指定开发平台和开发语言下进行软件设计和开发，在特殊情况下也可以在任意开发平台上通过任意开发语言进行软件开发。在完成软件设计和开发后，需要进入业务系统的软件称为 O 类原型软件。

（6）科学计算程序研制人员还可以研制试验类项目，根据研发情况确认是否上业务，此类软件称为 E 类原型软件。

（7）技术性研究人员在指定开发平台和开发语言下进行关键技术软件设计和开发，在完成研发后进行工程集成，此类软件称为 T 类原型软件。

6.1.3　软件工程化研发阶段工作

软件工程化研发阶段的主要工作是进行软件工程化开发，提供业务运行软件。本阶段的主要工作任务如下。

（1）定义风云三号气象卫星软件工程的数据格式和数据结构。

（2）确定各仪器数据分块、分段处理结构和产品处理调度结构。

（3）对已成熟的算法按软件工程方法进行软件设计和实现。

（4）对 T 类原型软件进行开发和集成。

（5）对 O 类原型软件进行软件工程开发。

（6）在 E 类原型软件通过"上业务"评审后，进行软件工程开发。

（7）软件研制人员在与运行系统完全相同的平台上用规定的开发语言进行软件开发，该软件需要满足业务运行的时效和质量指标要求。

6.1.4　分系统集成和测试阶段工作

风云三号气象卫星（01）批地面应用系统 10 个技术分系统集成和测试阶段的主要工作任务如下。

（1）对各分系统进行仿真测试，在标准格式的实时数据环境下获得标准格式的输出结果。

（2）完成各分系统间的对接试验。

（3）构建业务系统，形成通信、调度、产品处理、存档、分发、操作员监控等多功能的业务系统。

（4）合理、高效使用系统资源，保证整个系统的稳定、可靠运行。

6.1.5　全系统联调联试阶段工作

风云三号气象卫星（01）批地面应用系统全系统联调联试阶段的主要工作任务如下。

（1）编制《风云三号气象卫星地面应用系统全系统联调联试大纲》。

（2）编制《风云三号气象卫星地面应用系统全系统联调联试细则》。

（3）构建业务系统，形成通信、调度、产品处理、存档、分发、操作员监控等多功能的业务系统。

（4）合理、高效使用系统资源，保证整个系统的稳定、可靠运行。

（5）完成地面应用系统全系统的联调联试；完成卫星发射前的放行测试。

6.1.6　全系统长期运行和管理阶段工作

风云三号气象卫星（01）批地面应用系统全系统长期运行和管理阶段的主要工作任务如下。

（1）编制卫星长期业务运行管理方案。

（2）进行3个月的地面应用系统试运行。

（3）地面应用系统全系统长期业务运行。

（4）业务运行部门按业务运行成功率考核目标组织业务的长期运行。

6.2　算法研制和原型软件开发阶段

6.2.1　算法研制和原型软件研发项目

根据风云三号气象卫星地面应用系统建设进展，由"两总"编制发布地面应用系统工程建设算法研制和原型软件研发纲要。风云三号气象卫星地面应用系统工程建设算法研制和原型软件研发主要要求包括：项目研发指南属于工程建设内容，必须严格按照工程建设要求开展相关研发工作；申请单位或个人应在所申请项目方面具有先进、成熟的研究成果。

项目研发分阶段进行，即方案设计、原型软件开发、性能指标验证、文档编制和验收。

在方案设计完成后，所有项目承担单位（数据处理和服务中心除外）应派出技术人员赴国家卫星气象中心集中进行原型软件开发等工作。

严格按进度和考核指标要求，按阶段提交相应的技术文档和产品（含计算机原型软件、源代码等）。

6.2.2　算法研制和原型软件研发情况

根据风云三号气象卫星地面应用系统工程算法研制和原型软件研发任务，组织专家遴选了研制部门和研制小组。在研制过程中，逐项对原型软件进行过程控制，主要包括项目中期检查、原型软件测试、项目验收 3 个阶段。

在风云三号气象卫星 A 星发射前完成了全部业务算法研制和原型软件研发工作；在风云三号气象卫星 B 星发射前完成了其余试验算法研制和原型软件研发工作，同时按工程进度要求转入软件工程化研发阶段。

6.3　软件工程化研发阶段

6.3.1　系统功能和技术规格

在风云三号气象卫星地面应用系统各分系统初步设计方案和任务书的基础上，确定了风云三号气象卫星地面应用系统数据接收分系统（DAS）、运行控制分系统、数据预处理分系统（DPPS）、产品生成分系统（PGS）、产品质量检验分系统（QCS）、计算机与网络分系统（CNS）、数据存档与服务分系统（ARSS）、监测分析服务分系统（MAS）、应用示范分系统（UDS）、仿真与技术支持分系统（STSS）的研制目标。

根据风云三号气象卫星地面应用系统工程初步设计和技术分系统研制任务书，制定了如表 6-1 所示的技术分系统功能规格书等相关文件。

表 6-1 技术分系统功能规格书

文档名称	主要内容
数据接收分系统功能规格书	风云三号气象卫星数据接收分系统功能和技术规格
数据接收分系统招标技术文件	风云三号气象卫星数据接收分系统招标书和指标需求
运行控制分系统功能规格书	风云三号气象卫星运行控制分系统功能和技术规格
运行控制分系统招标技术文件	风云三号气象卫星运行控制分系统招标书和指标需求
数据预处理分系统功能规格书	风云三号气象卫星数据预处理分系统功能和技术规格
数据预处理分系统招标技术文件	风云三号气象卫星数据预处理分系统招标书和指标需求
产品生成分系统功能规格书	风云三号气象卫星产品生成分系统功能和技术规格
产品生成分系统招标技术文件	风云三号气象卫星产品生成分系统招标书和指标需求
产品质量检验分系统功能规格书	风云三号气象卫星产品质量检验分系统功能和技术规格
产品质量检验分系统招标技术文件	风云三号气象卫星产品质量检验分系统招标书和指标需求
计算机与网络分系统功能规格书	风云三号气象卫星计算机与网络分系统功能和技术规格
计算机与网络分系统招标技术文件	风云三号气象卫星计算机与网络分系统招标书和指标需求
监测分析服务分系统功能规格书	风云三号气象卫星监测分析服务分系统功能和技术规格
监测分析服务分系统招标技术文件	风云三号气象卫星监测分析服务分系统招标书和指标需求
数据存档与服务分系统功能规格书	风云三号气象卫星数据存档与服务分系统功能和技术规格
数据存档与服务分系统招标技术文件	风云三号气象卫星数据存档与服务分系统招标书和指标需求
仿真与技术支持分系统功能规格书	风云三号气象卫星仿真与技术支持分系统功能和技术规格
仿真与技术支持分系统招标技术文件	风云三号气象卫星仿真与技术支持分系统招标书和指标需求
应用示范分系统功能规格书	风云三号气象卫星应用示范分系统功能和技术规格
应用示范分系统招标技术文件	风云三号气象卫星应用示范分系统招标书和指标需求

6.3.2 研制各方的任务职责

风云三号气象卫星地面应用系统研制过程的主要管理任务包括需求分析阶段的管理、计划管理、质量管理、变更管理。为了便于管理本项目，研制过程确定了总集成商和承制方，明确了在工程建设的各阶段总集成商和承制方的任务职责，描述如表 6-2 所示。

表 6-2　研制过程管理各方的任务职责

需求开发和管理	主要任务	明确功能性需求、非功能性需求（特别是性能需求），以及数据、接口等需求
	各方职责	总集成商：编制需求调研计划模板、软件需求规格说明书相关模板，技术评估各应用系统软件承制方提交的软件需求规格说明书的内容，并参与需求评审
		承制方：编制需求调研计划，实施需求调研，并编写需求规格说明书（包括软件需求、接口需求、数据需求 3 个部分）；建立需求跟踪矩阵
项目策划和管理	主要任务	制订项目实施过程中的各类计划，保证项目各种计划的顺利、正确实施，并使建设方及时了解应用系统软件开发的项目进展
	各方职责	总集成商：编制计划模板，指导、配合各承制方制订各类计划，检查各类计划的实施情况，协调解决计划实施过程中出现的问题，并每周、每月向建设方汇报；审核各应用系统软件承制方提交的各类计划，组织里程碑评审和过程评审
		承制方：制订各类计划，组织实施各类计划，检查各类计划的实施情况，针对计划执行过程中出现的问题提出解决方案；每周、每月向业主方、总集成商汇报
质量控制和管理	主要任务	实施质量保证活动，确保项目质量
	各方职责	总集成商：制订软件质量保证计划及各类过程检查表的模板，指导并配合各承制方实施软件质量保证计划，定期验证各承制方的软件质量保证活动；技术评估各应用系统软件承制方在各阶段提交的重要产品
		承制方：制订软件质量保证计划，实施软件质量保证和质量控制活动
变更控制和管理	主要任务	明确并评估变更内容、变更原因及变更解决方案，确保变更管理可控
	各方职责	总集成商：评估变更内容及影响的范围；评审并确认各类变更；指导各承制方实施变更流程，并对项目内部的变更结果进行确认；对重大问题要及时向业主汇报；变更应纳入每周、每月进展报告
		承制方：根据变更要求提出变更申请单（包括变更内容、变更原因、变更方案优缺点、变更影响范围等）；根据内部变更申请，管理好本项目内部的变更；变更应纳入每周、每月进展报告

6.3.3　研制过程控制

国家卫星气象中心工程管理部门和总集成商在需求开发和管理、项目策划和管理、质量控制和管理、变更控制和管理等方面采取了一系列措施，以保证很好地满足风云三号气象卫星地面应用系统工程建设的需求。

1. 需求开发和管理

编制了项目可行性研究报告模板、需求调研计划模板、软件需求规格说明书模板，并指导各承制方进行需求开发和管理，组织相关专家详细评估各应用系统软件承制方提交的软件需求规格说明书的内容，并组织需求评审。

2. 项目策划和管理

编制了软件开发计划模板、软件确认测试计划模板、软件配置管理计划模板、软件集成测试计划模板，指导并配合各承制方制订各类计划；通过项目跟踪、检查各类计划的实施情况，协调解决计划在实施过程中出现的问题，并组织里程碑评审和过程评审。

3. 质量控制和管理

编制了软件质量保证计划模板，指导各承制方实施软件质量保证计划，定期验证各承制方的软件质量保证活动；组织相关专家评估各应用系统软件承制方在各阶段提交的重要产品。

4. 变更控制和管理

编制了需求变更管理规范，当项目出现变更时，组织相关专家评估变更内容及影响的范围；评审并确认各类变更；指导各承制方实施变更流程，并对项目内部的变更结果进行确认；将变更纳入进展报告中。

6.3.4　软件工程化研制情况

根据工程招标结果，明确了风云三号气象卫星地面应用系统各承制方的建设任务。

根据各分系统研制任务书要求，明确了应交付的产品。为了便于管理，分别从工程类别（系统工程、软件工程、硬件工程、建安工程）、项目阶段（需求开发、解决方案、产品集成、验证确认、竣工验收）、所属任务（系统管理、集成管理、测试管理、运维系统架构）进行分类交付。

6.4　分系统集成和测试阶段

6.4.1　分系统集成和测试要求

1. 分系统集成和测试方案

根据风云三号气象卫星（01）批各分系统的所有软硬件配置项的开发，系统总集成商完成了其责任范围内的配置项（确认）测试和初步验收交付（系统总集成），主要包括以下过程与产品开发活动：

（1）建立分系统集成和测试计划；

（2）验证、确认分系统集成的功能、性能需求；

（3）完成分系统集成和测试工作总结报告。

2. 分系统的整合测试

由各分系统承制方组织测试小组，完成各分系统的接口调试和系统级联试，将风云三号气象卫星地面应用系统工程业务系统中的各种软硬件资源整合成一个自动、可靠、可控、高效的业务处理系统，实现全系统各种功能和业务化的要求。

6.4.2　分系统的集成、测试与验收

1. 分系统集成和测试

由各分系统承制方组织测试小组，组织完成风云三号气象卫星地面应用系统数据接收分系统（DAS）、运行控制分系统、数据预处理分系统（DPPS）、产品生成分系统（PGS）、产品质量检验分系统（QCS）、计算机与网络分系统（CNS）、数据存档与服务分系统（ARSS）、监测分析服务分系统（MAS）、应用示范分系统（UDS）、仿真与技术支持分系统（STSS）的硬件和软件测试任务，通告预期的功能和性能测试结果后组织验收。

2. 分系统交付验收

部分分系统交付验收产品如表 6-3 所示。

表 6-3　部分分系统交付验收产品

文档名称	主要内容
数据接收分系统验收产品包	风云三号气象卫星数据接收分系统工作报告
	风云三号气象卫星数据接收分系统技术报告
	风云三号气象卫星数据接收分系统合同要求的交付硬件、软件产品
运行控制分系统验收产品包	风云三号气象卫星运行控制分系统工作报告
	风云三号气象卫星运行控制分系统技术报告
	风云三号气象卫星运行控制分系统合同要求的交付软件产品
数据预处理分系统验收产品包	风云三号气象卫星数据预处理分系统工作报告
	风云三号气象卫星数据预处理分系统技术报告
	风云三号气象卫星数据预处理分系统合同要求的交付软件产品

文档名称	主要内容
产品生成分系统验收产品包	风云三号气象卫星产品生成分系统工作报告
	风云三号气象卫星产品生成分系统技术报告
	风云三号气象卫星产品生成分系统合同要求的交付软件产品
数据存档与服务分系统验收产品包	风云三号气象卫星数据存档与服务分系统工作报告
	风云三号气象卫星数据存档与服务分系统技术报告
	风云三号气象卫星数据存档与服务分系统合同要求的交付软件产品
计算机与网络分系统验收产品包	风云三号气象卫星计算机与网络分系统工作报告
	风云三号气象卫星计算机与网络分系统技术报告
	风云三号气象卫星计算机与网络分系统合同要求的交付软件产品
监测分析服务分系统验收产品包	风云三号气象卫星监测分析服务分系统工作报告
	风云三号气象卫星监测分析服务分系统技术报告
	风云三号气象卫星监测分析服务分系统合同要求的交付软件产品
应用示范分系统验收产品包	风云三号气象卫星应用示范分系统工作报告
	风云三号气象卫星应用示范分系统技术报告
	风云三号气象卫星应用示范分系统合同要求的交付软件产品

6.5 全系统联调联试阶段

6.5.1 全系统联调联试大纲

1. 参试系统

《风云三号气象卫星地面应用系统联调联试大纲》适用于风云三号气象卫星地面应用系统的联调联试，主要涉及数据接收分系统（DAS）、运行控制分系统、数据预处理分系统（DPPS）、产品生成分系统（PGS）、计算机与网络分系统（CNS）、数据存档与服务分系统（ARSS），简称为各参试系统。

2. 联调联试目的

通过风云三号气象卫星地面应用系统的联调联试，可以达到如下目的：

（1）检查、确认各参试系统的功能、性能，以及与任务书的符合性、完整性和有效性；

（2）测试、检验参试系统间软硬件接口的匹配性、协调性、完整性；

（3）测试、检验地面应用系统从数据接收到数据预处理、产品生成、产品分发、数据存档等主线流程的合理性、正确性、时效性；

（4）经过联调联试，使地面应用系统达到执行风云三号气象卫星发射任务的技术状态要求。

3. 参试系统技术状态

各参试系统的设备、软件配置功能基本齐全，并完成安装、调试；各卫星地面站、中心参试系统分别完成了单系统联调，各系统内部软件集成和测试，系统间外部接口对接调试；具备了进行全系统放行测试的条件；各系统提交的系统集成和测试记录表，要求覆盖任务书的全部功能点，可用于联调联试领导小组的检查与抽查。

6.5.2　联调联试技术状态

根据《风云三号气象卫星地面应用系统联调联试大纲》和《风云三号气象卫星地面应用系统联调联试细则》，联调联试测试组在业务主线环境下对参试系统进行了全面测试，测试结果显示的地面应用系统的技术状态如下。

北京地面站（除频率干扰外）、广州地面站、乌鲁木齐地面站、佳木斯地面站的接收设备（含站管子系统）运行状态良好，具备数据接收、存储、传输、监视能力。北京以外地面站到数据处理和服务中心的地面宽带通信链路开通，经过测试数据传输满足在轨测试任务要求。海外地面站接收设备就绪、通信链路开通，满足在轨测试任务要求。数据处理和服务中心和26个基地通信网络开通，数据传输接口经测试满足要求。计算机网络和存储设备运行稳定、正常，性能满足使用要求。根据风云三号气象卫星 A 星轨道参数制作的轨道接收时间表能够控制各地面站及时接收风云三号气象卫星 A 星数据。

具备对风云三号气象卫星 A 星遥测数据处理、分析、存档和显示能力；完成了11个遥感仪器的定位和定标、业务化工程软件开发、系统测试和集成，测试结果与原型软件的计算结果基本一致；完成了业务产品的业务化工程软件开发，部件级测试结果与原型软件的计算结果一致。

存档系统具备对风云三号气象卫星数据和产品的存档能力，作业调度软件功能完善，系统具备对卫星轨道数据去重复，以及数据预处理、产品生成、卫星数据和产品存档、产品分发等作业的调度能力。

6.5.3　放行测试要求和技术状态

1. 放行测试要求

为了使地面应用系统稳妥可靠、万无一失，以确保卫星数据的接收、处理，以及产品生成、数据存档、产品分发，在各技术分系统完成了软件功能和性能测试。在完成了系统集成和联调联试工作后，中国气象局在 2008 年和 2010 年风云三号气象卫星发射前分别组织了风云三号气象卫星地面应用系统放行测试，测试地面应用系统是否具备执行发射任务的能力，以及是否满足放行测试条件。

2. 放行测试技术状态

根据《风云三号气象卫星发射前地面应用系统放行检查测试大纲》和《风云三号气象卫星发射前地面应用系统放行检查测试细则》，放行测试组在业务主线环境下对参试系统进行了全面测试。

6.6　全系统长期运行和管理阶段

6.6.1　长期业务运行管理方案

为了尽快发挥风云三号气象卫星的应用效益，要求于在轨测试结束后，风云三号气象卫星及其地面应用系统投入业务试运行；在试运行结束后，风云三号气象卫星地面应用系统将转入正式业务运行。

风云三号气象卫星地面应用系统的业务运行方案的制定，就是要充分发挥风云三号气象卫星 B 星及其地面应用系统的业务能力和应用效益，为全国各级气象台站和其他应用部门提供更丰富的产品和更优质的服务。

6.6.2　长期业务运行的基本任务与总体目标

1. 长期业务运行的基本任务

在风云三号气象卫星地面应用系统运行控制分系统的统一调度下，按照"五站一中心"布局，国内外地面站以接力接收方式，广州、乌鲁木齐、佳木斯、基律纳 4 个地面站入网接收，高时效地获取全球覆盖遥感探测数据。

在计算机与网络分系统的业务调度下，自动生成零级、一级、二级产品，生成能反映大气、云、地表、海面和空间环境变化的各种地球和大气物理参数，以及各种图形、数字产品，重点是大气垂直探测产品。

在数据存档与服务分系统的管理下，确保所有观测数据和卫星产品及时、完整地存档和管理。生成的数据和各类产品，通过 FTP 实时数据区发布、数据服务网站发布和专线分发等多种方式自动向中国气象信息分发网（9210）、风云卫星广播分发网（FENGYUNCast）等用户发送，供用户使用。

通过遥感数据网站共享，部分卫星数值产品通过世界气象组织全球通信系统（GTS）向全球用户分发。通过监测服务分析分系统（MAS）实现中国及周边数据和产品高时效服务；支持各地应用示范分系统（UDS）和用户获取分发产品并使用。

2. 长期业务运行的总体目标

数据接收、广播、传输、处理、存档、分发的成功率优于 97.5%，通过遥测对卫星进行长期业务监视，具体指标要求如下。

数据接收分系统在卫星正常运行过境时（实时数据和遥测数据：仰角大于等于 5°，延时数据：仰角大于等于 7°）接收成功率优于 92%（风云三号气象卫星业务系统原指标为 99.5%），其中接收成功率的标准是数据传输误码率小于 1×10^{-6}；计算机与网络分系统的成功率优于 97%（风云三号气象卫星业务系统原指标为 99.7%）；运行控制分系统成功率优于 99%（风云三号气象卫星业务系统原指标为 99.7%）；数据预处理分系统和产品生成分系统的成功率优于 97%（风云三号气象卫星业务系统原指标为 99.8%）。数据存档与服务分系统的成功率优于 99.0%；产品质量检查分系统的运行成功率优于 99.0%。综合风云三号气象卫星及其地面应用系统现状，风云三号气象卫

星长期运行的总成功率优于 97.5%。

3. 卫星长期运行和管理

1）卫星的日常管理

风云三号气象卫星的日常管理由 26 个基地负责，国家卫星气象中心运行控制室负责 24 小时监视卫星业务化运行遥测状态，在发现问题时由国家卫星气象中心及时向航天科技集团公司八院通报，必须进行的卫星操作需要报国家卫星气象中心"两总"和航天科技集团公司八院批准后交由西安卫星测控中心执行。

根据业务应用需求及卫星运行状态，测控系统和应用系统协力对卫星实施轨道控制、遥感仪器切换、增益调整等。

根据风云三号气象卫星地面应用系统工程任务分工，地面应用系统生成业务测控指令数据或指令流，命令的发送由西安卫星测控中心负责；轨道调整及姿态控制由西安卫星测控中心负责。

2）遥测数据处理和监视

运行控制分系统实时接收数据接收分系统发送的卫星遥测数据，并进行遥测数据处理，实时监视和显示遥测数据的处理结果，判别卫星工作正常与否，并形成记录。其中，异常数据以特殊显示方式告警，严重异常数据采用语音报警和提示。如果发现卫星异常，则及时按信息渠道与航天科技集团公司八院通报、沟通，共同协商对策并采取应急措施；同时，依照《风云系列卫星运行故障报告制度》所规定的程序上报。

定期向卫星研制部门通报和沟通卫星使用情况，并提供所需的数据和产品。确保卫星遥测数据正常存储，以便对异常情况进行追溯和原因分析。

3）卫星业务测控

风云三号气象卫星的业务测控由西安卫星测控中心负责。

4）业务调整实施程序

对于已确定的卫星日常业务运行模式的改变，国家卫星气象中心负责根据计划组织、实施，如加快相关仪器时效模式的切换，但需要通报中国气象局综合观测司和航天科技集团公司八院。

对于卫星仪器切换等重大事件，国家卫星气象中心与航天科技集团公司八院或

509 所（卫星总体单位）商议，在提出处理意见后报中国气象局，经审批后交由 26 个基地负责实施。

5）例行维护

根据卫星及其地面应用系统运行需求，风云三号气象卫星地面应用系统每月最后一周的周四进行例行设备维护，系统维护时间为 14:30～17:30（北京时间），维护期间是否停止卫星观测业务及相关产品分发可灵活掌握。

第7章
结束语

风云三号气象卫星地面应用系统的主要任务是接收、处理、存储、分发和应用风云三号气象卫星数据。它由 5 个地面站（包括 4 个国内地面站、1 个国外地面站）、1 个数据处理和服务中心、3 个二级区域地面利用站及一批 FENGYUNCast 数据广播用户接收站等组成。地面应用系统能及时处理，并向各类用户提供多层次、多级别、高时效、高精度的业务（图像和定量）产品，用于数值天气预报、气候预测、环境监测、生态保护、专业气象服务等各方面，特别在针对天气、气候和环境灾害事件的服务中发挥着重要作用。地面应用系统提供国家级、省级遥感监测、分析和服务。各级卫星数据和产品统一、长期存档，并通过多种手段对外分发服务以实现数据共享。地面应用系统具有高可靠性、灵活性，可保证信息获取的完整性、安全性。地面应用系统有先进的技术水平和良好的投资效益。地面应用系统已成为当前亚洲的重要业务卫星运行中心、数据处理和服务中心，为提高我国气象卫星在世界气象组织卫星观测系统中的地位奠定了重要基础，并成为全球天基气象观测系统的重要组成部分。

风云三号气象卫星地面应用系统有以下几个特点。

（1）处理数据量大。

每天接收、汇集数据量达到 250GB，处理原始数据和生成的产品容量达到 1.3TB；每天新增存档数据 800GB，包括原始观测数据、预处理后的基础数据集、卫星图像产品、卫星数值产品、卫星遥测数据、卫星工况数据等。由于卫星观测数据量巨大，因此要由多台高性能计算机进行高效、并行处理。

（2）数据接口复杂。

地面应用系统与卫星数据接口种类繁多，与测控系统、外部用户的数据与控制接口复杂，因此对接口处理流程控制难度很大。地面应用系统内部 10 个技术分系统之间的接口也很复杂。例如，数据处理和服务中心按约定的传输接口汇集 4 个国内地面站和 1 个国外地面站的数据，不但有自动分块文件多路并行传输接口，而且有在异常情况下的自动文件对账接口、自动重传接口和降级数据汇集接口。通过上述规范的接口控制可以确保多站数据按时、完整、高质量传输到数据处理和服务中心。

（3）时效要求高。

要求各站在卫星数据接收时实时传送至数据处理和服务中心，在限定时间内处理成产品，每日可生产射出长波辐射、气溶胶监测、植被指数、大雾监测、火点判识、海洋水色、陆地气溶胶、海冰监测、臭氧总量、臭氧垂直廓线等 30 多种产品，并将产品通过卫星广播、网络推送方式分发至用户。数据处理的主要时效要求是：在卫星过境后 10 分钟内生成实时分段一级产品；在 15 分钟后生成二级实时反演产品；全球日产品处理要在 140 分钟之内完成；提供给数值天气预报同化模式的一级产品，要求在一级产品生成后，及时处理、及时送出。

（4）可靠性要求高。

从卫星交付使用开始的设计寿命期内，各分系统的运行成功率在 99% 以上，整个系统的运行成功率达到 95%。为了避免系统中出现单点故障，每个独立的硬件设备单元都使用了高可用技术。

（5）数据兼容性好。

为了使风云三号气象卫星的数据可以与全球用户共享、兼容，风云三号气象卫星地面应用系统的所有产品均采用了国际兼容的 HDF5（Hierarchical Data Format 5）数据格式。

（6）可扩充能力强。

为了适应风云三号气象卫星应用领域的增加，以及新产品的不断研发和投入业务，系统具备很强的可扩充能力。风云三号气象卫星地面应用系统依照统一设计、资源共享、分步实施、滚动改进的原则，除实现了上、下午星组网观测需求外，还能够接收、处理其他多颗国内外卫星的数据。考虑到多星、多站业务规模和处理产品的不断增长，地面应用系统设计了具有可扩充能力的系统结构，以适应未来极轨气象卫星的业务运行需要。

风云三号气象卫星是我国第二代极地轨道气象卫星，其探测能力和应用领域与第一代极轨气象卫星相比有质的飞跃。但是，与我国气象业务服务需求仍有不小差距，而解决供需矛盾的手段主要还是发展。

未来极轨气象卫星的发展具有以下特点：一是实现稳定、可靠的多星卫星业务运行模式，即至少构建上、下午两颗极地轨道卫星同时运行，使观测频次提高到至少一天 4 次覆盖；二是星载仪器向更高的光谱分辨率、垂直分辨率、水平分辨率和辐射精度发展；三是微波仪器向多频、高频和多极化发展，主、被结合，使大气成分，尤其是与气候变化相关的、影响空气质量的大气气体的探测能力有明显加强。

气象卫星的业务应用需求是大气探测的垂直分辨率和反演精度分别达到温度廓线 $1℃·km^{-1}$，湿度廓线 $0.1km^{-1}$。从地表气象水文参数的遥感角度讲，成像仪器将广泛采用高光谱分辨率的光学成像 CCD 面阵，以及雷达（Radar）极化技术，使获得高精度、高水平分辨率定量地表和海面地球物理参数成为可能。同时，还可以对地表生态系统动态演变、大陆覆盖变化、水色等地球环境参数的全球变化做出定量监测和估计，从而满足气候预测需要。

风云三号气象卫星（02）批卫星工程也在积极推动。风云三号气象卫星（02）批卫星为业务星，包含 4 颗卫星，按上、下午星布局安排。第 1 颗卫星于 2013 年发射升空，卫星设计寿命 5 年；4 颗卫星可以持续地发展 10 年左右，上、下午星的完整状态可以保持到 2022 年左右。风云三号气象卫星上午星以地球表面成像观测为主，观测数据主要用于天气预报、生态保护、环境监测、灾害监测业务和研究。风云三号气象卫星下午星以大气定量探测和气候变化监测为主，探测数据主要用于天气预报、大气化学、气候变化监测业务和研究等方面。

完整的风云三号气象卫星的综合观测能力主要具有四大特色：第一，高时效的全球中高分辨率光学成像观测能力；第二，高精度光学微波组合大气温度、湿度垂直分布探测能力；第三，气候变化温室气体探测能力；第四，主动遥感仪器风场精确探测能力。

参考文献

[1]   毕研盟，杨忠东，陆其峰，等．FY-3 气象卫星中分辨率光谱成像仪和扫描辐射计 11μm 红外窗区通道的比较[J]．红外与毫米波学报，2009，28(5): 330-334.

[2]   Cracknell A.P. The advanced very high resolution radiometer (AVHRR)[M]. CRC Press, 1997.

[3]   董超华，杨军，卢乃锰．风云三号 A 星（FY-3A）的主要性能与应用[J]．地球信息科学学报，2010，(04):12-19.

[4]   董超华，杨忠东，施进明，等．系统工程方法在风云三号极轨气象卫星地面应用系统工程中的应用[J]．中国工程科学，2013，15(10):24-32.

[5]   Dvorak V F . Tropical Cyclone Intensity Analysis and Forecasting from Satellite Imagery[J]. Monthly Weather Review, 1975, 103(5):420-430.

[6]   范天锡．风云一号气象卫星地面应用系统[J]．中国空间科学技术，1991，(02):42-48.

[7]   范天锡．风云-3 气象卫星的特点和作用[J]．国际太空，2004，(10):3-8.

[8]   范天锡．风云三号气象卫星的特点和作用[J]．气象科技，2002，30(6):321- 327.

[9]   方宗义，许健民，赵凤生．中国气象卫星和卫星气象研究的回顾和发展[J]．气象学报，2004，(05):39-49+206.

[10] 关敏，杨忠东．星载 GPS 数据及高精度轨道模型在极轨卫星轨道计算中的应用[J]．应用气象学报，2007，(06):14-19.

[11] 关敏，谷松岩，杨忠东．风云三号微波湿度计遥感图像地理定位方法[J]．遥感技术与应用，2008，23(6):712-716.

[12] 黄富祥，赵明现，杨昌军．风云三号气象卫星紫外臭氧垂直廓线反演算法及对比反演试验[J]．自然科学进展，2008，(10):58-64.

[13] 宏观，张文建．我国气象卫星及应用发展与展望[J]．气象，2008，(09):5-11+131.

[14] Kidder S Q , Gray W M , Vonder Haar T H . Estimating Tropical Cyclone Central Pressure and Outer Winds from Satellite Microwave Data[J]. Monthly Weather Review, 1978, 106(10):1458-1464.

[15] 卢乃锰，董超华，杨忠东，等．我国新一代极轨气象卫星（风云三号）工程地面应用系统[J]．中国工程科学，2012，14(09):10-19.

[16] 孟执中，李卿. 中国气象卫星的进展[J]. Aerospace China，2001，(05):8-18.

[17] 潘宁，董超华，张文建. ATOVS 辐射率资料的直接变分同化试验研究[J]. 气象学报，2003，(02):99-109.

[18] Velden C S，Olander T L，Wanzong S . The Impact of Multispectral GOES8 Wind Information on Atlantic Tropical Cyclone Track Forecasts in 1995. Part I: Dataset Methodology, Description, and Case Analysis[J]. Monthly Weather Review, 1998, 126(5):1202-1218.

[19] 漆成莉，董超华，张文建. FY-3A 气象卫星红外分光计温度廓线模拟反演试验[J]. 应用气象学报，2005，(05):18-24.

[20] 许健民，郑新江. GMS—5 水汽图像揭示的青藏高原地区对流层上部水汽分布特征[J]. 应用气象学报, 1996, 007(002):246-251.

[21] 许健民，钮寅生，董超华. 风云气象卫星的地面应用系统[J]. 中国工程科学，2006，(11): 17-22+28+107.

[22] 许健民，杨军，张志清，等. 我国气象卫星的发展与应用[J]. 气象，2010，36(7):94-100.

[23] 杨军. 我国"风云"气象卫星及其应用的回顾与展望[J]. 航天器工程，2008，17(3):23-28.

[24] 杨军，董超华，卢乃锰，等. 中国新一代极轨气象卫星——风云三号[J]. 气象学报，2009，67(04):501-509.

[25] 杨忠东，张鹏，等. 风云三号气象卫星应用和发展[J]. 上海航天，2017(5).

[26] 杨忠东，刘健. 气象卫星可见光红外光学成像仪发展沿革[J]. 应用气象学报，2016(5):592-603.

[27] YANG Zhongdong, LU Naimeng, SHIJingmin, ZHANG Peng, DONG Chaohua and YANG Jun. Overview of FY-3 Payload and Ground Application System[J]. Special issue of the IEEE Transactions on Geo-science and Remote Sensing (TGRS), 2012，50(12):4846-4853.

[28] 杨忠东，关敏. 风云卫星遥感数据高精度地理定位软件系统开发研究[J]. 遥感学报，2008，(2):122-131.

[29] 杨忠东，卢乃锰，施进明，等. 风云三号气象卫星有效载荷与地面应用系统概述[J]. 气象科技进展，2013(4):6-12.

[30] 张甲珅. 中国的气象卫星应用系统（上）[J]. 中国航天，2008(02):17-20.

[31] 朱爱军. 风云三号气象卫星数据传输体制分析[J]. 应用气象学报，2006(04):112-119.

[32] 邹晓蕾. 极轨气象卫星微波成像仪资料[J]. 气象科技进展，2012，(3):47-52.